折り紙数理
の広がり

抄訳 Origami^6

三浦 公亮, 川崎 敏和, 舘 知宏, 上原 隆平,
Robert J. Lang, Patsy Wang-Iverson [編]

上原 隆平 ほか [共訳]

森北出版

The papers contained in this work were originally
published in English by the American Mathematical Society in the title
ORIGAMI6: I. Mathematics, ⓒ2015 by the American Mathematical Society.
The present translation was created for Morikita Publishing Co., Ltd.
under authority of the American Mathematical Society
and is published by permission through Japan UNI Agency, Inc., Tokyo

●本書のサポート情報を当社 Web サイトに掲載する場合があります.
下記のURL にアクセスし,サポートの案内をご覧ください.

http://www.morikita.co.jp/support/

●本書の内容に関するご質問は,森北出版 出版部「(書名を明記)」係宛
に書面にて,もしくは下記のe-mail アドレスまでお願いします.なお,
電話でのご質問には応じかねますので,あらかじめご了承ください.

editor@morikita.co.jp

●本書により得られた情報の使用から生じるいかなる損害についても,
当社および本書の著者は責任を負わないものとします.

■本書に記載している製品名,商標および登録商標は,各権利者に帰属
します.

■本書を無断で複写複製(電子化を含む)することは,著作権法上での
例外を除き,禁じられています.複写される場合は,そのつど事前に
(社)出版者著作権管理機構(電話 03-3513-6969,FAX 03-3513-6979,
e-mail:info@jcopy.or.jp)の許諾を得てください.また本書を代行業者
等の第三者に依頼してスキャンやデジタル化することは,たとえ個人や
家庭内での利用であっても一切認められておりません.

まえがき

　インターネットで「折り紙」を画像検索してみよう．子供のころから見慣れた折り紙の中に，「こんな折り紙があるのか」と驚くような緻密な芸術作品を見つけて，じっくりと見入ってしまうだろう．では今度は「Origami」で再び検索してみよう．先ほどよりも，さらに多様な折り紙作品を見つけて，驚いてしまう．近年の折り紙の急速な発達，とくに海外での「Origami」の普及の広さには，目を見張るものがある．中には，日本語の語源を知ってか知らずか，紙ではないものや，さらには折ってすらいないものまで，躊躇なく「Origami」と呼んでいることがある．

　しかし考えてみれば，「折る」のは薄い紙だけではない．たとえば細長い棒も「折る」．細長い構造をもったタンパク質，とくに DNA や RNA をどのように折り畳むかという問題は，「タンパク質の折り問題」とか「DNA/RNA 折り紙」と呼ばれ，製薬の分野では，かなり熾烈な研究が繰り広げられている．そもそも「折る」という操作は日常おなじみであり，タンパク質のようなミクロから，宇宙の巨大構造物といったマクロまで，どこにでも応用がある．こうした背景も踏まえて，近年「折り紙サイエンス」の研究が活発化している．

　折り紙サイエンスの国際会議が始まったのは，1989 年のことである．この会議はおよそ 4 年ごとに開催されてきた．具体的には，1989 年 12 月にイタリア（第 1 回），1994 年 11 月に滋賀県大津市（第 2 回），2001 年 3 月にアメリカ（第 3 回），2006 年 9 月にアメリカ（第 4 回），2010 年 7 月にシンガポール（第 5 回），そして 2014 年 8 月には東京都文京区（第 6 回）で開催された．2018 年 9 月にはイギリスで第 7 回目が開催される．会議録の内容は多岐にわたっており，折り畳みロボット，DNA 折り紙，建築など，折り畳み構造を用いた応用から，折り紙の数理モデル，コンピュータによるシミュレーションなどの基礎理論，さらにはアートや教育に関するテーマまで，幅広く扱っている．

　この国際会議の盛り上がりは，そのまま折り紙サイエンスの盛り上がりを表している．最初の 2 回分の会議録は入手が困難であるが，第 3 回目からは，英語の一般向け書籍として販売されている．（会議の名前は OSME (Origami in Science, Mathematics, and Education) と略されていて，たとえば 3 回目の OSME は 3OSME などと呼ばれるが，会議録は Origami^3 といった書名で販売されている．）会議録は，年を追うにつれて分厚

i

くなっていき，Origami^6 ではついに 2 分冊となり，さらに次回の Origami^7 ではなんと 4 分冊になることがアナウンスされている．まさに折り紙サイエンスが急速に発展していることの証かもしれない．第 6 回目は約 300 名もの参加者があり，第 7 回目は，それを上回る大規模な国際会議になりそうである．

海外ではこうした盛り上がりを見せている Origami であるが，国内ではどうだろう．こうした会議録が英語で書かれていることもあってか，折り紙サイエンスの普及は，まだ十分とはいえない．そんなこともあり，3OSME の会議録 Origami^3 は，2005 年に抜粋の翻訳が出版された†．しかし残念ながら，これに続く Origami^4 や Origami^5 は，今のところ日本語に訳されていない．折り紙というキーワードで結びついているものの，内容があまりにもバラエティに富んでいて，あえて誰も手を挙げなかったのだろう．逆にいえば，この多彩さは，多くの人をさまざまな形で魅了するだろう．

こうした流れを受けて 2014 年，6OSME が東京で開催された．大きな盛り上がりを見せて会議は無事に終了し，2 分冊になった会議録には，多くのホットな研究が掲載されている．ここまでお膳立てが揃えば，Origami^6 の翻訳をスタートさせないわけにはいかない．幸いなことに森北出版の丸山隆一氏の力添えを得て，こうして訳書を上梓することができた．本書の翻訳には，多くの人の手を借りた．原論文の著者，原著の編集者，そして何より，翻訳をしてくれた同業者諸氏に深く感謝します．

本書ではボリュームの関係から，原著 Origami^6 の数学を扱った論文の一部を抜粋して翻訳した．原著には，数学に限らず，工学，建築，生物，教育，アートなど，多彩な分野における折り紙を扱った魅力的な論文が多くあり，その中から一部を抜粋せざるを得なかったことは心残りである．本書をきっかけに他の論文も読みたくなった読者は，ぜひとも原著に挑戦されたい．7OSME も開催が近い．本書の発行により，国内での折り紙サイエンスが活性化され，8OSME に，より多くの日本人研究者が参加することになれば，訳者としては望外の喜びである．

2018 年 7 月

上原 隆平

---

† 『折り紙の数理と科学』，Thomas Hull 編集，川崎敏和監訳，森北出版，2005 年.

目　次

まえがき　　i

第 1 章　辺の彩色による山谷割当ての数え上げ　　1

1.1　はじめに　————————————————————　1
1.2　準備　——————————————————————　2
1.3　2 彩色可能な展開図　———————————————　3
1.4　ミウラ折り　————————————————————　6
1.5　まとめ　—————————————————————　9

第 2 章　結晶学的平坦折り紙の構成へのカラー対称性アプローチ　　11

2.1　はじめに　————————————————————　11
2.2　展開図の構成　——————————————————　12
2.3　結晶学的平坦折り紙への到達　———————————　14
2.4　同等な結晶学的折り紙と同等でない結晶学的折り紙　——　19
2.5　まとめと今後の展望　———————————————　20

第 3 章　2 つ以上の箱を折れる共通の展開図に関する最近の話題　　22

3.1　はじめに　————————————————————　22
3.2　準備　——————————————————————　23
3.3　2 つの箱が折れる多角形　—————————————　24
3.4　3 つの箱が折れる多角形　—————————————　26
3.5　まとめ　—————————————————————　29

第 4 章　展開図上での単純折りの unfold 操作　　30

4.1　はじめに　————————————————————　30
4.2　背景と関連研究　—————————————————　32
4.3　単純折り　————————————————————　33
4.4　結果　——————————————————————　37
4.5　まとめ　—————————————————————　38

第 5 章　周期的折り紙テセレーションの剛体折り　　40

5.1　はじめに　————————————————————　40
5.2　剛体折りの基本　—————————————————　42
5.3　周期的折り紙テセレーション　———————————　48

| | 5.4 | 数値計算 | 52 |
| | 5.5 | まとめ | 55 |

第 6 章　剛体折り紙のねじり折り　56

	6.1	はじめに	56
	6.2	剛体折り紙	56
	6.3	ねじり折りの剛体折り可能性	59
	6.4	三角形のねじり折り	61
	6.5	四角形のねじり折り	62
	6.6	正多角形のねじり折り	68
	6.7	まとめ	70

第 7 章　オフセットパネル法による剛体折り可能で厚さのある構造の実現　71

	7.1	はじめに	71
	7.2	背景	72
	7.3	オフセットパネル法	75
	7.4	一般例	78
	7.5	まとめ	82

第 8 章　カートン折り紙の操作の配置変換と数学的記述　85

	8.1	はじめに	85
	8.2	カートン折り紙の同等メカニズムモデル	88
	8.3	包装過程におけるカートン折り紙操作と同等な行列演算モデル	90
	8.4	遺伝的操作におけるカートン折り紙の配置変換	93
	8.5	まとめ	95

第 9 章　展開図の穴を埋める：固定された境界の折りからの等長写像　96

	9.1	はじめに	96
	9.2	記法と定義	97
	9.3	必要条件	99
	9.4	折り線	101
	9.5	分解点	103
	9.6	分割	105
	9.7	アルゴリズム	106
	9.8	応用	109
	9.9	まとめ	111

第 10 章　蜘蛛の巣条件を満たすタイリングによる敷石テセレーション　112

	10.1	はじめに	112
	10.2	蜘蛛の巣条件	114
	10.3	敷石の幾何	116
	10.4	敷石の頂点の構築	117
	10.5	議論	121

第11章	面を好きな大きさに縮小する方法	**125**

11.1　はじめに ———————————————————— 125
11.2　アルゴリズム ———————————————————— 127

第12章	曲線折りと直線面素の特徴づけ: レンズテセレーションの設計と解析	**133**

12.1　はじめに ———————————————————— 133
12.2　曲線 ———————————————————————— 135
12.3　折り ———————————————————————— 137
12.4　二等分の性質 ——————————————————— 141
12.5　なめらかな折り状態 ———————————————— 146
12.6　山と谷 —————————————————————— 148
12.7　レンズテセレーション ——————————————— 154
12.8　まとめ —————————————————————— 162

第13章	ねじり折りテセレーションの新しい表記法	**163**

13.1　はじめに ———————————————————— 163
13.2　ねじり折りユニット ———————————————— 163
13.3　パターンの解析 —————————————————— 168
13.4　構造式 —————————————————————— 169
13.5　ねじり折りテセレーションの基本 —————————— 172
13.6　まとめ —————————————————————— 174

第14章	長方形から均一に厚いシートを織る方法	**175**

14.1　はじめに ———————————————————— 175
14.2　一般的な長方形 —————————————————— 176
14.3　大きさが 1×5 の長方形 —————————————— 177
14.4　タイリング可能な形状 ——————————————— 178
14.5　特殊な多角形 ——————————————————— 181
14.6　有限で絡むシート ————————————————— 182
14.7　ドル紙幣の折り —————————————————— 183
14.8　まとめ —————————————————————— 185

第15章	多角形パッキングに基づく折り紙設計のためのグラフ用紙	**186**

15.1　はじめに ———————————————————— 186
15.2　多角形パッキング ————————————————— 189
15.3　密でない等高線の条件 ——————————————— 192
15.4　周期的な折り紙グラフ用紙 ————————————— 193
15.5　鏡映対称性 ———————————————————— 197
15.6　性能指数 ————————————————————— 199
15.7　良い格子 ————————————————————— 200
15.8　考察 ——————————————————————— 202

第 **16** 章 内接円をもつ四辺形から鶴の一般基本形を折る一方法 **204**

16.1 はじめに ———————————————————————— 204
16.2 伏見鶴の基本形の折り方 ————————————————— 206
16.3 内接円をもつ四辺形 (QIC)，パーフェクトバードベース (PBB)，鶴の一般
基本形 (GBB) ———————————————————————— 207
16.4 魚の一般基本形（GFB） ————————————————— 208
16.5 QIC から鶴の一般基本形を折る手順 ————————————— 210
16.6 まとめ ———————————————————————————— 212

第 **17** 章 ペンタジア：非周期的な折り紙面 **213**

17.1 はじめに ———————————————————————— 213
17.2 ペンローズタイルとペンタジア ————————————————— 214
17.3 1 枚の紙による構成 —————————————————————— 215
17.4 まとめ ———————————————————————————— 222

第 **18** 章 雪片曲線折り紙の基本設計とその難点 **225**

18.1 はじめに ———————————————————————— 225
18.2 角配置の設計と展開図 ————————————————— 226
18.3 展開図の不規則性 —————————————————————— 231
18.4 簡易雪片曲線 ————————————————————————— 232
18.5 まとめ ———————————————————————————— 235

第 **19** 章 ユニットを使ったジオデシック球作品のための **2** つの計算 **245**

19.1 はじめに ———————————————————————— 245
19.2 ジオスフィア ————————————————————————— 246
19.3 ジオデシック球の辺の総数の計算 ————————————— 249
19.4 ジオデシック球のカラーデザインのための計算 ————————— 250
19.5 まとめ ———————————————————————————— 254

あとがき 258
参考文献 260
索　引 273

1

辺の彩色による山谷割当ての数え上げ

Thomas C. Hull
羽鳥公士郎 [訳]

◆本章のアウトライン
折り畳まれた折り紙をもとどおりに開くと，紙の上に折り線のパターンが現れる．このような折り線のパターンを「展開図」と呼んでいる．展開図が与えられたとき，それを平坦に折り畳めるかどうかを判定する問題や，平坦に折り畳める場合に可能な折り方を数え上げる問題が，興味深い数学の問題として取り組まれてきた．そのような問題の 1 つに，与えられた展開図を平坦に折り畳む山谷割当ての数え上げがある．本章では，この問題に対する取り組みとして，グラフ彩色問題への変換というアプローチが紹介される．具体的には，折り紙線グラフを定義することによる展開図の山谷割当てからグラフの頂点 2 彩色への変換と，ミウラ折りの山谷割当てと格子グラフの頂点 3 彩色との変換が取り上げられる．

1.1　はじめに

折り紙数学の歴史において，平坦折りに関する組合せ論の研究は困難の連続であった．最も古い未解決問題は，切手折り問題，すなわち切手シートのような格子状の展開図を折り畳む方法を数える問題だろう [Uehara 11]．与えられた展開図を平坦に折り畳む折り方の数え上げは，自然科学にも応用できることが知られている．高分子シートをクシャクシャに丸めたときのエネルギー状態の数え上げや，自ら折れ曲がる素材の機構の特定などだ．

このような問題の多くで，与えられた展開図を平坦に折り畳む妥当な山谷割当てを数えることになる．「妥当」とは，紙が自己交差したり破れたりせずに展開図が平坦に折り畳まれることを意味する．この分野における最近の展開の 1 つが，山谷割当ての数え上げ問題をグラフ彩色問題へと変換することによって，グラフ彩色という広大な領域を問題解決に役立てることだ．

この基本方針は，新しいものではない．物理学者たちは 10 年以上前から，高分子素材の科学における折り畳みの問題を彩色問題に変換してきた [Francesco 00]．ただし，それらの研究における典型的な折り畳み問題は，格子状の展開図の部分集合である折り線による折り方の数え上げであり，与えられた展開図に対する山谷割当ての数え上げに焦点を置いてはいない．本章では，妥当な山谷割当ての数え上げをグラフ彩色問題と結びつける最近のアプローチを簡単にまとめる．

1.2 準備

はじめに，平坦折り紙の組合せ論における基本的な結果を簡単に確認しよう．（より詳しくは [Hull 02] を参照．）

展開図 C を，紙の上に描かれた平面的グラフ $C = (V, E)$ とみなす．その頂点を，紙の境界にある頂点 V_B と紙の内部にある頂点 V_I の 2 つのクラスに分け $V = V_B \cup V_I$ とする．E に含まれる各辺は折り線である．以下では，**平坦折り可能**な，すなわち，すべての折り線を折ることで紙を自己交差させることなく平坦な形状に変換する（しかもそれぞれの領域を等長変換する）ことができる展開図 C のみを考慮する．

展開図 $C = (V, E)$ の**山谷割当て**を関数 $\mu : E \to \{-1, 1\}$ で定義する．ここで，-1 は折り線が谷であることを表し，1 は山折りを表す．μ によって決定される山折りと谷折りによって展開図を（自己交差なく）平坦に折り畳むことができるとき，その山谷割当て μ は**妥当**であるという．

平坦折り可能な展開図に関する結果の多くは**局所的**である．すなわち，単一の内部頂点における平坦折り可能性や山谷割当てに関して成り立つ．最も基本的な結果の 1 つが前川定理だ．

定理 1.2.1（前川定理）

　平坦折り可能な展開図の 1 つの頂点に集まる山折りと谷折りの数の差は 2 である．すなわち，その頂点に接する折り線 c_i について $\sum \mu(c_i) = \pm 2$ が成り立つ．

証明は [Hull 94, Hull 02, Hull 13] を参照．これにより，平坦折り可能な展開図における次数 4 の頂点は，山折りが 3 本と谷折りが 1 本またはその逆でなければならない．前川定理は頂点が平坦に折り畳まれるための必要条件でしかないことに注意する．

場合によっては，1 つの頂点に集まる折り線の間の角度を指定する必要がある．展開図の 1 つの頂点に集まる折り線を l_i（ただし $i = 1, \ldots, n$）とし，それらの間の角度を順に α_i とする．ここで α_i は折り線 l_i と l_{i+1} との間の角度である．α_i を，この頂点の**角度列**と呼ぶ．

もう 1 つの基本的な事実として，平坦折り可能性の局所条件を大域条件に変換することは，通常はできない．最大の障害は，展開図 C の山谷割当て μ が，すべての頂点が μ のもとで局所的に平坦に折り畳めるという条件を満たしていても，その展開図が大域的に平坦折りできることが保証されないという事実だ．局所的に平坦に折れるが大域的に平坦に折れない展開図の例が [Hull 94, Hull 02, Hull 13] にある．大域平坦折り可能条件に向けた，知られているうち最善の試みが [Justin 97] にある．1996 年には，

Bernと Hayes が，与えられた展開図が大域的に平坦折り可能かどうかを判定することが NP 困難であり，山谷割当てが与えられている場合ですらそうであることを証明した[Bern and Hayes 96]．

そのため，妥当な山谷割当ての数え上げでは，通常は局所的に平坦折り可能なもののみを数える．大域性の制約を加えると，問題がはるかに難しくなる．現在のところ，山谷割当ての数え上げにおいて大域平坦折り可能性の問題に対処する一般的な手法は存在しない．

1.3 2彩色可能な展開図

平坦折り可能な展開図の山谷割当ては，最も単純な場合において，グラフの妥当な頂点 2 彩色と同等になる．そのような展開図では，山折りと谷折りをいくつかの単純な規則で決定できる．それらの平坦折り可能性に関する規則のうち最も基本的なものの 1 つが，次の規則だ（[Demaine and O'Rourke 07] 参照）．

補題 1.3.1（大小大の補題）

1 頂点平坦折り v の角度列を α_i，妥当な山谷割当てを μ とする．このとき，ある i について $\alpha_{i-1} > \alpha_i < \alpha_{i+1}$ であるなら $\mu(l_i) \neq \mu(l_{i+1})$ である．

この補題の証明は単純だ．$\mu(l_i) = \mu(l_{i+1})$ とすると，角度 α_i で作られる紙の領域が，それより角度の大きい 2 つの隣接する領域に同じ側を覆われることになり，紙を自己交差させるか折り線を追加するかしなければならない．

大小大の補題によって展開図を調べると，山谷が同じでなければならない折り線や異ならなければならない折り線をすばやく特定できる．平坦折り可能な展開図のすべてに適用できるわけではないが，特定の展開図では大きな助けになる．実際，山谷割当て μ を辺の 2 彩色（-1 と $+1$ の 2 色による彩色）とみなすことで，大小大の補題と前川定理の効果がより明確になる．そこで，山谷割当てをグラフの妥当な頂点 2 彩色に変換してみよう．

その前に，グラフ理論において長さが **2** であるパスを P_2 と表すことを思い出そう．そのパスには 3 つの頂点 a, b, c と辺 $\{a, b\}$ および $\{b, c\}$ がある．頂点 a と c は P_2 の**端点**と呼ばれ，P_2 の頂点を 2 彩色するとき必ず同じ色になる．実際，任意の偶数長さのパス P_{2n} において，頂点を 2 彩色したとき端点は同じ色にならなければならない．

定義 1.3.2

平坦折り可能な展開図 $C = (V, E)$ が与えられたとき，次のように生成される グラフを**折り紙線グラフ** $C_L = (V_L, E_L)$ と定義する：E に属する折り線 $\{c_1, \ldots, c_n\}$ を頂点の初期集合 V_L とする．そして，次の手順を実行する．

1. 折り線のすべての対 $c_i, c_j \in E$ について，折り線の山谷が必ず異なるとき，$\{c_i, c_j\} \in E_L$ とする．
2. 折り線のすべての対 $c_i, c_j \in E$ について，折り線の山谷が必ず同じであり，c_i と c_j が手順 (1) で得られた偶数長さのパスの両端でないならば，新たな頂点 $v_{i,j}$ を V_L に加え，$\{c_i, v_{i,j}\}, \{v_{i,j}, c_j\} \in E_L$ とする．

この定義は，[Hull 94] にあるものの拡張である．折り紙線グラフについて，次が成り立つ．

定理 1.3.3

与えられた展開図 C について，折り紙線グラフ C_L が妥当に頂点 2 彩色できないならば，C は平坦に折り畳めない．

数え上げを目的とする場合，ある展開図について，山谷が互いに規定し合う関係のすべてを折り紙線グラフで記述できれば，妥当な山谷割当ての数え上げは折り紙線グラフの妥当な 2 彩色の数え上げと等しい．平坦折り可能な展開図 C において，それぞれの山谷割当て μ が C_L の一意の頂点 2 彩色に対応し，その逆も成り立つとき，山谷割当てが C_L によって**決定される**ということにする．連結された 2 彩色可能なグラフの頂点を妥当に 2 彩色する方法は 2 通りしかない．したがって，次が成り立つ．

定理 1.3.4

平坦折り可能な展開図を C とし，その山谷割当てが C_L によって決定されるとき，C_L の連結成分の数を n とすると，C の（局所平坦折り可能な）妥当な山谷割当ての数は 2^n である．

■ 例：正方形ねじり折りのテセレーション

正方形ねじり折りとは，文字どおり正方形の領域を $90°$ ねじり，その正方形から伸びる互いに垂直な 4 組の段折りを折る折り紙の技法である．その例を図 1.1 に示した．この図からわかるように，正方形ねじり折りではさまざまな山谷割当てが可能だ．正方形ねじり折りを平坦に折る方法の数についての詳しい議論は [Hull 13] を参照．

4　　第 1 章　辺の彩色による山谷割当ての数え上げ

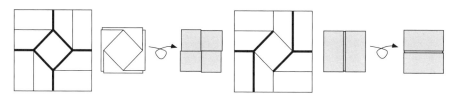

図 **1.1** 正方形ねじり折りに対する 2 通りの山谷割当て．太線が山折りを表し，細線が谷折りである．

正方形ねじり折りは，興味深いことに，容易に平面上に敷きつめることができる．すなわち，1 枚の紙に複数の正方形ねじり折りを格子状に配置し，段折りの位置を合わせることができる．必要に応じて，いくつかの正方形ねじり折りは鏡像になる．そのようなテセレーションの展開図は（注意深く折れば）全体を平坦に折り畳むことができる．これは，近年盛んになっている折り紙の 1 分野である**折り紙テセレーション**の 1 例である．より多くの例については [Gjerde 09] を参照．

正方形ねじり折りを格子状に $m \times n$ 個並べた展開図を $S(m,n)$ と書くことにする．$S(2,2)$ とその折り紙線グラフ $S(2,2)_L$ を図 1.2 に示す．この展開図のそれぞれの頂点で，45° の角について大小大の補題を適用できることに注意．さらに，前川定理により，それぞれの頂点において 135° の角を挟む折り線の山谷は同じでなければならない．以上から，図 1.2 に示す $S(2,2)_L$ が得られる．

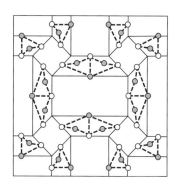

図 **1.2** 2×2 正方形ねじり折りテセレーション（実線）とその折り紙線グラフ（丸と点線）．

一般に正方形ねじり折りの折り紙線グラフ $S(m,n)_L$ では，それぞれの正方形ねじり折りに 4 つの成分がある．紙の外周にある $2(m+n)$ 個の成分はそれぞれ 1 つの正方形ねじり折りのみに接し，他の成分はそれぞれ 2 つの正方形ねじり折りに接する．したがって，$S(m,n)_L$ には $(4mn - 2(m+n))/2 + 2(m+n) = 2mn + m + n$ の連結成分がある．

> **定理 1.3.5**
>
> 局所平坦折り可能な $S(m,n)$ の妥当な山谷割当ての数は $2^{2mn+m+n}$ である.

筆者は，これらの $S(m,n)$ の山谷割当てがすべて大域平坦折り可能だと予想している．しかし，定理 1.3.5 は大域平坦折りの上界だと見なければならない．実際，ある展開図が，すべての頂点において平坦折り可能であり，折り紙線グラフで検出可能な山谷の矛盾がないにもかかわらず，平坦に折り畳めないということがありうる．その例の 1 つを図 1.3 に示す．これが大域的に平坦折りできない理由については [Justin 97] または [Ginepro and Hull 14] を参照.

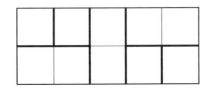

図 **1.3** 2×5 切手折りの平坦折り不可能な山谷割当て.

1.4 ミウラ折り

定理 1.3.4 が適用できない，興味深い展開図がいくつもある．それらの展開図では，上で定義した折り紙線グラフが折り線の山谷の関係を記述するのに十分でない．単純な例の 1 つが，次数 4 の平坦折り可能な 1 つの頂点で，角度が等しい 2 つの鋭角が隣り合っている場合だ（図 1.4 の左）．前川定理により，山折り 3 本と谷折り 1 本（またはその逆）でなければならない．そして，折り線 e_4 を唯一の谷折り（または唯一の山折り）にすることはできない．そうしてしまうと，2 つの鋭角 α で 2 つの鈍角 $180° - \alpha$ を完全に包まなければならないが，それは紙を破いたり新たな折り線を付けたりしない限り不可能だ．したがって，この頂点における妥当な山谷割当ては，図 1.4 の右に示したもので尽きる．折り線 e_1, e_2, e_3 に注目すると，それぞれの対で山谷が同じ場合と異なる場合とがある．これは，それらの折り線の間に折り紙線グラフの辺がないことを意味する．それにもかかわらず，e_1, e_2, e_3 の間には山谷の制約がある．つまり，これらの制約は折り紙線グラフでは記述できない．このような頂点で山谷割当ての数を数えるには，別の方法が必要だ.

図 1.4 の頂点は，ミウラ折りとして知られる古典的な展開図 [Miura 91] で敷きつめられている頂点でもある．ミウラ折りは，ここ 30 年以上にわたって，工学への応用や自然

図 1.4 定義 1.3.2 による折り紙線グラフで記述できない山谷の制約（右）がある平坦折り可能な頂点（左）．

界での実例という観点から注目されている[Mahadevan and Rica 05, Wei et al. 13]．

最近，Ginepro と筆者は，$m \times n$ の平行四辺形格子からなるミウラ折りの展開図の山谷割当てを分析した．その結果，局所平坦折り可能な $m \times n$ ミウラ折りの山谷割当ての数と，あらかじめ 1 つの頂点が彩色された $m \times n$ 格子グラフの妥当な頂点 3 彩色の数との間に全単射が見出された．ここでは，その全単射を要約する．証明の詳細については [Ginepro and Hull 14] を参照．

この全単射の概略を図 1.5 に示す．$m \times n$ 格子グラフ（m 行 n 列の頂点があるグラフ）を，$m \times n$ ミウラ折りの上に，格子グラフの各頂点が平行四辺形の中心に位置するように重ねたとしよう．（グラフ理論の用語を使えば，この格子グラフは，外面を除いたミウラ折り展開図の平面的双対である．）このとき，ミウラ折りの展開図は，最上段にある頂点がすべて「左向き」になるように，すなわち図 1.4 の折り線 e_4 が左上の頂点の左に位置するように置くこととする．また，格子グラフの頂点の色として 3 を法とした整数（すなわち群 $\mathbb{Z}_3$ の要素）を用いることとし，格子グラフの左上の頂点の色を 0 とする．

ここで，$m \times n$ 格子グラフにおいて，左上の頂点から出発して 1 行目を右上の頂点まで，次いで 1 つ下の頂点に下がって 2 行目を左へ，さらに 1 つ下がって右へ，というようなジグザグのパスをたどる．図 1.5 では，このパスを灰色の矢印で示す．

このパスを用いて，以下に説明するように全単射を定めることができる．$m \times n$ 格子グラフの頂点を，このジグザグパスがたどる順に $v_1, v_2, \ldots, v_{mn}$ と名づける．そし

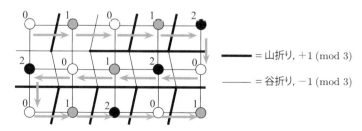

図 1.5 局所平坦折り可能なミウラ折りの山谷割当てと格子グラフの妥当な頂点 3 彩色との相互変換．

て，格子グラフの頂点 v_{i-1} と v_i の間にあるミウラ折りの折り線を c_i とする．ミウラ折りの展開図 $C = (V_C, E_C)$ の山谷割当てを $\mu : E_C \to \{-1, 1\}$ とし，格子グラフ $G = (V_G, E_G)$ の 3 彩色を $c : V_G \to \mathbb{Z}_3$ とする．

- μ から c への変換：$c(v_1) = 0$ とし，次のように再帰的に定める．

$$c(v_i) = c(v_{i-1}) + \mu(c_i) \quad （ただし，加法は 3 を法とする）$$

- c から μ への変換：格子グラフの頂点 v_{i-1} と v_i の間にある折り線 c_i を次のように定める．

$$\mu(c_i) = \begin{cases} 1 & (c(v_i) - c(v_{i-1}) \equiv 1 \pmod 3) \text{ の場合} \\ -1 & (c(v_i) - c(v_{i-1}) \equiv 2 \pmod 3) \text{ の場合} \end{cases}$$

他の折り線については，格子グラフの頂点 v_i のすぐ下にあり v_j のすぐ上にある折り線を $d_i \in E_C$ として，次のように定める．

$$\mu(d_i) = \begin{cases} 1 & (c(v_i) - c(v_j) \equiv 1 \pmod 3) \text{ の場合} \\ -1 & (c(v_i) - c(v_j) \equiv 2 \pmod 3) \text{ の場合} \end{cases}$$

これでうまくゆくというのは，すぐには見てとれないだろう．μ から c への変換によってジグザグパスに沿った妥当な彩色がなされるが，ジグザグパスに含まれない G の辺においても妥当な彩色が保証されることには証明が必要だ．ところが，まさにミウラ折り展開図の山谷の制約によって，これらの辺についても c が妥当な彩色になることが保証される．μ から c への変換についても同様に，結果として得られる山谷割当てが局所平坦折り可能であることを証明する必要がある．言い換えれば，ミウラ折り C のすべての頂点が，μ によって，図 1.4 に示す 6 つの可能な割当てのいずれかになる必要がある．これらの証明は，ここでは紙幅の都合上省くが，[Ginepro and Hull 14] にある．この全単射を応用したミウラ折りのさらなる興味深い研究が [Ballinger et al. 15] にある．

ミウラ折りの山谷割当てと格子グラフの頂点 3 彩色との間の全単射による興味深い帰結として，山谷割当ての数え上げ問題について，グラフ理論の成果を利用して知見を得ることができる．格子グラフの 3 彩色の数え上げは完全に解かれた問題ではないが，この彩色の数え上げによって生成される数列として，オンライン整数列大辞典[†] に数列 A078099 がある．この数列事典の項目には，各項を生成する転送行列に関する情報があり，それを利用して $m \times n$ ミウラ折りの局所平坦折り可能な山谷割当てを数えることができる．

さらに，この格子グラフの彩色問題が，2 次元氷格子の反強磁性体モデル（正方氷モデル）

[†] http://oeis.org/A078099

における状態の数の数え上げと同等であることを，1967 年に Lieb が証明している[Lieb 67]．
Lieb はさらに，非常に大きい（たとえば氷に含まれる原子の数である 10^{23} のオーダー
の）N について，1 つの頂点にあらかじめ色が塗られた N 頂点の格子グラフに

$$(4/3)^{3N/2}$$

通りの妥当な頂点 3 彩色があることを示した．上述の全単射により，N 個の平行四辺形
からなるミウラ折りの展開図を局所的に平坦に折る方法の数は，N が非常に大きい場合
にはおよそ $(4/3)^{3N/2}$ であることがわかる．おそらくより重要なこととして，この全単
射によって，折り紙の展開図の妥当な山谷割当ての数え上げを，物理学におけるスピン
のイジングモデルに関連づけることができる．

1.5　まとめ

展開図の折り方の数え上げは，折り紙数学における困難な領域であり続けている．と
くに妥当な山谷割当ての数え上げは，単一頂点の場合を除き，ほとんど進展していな
い[Hull 03]．このような数え上げ問題をグラフの彩色問題に変換する，より一般的な方
法が開発されれば，この領域に大きな突破口が開かれるであろう．その観点から，ミウ
ラ折りの展開図に関する Ginepro と Hull の全単射には発展は期待される．

ただし，ミウラ折りに用いられた全単射の技法は，その展開図に特異的だ．これを他
の展開図，とくに次数が 4 より大きい頂点がある展開図に一般化する方法は，明らかで
ない．今後の研究の道のりは長い．

興味深いことに，定理 1.3.4 の仮定（すなわち，必要なことのすべてが折り紙線グラフ
によって得られること）を満たす展開図が，そうでない展開図よりずっと多いだろうと
議論することができる．簡単に述べると，平坦折り可能な頂点の配置空間において，体
積が 0 でない要素のみが，隣り合う角が等しいなどの意味のある対称性が角度列に含ま
れないという意味で**一般的**である（詳しくは [Hull 09] 参照）．そのような頂点には大小
太の補題が適用できる角があるだろうし，山谷制約のすべてを折り紙線グラフで記述で
きるかもしれない．ある平坦折り可能な展開図が「一般的」であるとき（すべての頂点
が一般的であるとき），その山谷の制約が折り紙線グラフによって完全に記述できるかも
しれないと考えるのは理にかなっている．言い換えれば，以上のようなアイデアを用い
て**ランダムな平坦折り可能展開図**を定義したとき，ほとんどすべての平坦折り可能な展
開図において山谷割当てを折り紙線グラフと定理 1.3.4 によって数え上げられるという
ことが成り立つかもしれない．

とはいえ，ミウラ折りのような興味深い展開図のほとんどに何らかの対称性があり，それゆえ一般的ではないだろうということも事実である．そのような展開図の山谷割当ての数え上げは，困難であり続けるだろう．

謝辞

本論文を準備するきっかけとなった有益な議論について，Crystal Wang に感謝したい．この研究は National Science Foundation のグラント EFRI-ODISSEI-1240441 "Mechanical Meta-Materials from Self-Folding Polymer Sheets" の支援を受けた．

2
結晶学的平坦折り紙の構成へのカラー対称性アプローチ

Ma. Louise Antonette N. De las Peñas, Eduard C. Taganap, Teofina A. Rapanut

谷口智子・上原隆平 [訳]

◆本章のアウトライン

いわゆるテセレーション，または平織りと呼ばれる折り紙に対して，そのパターンを体系化する試みが進んでいる．本章では，タイリングと，タイリングへの色付けを使って設計する技法を導入している．網羅的な構成方法や，その正当性の証明を群論を使って与えている．

2.1 はじめに

平坦折り紙とは，折り畳まれた紙がしわにならずに，本の中に押し込むことができるような折り紙の種類である．結晶群のもとで不変であるこの平坦折り紙は，結晶学的平坦折り紙と呼ばれている[Kawasaki and Yoshida 88]．

本章では，平坦折り紙に達するための展開図を考察する．展開図とは，紙が折られる位置と，紙がどのように折り畳まれるかを示す図である．展開図は，山折りまたは谷折りのどちらか一方だけが割り当てられる折り線と呼ばれる線分からなる．山折りは実線で示され，谷折りは破線で示される．紙が折られたとき，山折りは上を指し，一方，谷折りは下を指す．山折り (M) と谷折り (V) のどちらであるかを折り線へ割り当てたものは，展開図の山谷割当てと呼ばれる．

結晶学的折り紙は，藤本修三[Fujimoto 82]と桃谷好英[Momotani 84]の研究にまで遡ることができる．結晶学的平坦折り紙を研究している主要メンバーの中には，Chris Palmer[Palmer 97]，Paulo Barreto[Barreto 97]や Alex Bateman[Bateman 02]がいる．彼らの研究は結晶学的平坦折り紙の構成や分類を取り上げている．Helena Verrill もまた結晶学的平坦折り紙を構成する方法を紹介し，これらの方法の関係性を論じた[Verrill 98]．川崎敏和と吉田止章の研究[Kawasaki and Yoshida 88]は，結晶学的平坦折り紙の代数的処理を与えて，Sales と Felix の研究[Sales 00]の基礎を形成した．Sales と Felix は，Bernと Hayes が文献 [Bern and Hayes 96] で提起した，異なる平坦折り紙モデルが，どれくらい同じ展開図をもつことができるかという問題への解法を提供する際に，カラー対称性理論の利用を導入した．彼らは，山谷割当てを表すために 1 つまたは 2 つの色を使う展開図に焦点を当てた．ここでは，彼らの研究を継続し，3 色以上で表現される山谷割当てをもつ，局所的に平坦折り可能な展開図を考察する．このアプローチで，さらに

多種多様な結晶学的平坦折り紙を体系的に構成することができ，同等でない結晶学的平坦折り紙について，対応する色付き展開図が，しかるべき色の対称性をもっていると判定できる．本研究では，丁つがいタイリング法によるアルキメデスタイリングから生じる展開図に，この手順を適用する．そして，平面結晶群のもとで不変である平坦折り紙を考察する．

まず，本研究で使われた展開図を得るために採用した方法の紹介から議論を始める．

2.2 展開図の構成

アルキメデスタイリングから結晶学的平坦折り紙の展開図を構成するため，Palmer，Barreto，Bateman が開発した丁つがいタイリング法[Verrill 98]を用いる．この方法は以下のとおりである．

1. アルキメデスタイリングと，これに双対なタイリングを考える．
2. アルキメデスタイリングのタイルを配置する．
3. タイルの間に双対なタイリングを挿入する．
4. 双対なタイリングに対してタイルを回転させる．
5. アルキメデスタイリングに対する双対の大きさを，好きなように変える．

この過程を説明するため，図 2.1(a) と (b) に示す，正六角形からなるアルキメデスの 6^3 タイリングと，その双対である，正三角形による 3^6 タイリングを考える．手順 (2) を実行すると，図 2.1(c) を得る．3^6 タイリングは次のように 6^3 タイリングに挿入される．双対である 3^6 タイリングのタイル t を考える．3 つの各頂点は，6^3 タイリングで交わる 3 つの六角形タイルの頂点と重なるように作られる（図 2.1(d)）．この過程を 3^6 タイリングにおける各タイルに適用し，図 2.1(e) のタイリングを得る．手順 (4) および (5) をこのタイリングに適用すると，図 2.1(f) に示す展開図 $CP6^3$ を得る．こうした展開図は，まだ山谷割当てがないため，未割当て展開図と呼ぶ．

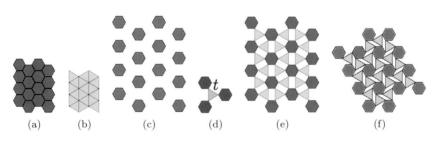

図 **2.1** 6^3 タイリングから展開図 $CP6^3$ を構成する際の手順．

ここで，未割当て展開図の生成ユニットを考察してみる．展開図の面の集合 s は，$G(s) = \{gs : g \in G\}$ で与えられる平面結晶群 G の作用のもとで，s の軌道が展開図全体であるとき，生成ユニットであるとする．ここで，g のもとの s の像を gs とし，これを展開図のユニットと呼ぶ．

ここでは，生成ユニット s の辺には，適切な山谷割当てが与えられ，展開図は局所的に平坦折り可能であることが保証されるとする．こうした割当てを生成ユニットの平坦折り可能型と呼ぶ．すべてのユニットが生成ユニットの平坦折り可能型から割り当てられれば，局所的に平坦折り可能な展開図が得られる．これは，各頂点の周りにある各小円盤が平坦に折り畳まれるということを意味している．つまり，頂点の周りの角を順に $\theta_1, \theta_2, \ldots, \theta_{2n}$ とすれば，$\theta_1 - \theta_2 + \theta_3 - \cdots - \theta_{2n} = 0$ が成立する（川崎定理）[Hull 02]．この研究では，大域的な平坦折り可能性は考えない [Demaine and O'Rourke 07]．複数頂点をもつ展開図が大域的に平坦折り可能かどうかを示す問題は，NP 困難問題である [Bern and Hayes 96]．

丁つがいタイリング法によって得られた局所的に平坦折り可能な展開図が平面結晶群 $H \leq G$，$H \neq \{e\}$ のもとで不変であれば，結晶学的平坦折り紙を得る．ここで，局所的に平坦折り可能な展開図の基本領域（並進群の作用のもとで展開図を生成する最小領域）u は，対応する折り図の中では，基本領域 $\bar{u}$ に対応することに注意する．したがって，結果として生じる山谷割当てをもつ展開図が平面結晶群のもとで不変であれば，得られる平坦折り紙は，平面結晶群のもとでも不変である．

展開図 CP6^3 の場合では，生成ユニット s は，平面結晶群 $G = \langle a, x, y \rangle \cong p6$ (IUCr 記法 [Schattschneider 78]) のもとで，軌道が CP6^3 である 2 つの平行四辺形（図 2.2(b)）からなる．G の生成元は，六角形の中心に対する反時計回り 60° の a と，60° の角度で隔てられたベクトルをもつ平行移動 $x \cdot y$ と，a の中心を通る水平軸に沿ったベクトル x とである．平行四辺形には，局所的に平坦折り可能な展開図となる可能な山谷割当て 2 つのうちの 1 つが与えられる [Kawasaki 05]．したがって，s には平坦折り可能型が 4 つある（図 2.2(c)）．このような，$G(s)$ の要素への平坦折り可能型の割当てから，図 2.2(d) に示すような山谷割当てをもつ展開図が得られる．これにより，図 2.2(e) に示す結晶学的折り紙が形成される．展開図を自己生成する G の対称性からなる群は，$H = \langle x, y \rangle \cong p1$ である．この場合，展開図は H のもとで不変である．得られた折り図は平面結晶群のもとで不変であり，また類型 $p1$ も同様である．

次の節では，結晶学的折り紙を生み出してくれる，局所的に平坦折り可能な展開図を作り出す体系的な方法を論じる．

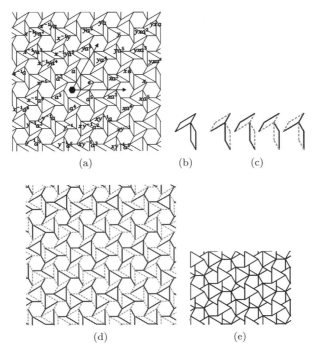

図 2.2 (a) G の要素を用いてラベル付けされたユニットをもつ CP6^3. a の中心と，ベクトル $x \cdot y$ を示した．(b) CP6^3 の生成ユニット．(c) (b) の平坦折り可能型．(d) CP6^3 のユニットへの平坦折り可能型の割当て．(e) 折り (d) から生じる結晶学的平坦折り紙．

2.3 結晶学的平坦折り紙への到達

展開図の生成ユニット s 上の平面結晶群 G の作用によって得られる展開図を考える．対応するパターンが，$G(s)$ のユニットや要素が局所的に平坦折り可能となる割当てとなるような，平坦折り可能型からなる集合を C とする．本章では，C のそれぞれの平坦折り可能型を，異なる色で表現して区別する．

まず G の単位元 e に s を対応させる．すると，ユニット，すなわち s の G 軌道の要素 $G(s) = \{gs : g \in G\}$ は，G の要素に対応する．与えられる $gs \leftrightarrow g$ と $g \in G$ から 1 対 1 対応を得るので，各ユニットに G からの要素をラベルとして付ける．平坦折り紙が得られる山と谷の割当ては，C からの色を使った展開図のユニットの色付けに対応する．

各集合 P_i が G の要素を含むような G の分割 $P = \{P_i : i = 1, \ldots, r\}$ に対応する色付けは，C からの色と同じ色を割り当てる．

さて，展開図の色付けが与えられたとき，カラー対称性理論からの考え方を採用すれば，展開図が結晶学的平坦折り紙になっているかどうかを判定するときの助けとなる．

本章では，文献 [De las Peñas et al. 99] の結果を使って，G の分割が G の平面結晶部分群 H のもとで不変であるかどうかの判定を容易にする．この定理によれば，群 G のすべての分割のうち，H の要素を左から掛けても不変なものを完全に記述することができる．

定理 2.3.1

G を群とし，$H \leq G$ とする．P が G の H 不変な分割であれば，P は $G = \cup_{i \in I} \cup_{h \in H} h J_i Y_i$ における G の分解に対応する．ただしここで，$\cup_{i \in I} Y_i = Y$ は G の中の H の右剰余類の代表元の完全集合で，各 $i \in I$ に対して $J_i \leq H$ である．また $K \leq H$ で，かつ K が P の要素を固定するなら，各 $i \in I$ に対して $K \leq J_i$ である．

G の分解では，$HY_i = \cup_{h \in H} h J_i Y_i$ は H のもとでの色の軌道の 1 つに対応し，$h J_i Y_i$ は与えられた色付けの中の色の 1 つである．

結晶群のもとでの，局所的に平坦折り可能な展開図不変式への到達の過程を説明するため，CP6^3 を考える．まず，展開図の特定の生成ユニットを s として，$G = \langle a, x, y \rangle \cong p6$ の単位元である e でラベル付けする．その他のユニットは $g \in G$ のもとでの s の像 gs である．像 gs は g でラベル付けする．次に，CP6^3 におけるユニットを図 2.2(a) に示すように G からの要素でラベル付けする．CP6^3 の H 不変な色付けを得るために，G の部分群 $H = \langle x, y \rangle$ を考える．H は G の指数 6 の部分群なので，G の中の H の右剰余類の代表元の完全集合となる集合 $Y = \{e, a, a^2, a^3, a^4, a^5\}$ を選ぶ．また，G の特定の分割，たとえば $G = H\{e, a\} \cup H\{a^2\} \cup H\{a^3, a^4\} \cup H\{a^5\}$ を考える．定理 2.3.1 より，$Y_1 = \{e, a\}$，$Y_2 = \{a^2\}$，$Y_3 = \{a^3, a^4\}$，$Y_4 = \{a^5\}$ であり，かつ $i = 1, 2, 3, 4$ に対して $J_i = H$ が成り立つ．$H\{e, a\}$ の要素に対応する展開図の各ユニットに，ある色，たとえば黒を与える．同様に，$H\{a^2\}$，$H\{a^3, a^4\}$，$H\{a^5\}$ の要素に対応する展開図のユニットには，それぞれ灰色，縞模様，水玉模様を付ける．この時点で，図 2.3(a) に示す CP6^3 の色付けに到達する．CP6^3 における各色が図 2.3(d) にあるような生成ユニットの平坦折り可能型に割り当てられれば，図 2.2(d) で与えた局所的に平坦折り可能な展開図が得られる．この割当てをもつパターンは，すでに図 2.2(e) で示したように結晶学的平坦折り紙に折り畳める．

結晶学的平坦折り紙の構成で，とくに山谷割当てを行う段階では，展開図のユニットに，1, 2, 3, 4 のうちの 1 つ，つまり r 個の可能な平坦折り可能型のうちの 1 つが割り当てられる．

この節では，生成ユニット s の 4 つの平坦折り可能型がすべてユニットに割り当てられた状況を考える．この割当ては，次の定理で説明するように，群 G の分割集合 P_1，

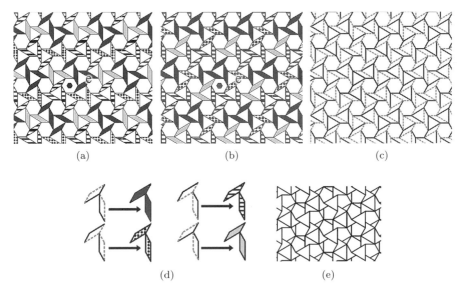

図 2.3 (a), (b) CP6^3 の色付け. e に対応する生成ユニット s と 60° 反時計回りの中心 a が示されている. (c) (b) の色付けに対応する山谷割当てをもつ展開図. (d) 平坦折り可能型と色の対応. (e) 折り (c) によって折り上がる結晶学的平坦折り紙.

P_2, P_3, P_4 に対応する.

定理 2.3.2

生成ユニット s をもつ結晶学的平坦折り紙に対する展開図を考える. G を s 上の作用が展開図全体を生成する平面結晶群とする. 結晶学的平坦折り紙が得られる展開図の山谷割当てを考える. すると, この (s の 4 つの平坦折り可能型がある) 割当ては G の分割 $P = \{P_1, P_2, P_3, P_4\}$ に対応する. 平面結晶群 $H \leq G$ の左乗法のもとで P が不変ならば, 次のいずれかが成立する.

(i) $P_1 = HY_1$, $P_2 = HY_2$, $P_3 = HY_3$, $P_4 = HY_4$ である. ただしここで, $Y = \cup_{i=1}^{4} Y_i$ は G の中の H の右剰余類の代表元の完全集合である.

(ii) $P_1 = HY_1$, $P_2 = HY_2$, $P_3 = JY_3$, $P_4 = hJY_3$ である. ただしここで, J は指数 2 の H の部分群で, $h \in H - J$ であり, かつ $Y = \cup_{i=1}^{3} Y_i$ は G の中の H の右剰余類の代表元の完全集合である.

(iii) $P_1 = HY_1$, $P_2 = JY_2$, $P_3 = hJY_2$, $P_4 = h^2 JY_2$ である. ただしここで, J は指数 3 の H の部分群で, $H \leq N_G(J)$ かつ $h \in H - J$ であり, $Y = Y_1 \cup Y_2$ は G の中の H の右剰余類の代表元の完全集合である.

(iv) $P_1 = J_1 Y_1$, $P_2 = h_1 J_1 Y_1$, $P_3 = J_2 Y_2$, $P_4 = h_2 J_2 Y_2$ である. ただしここで, J_1 と J_2 はどちらも指数 2 の H の部分群で, $h_1 \in H - J_1$ かつ

$h_2 \in H - J_2$ であり，$Y = Y_1 \cup Y_2$ は G の中の H の右剰余類の代表元の完全集合である．

(v) $P_1 = JY$，$P_2 = hJY$，$P_3 = h^2JY$，$P_4 = h^3JY$ である．ただしここで，J は指数 4 の H の部分群であり，$H \le N_G(J)$ かつ $h \in H - J$ であり，Y は G の中の H の右剰余類の代表元の完全集合である．

証明：展開図のユニットに割り当てられる平坦折り可能型は全部で 4 つあるので，4 色を用いた色付けが得られる．これは G の分割 $P = \{P_1, P_2, P_3, P_4\}$ に対応し，それぞれの $P_i (i = 1, 2, 3, 4)$ に対応するユニットは，ある 1 つの平坦折り可能型（色）に割り当てられる．

分割が結晶学的平坦折り紙を生成することを保証するためには，分割は G の部分群 H のもとで不変でなければならない．P 上で H の作用によって形成される軌道を考えると，それは左乗法のもとで H 不変である．4 つの色があるので，軌道上の色の数によって，次の可能性が考えられる．

(i) 色 $\{P_1\}$，$\{P_2\}$，$\{P_3\}$，$\{P_4\}$ の 4 つの軌道がある場合．定理 2.3.1 より，i 番目の色の軌道は集合 $HY_i = \{hJ_iY_i : h \in H\}$ である．したがって，$P_i = HY_i$ であり，ここで Y_i は P_i に含まれる H の各右剰余類の代表元 1 つからなる集合である．この場合，$J_i = H$ となり，各色の安定化群は H となる．よって，$G = P_1 \cup P_2 \cup P_3 \cup P_4 = HY_1 \cup HY_2 \cup HY_3 \cup HY_4$ であり，ここで $\cup_{i=1}^4 Y_i$ は G の中の H の右剰余類の代表元の完全集合である．

(ii) 色 $\{P_1\}$，$\{P_2\}$，$\{P_3, P_4\}$ の 3 つの軌道がある場合．(i) と同じ議論により，$i = 1, 2$ に対して $P_i = HY_i$ である．ここで，$\{P_3, P_4\}$ に対して，P_3 の H における安定化群 J を考える．すると $JP_3 = P_3$ が成り立つ．軌道 $\{P_3, P_4\}$ には 2 色しかないので，$JP_4 = P_4$ となる．ここでは，色を置き換える要素 $h \in H$ がある．つまり $hP_3 = P_4$ および $hP_4 = P_3$ である．このとき $h \in H - J$ となる．軌道安定化定理により，$[H : J] = 2$ かつ $H = J \cup hJ$ である．さて，色の 3 番目の軌道は HY_3 である．これは，$HY_3 = (J \cup hJ)Y_3 = JY_3 \cup hJY_3$ と書くことができ，ここで Y_3 は，P_3 に含まれる H のそれぞれの右剰余類における剰余類の代表元 1 つからなる集合である．したがって，G の分割は $\{HY_1, HY_2, JY_3, hJY_3\}$ という形で書けて，ここで $Y = \cup_{i=1}^3 Y_i$ は G の中の H の右剰余類の代表元の完全集合である．

(iii) 色 $\{P_1\}$ と $\{P_2, P_3, P_4\}$ の 2 つの軌道がある場合．(i) と同じ議論により，$P_1 = HY_1$ である．色 $\{P_2, P_3, P_4\}$ に関して，$JP_2 = P_2$ であるような，H における P_2 の安定化群を J とする．このとき $JP_3 = P_3$ と $JP_4 = P_4$ が得られる．ここで $JP_3 = P_4$ かつ $JP_4 = P_3$ であったとしよう．$H \le N_G(J)$ であるときの $h \in H$ を考える．すると H は色の順序を変えるので，$hP_2 = P_3$ か $hP_2 = P_4$ である．もし $hP_2 = P_3$ だとすると，$j, j' \in J, h' \in H$ に対して $j(hP_2) = h'(j'P_2) = h'P_2 = P_3$ となる．しかし $JP_3 = P_4$ であり，したがって $j(hP_2) = jP_3 = P_4$ である．これは，ある要素 $jh \in H$ があり，それが P_2 を P_3 と P_4 に移すことを意味している．これは $\{P_2, P_3, P_4\}$ が H 不変であるという事実に矛盾す

17

る．したがって $JP_3 = P_3$ である．同様の議論によって，$JP_4 = P_4$ が得られる．

さて，色の順序を変える要素 $h \in H$ を考える．たとえば，$hP_2 = P_3$, $hP_3 = P_4$, $hP_4 = P_2$ としてみる．すると $h^2 P_2 = hP_3 = P_4$ と $h^3 P_2 = P_2$ となる．また $h, h^2 \in H - J$ である．そして軌道安定化定理より，$[H : J] = 3$ および $H = J \cup hJ \cup h^2 J$ を得る．さらに，色の 2 番目の軌道は HY_2 となる．これは $HY_2 = (J \cup hJ \cup h^2 J)Y_2 = JY_2 \cup hJY_2 \cup h^2 JY_2$ と書くことができ，ここで Y_2 は，P_2 に含まれる H の各右剰余類における剰余類の代表元 1 つからなる集合である．したがって，G の分割は $\{HY_1, JY_2, hJY_2, h^2 JY_2\}$ という形で書くことができ，ここで $Y = Y_1 \cup Y_2$ は G の中の H の右剰余類の代表元の完全集合である．

(iv) 色 $\{P_1, P_2\}$ および $\{P_3, P_4\}$ の 2 つの軌道がある場合．これは，H が P_3 と P_4 と同様に，P_1 と P_2 の順序を変えるということである．(ii) と同様の議論により，$P_1 = J_1 Y_1$ および $P_2 = h_1 J_1 Y_1$ であり，ここで J_1 は H における P_1 の安定化群であり，$[H : J_1] = 2$ かつ $h_1 \in H - J_1$ である．同様に，$P_3 = J_2 Y_2$ かつ $P_4 = h_2 J_2 Y_2$ であり，ここで J_2 は H における P_3 の安定化群で，$[H : J_2] = 2$ かつ $h_2 \in H - J_2$ であり，そこから G の分割が $\{J_1 Y_1, h_1 J_1 Y_1, J_2 Y_2, h_2 J_2 Y_2\}$ という形で書けることがわかる．ただしここで $Y = Y_1 \cup Y_2$ は G の中の H の右剰余類の代表元の完全集合である．

(v) 色 $\{P_1, P_2, P_3, P_4\}$ のただ 1 つの軌道がある場合．(iii) と同様の議論により，分割は $\{JY, hJY, h^2 JY, h^3 JY\}$ という形で書けて，ここで J は指数 4 の H の部分群で，$H \le N_G(J)$ で，$h \in H - J$ であり，そして Y は G の中の H の右剰余類の代表元の完全集合である． ∎

図 2.3(a) に示す $\mathrm{CP6}^3$ の色付けは，$P = \{P_1 = H\{e, a\}, P_2 = H\{a^2\}, P_3 = H\{a^3, a^4\}, P_4 = H\{a^5\}\}$ で与えられており，定理 2.3.2 の場合分け (i) によって表されている．全部で 4 色の H 軌道がある場合である．

場合分け (i) を満たす G の異なる分解，たとえば $\{H\{a, a^2\}, H\{a^3\}, H\{a^4, a^5\}, H\{e\}\}$ で与えられるものは，別の結晶学的平坦折り紙を導く．それぞれ黒，灰色，縞模様，水玉模様を $H\{a, a^2\}$, $H\{a^3\}$, $H\{a^4, a^5\}$, $H\{e\}$ に割り当てると，図 2.3(b) に示す展開図の色付けが導かれる．結果として，図 2.3(c) に示す山谷割当てをもつ展開図と，図 2.3(e) の結晶学的平坦折り紙を得る．

ここで，現れた色付けから展開図にさまざまな山谷割当てを行うときには，毎回，特定の色に対しては同じタイプの平坦折り可能型が対応すると仮定していることに注意する．

定理 2.3.2 は，4 色を使った G の H 不変な分割で，可能なものをすべて提供してくれていることを述べておこう．アルキメデスタイリング（図 2.4）から得られるほとんどの展開図は，少なくとも 4 つの平坦折り可能型をもつので，定理 2.3.2 を用いれば，多種多様な結晶学的平坦折り紙を体系的に構成できるかもしれない．G の部分群 H が与

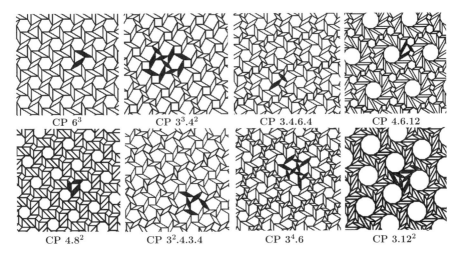

図 2.4 丁つがいタイリング法によってアルキメデスタイリングから導出した展開図で，生成ユニットの平坦折り可能型を少なくとも 4 つもつもの．黒く塗られた平行四辺形は，それぞれの展開図における生成ユニットを形成している．それぞれの展開図には，それを生じるアルキメデスタイリングにちなんだ名前が付けられている．

えられると，H のもとで不変性をもつ，展開図への色付けに対応する結晶学的平坦折り紙をすべて列挙できる．定理 2.3.2 は，r 個の平坦折り可能型がある場合には，さまざまな H 軌道を得るところまで拡張できる．

2.4 同等な結晶学的折り紙と同等でない結晶学的折り紙

ある展開図への 2 つの色付けに対応する分割 P と P^* が，ある $g \in G$ に対して $gP = P^*$ となるなら，この 2 つの色付けは同等である．もし平坦折り可能型から色への対応付けが固定されているなら，2 つの同等な色付けが導く山谷割当をもつ 2 つの展開図では，一方から他方を g によって得ることができる．この展開図への山谷割当ては，平坦折り紙を特徴づける．したがって，こうした色付けから生じる結晶学的平坦折り紙は同等である．

図 2.3(a) と図 2.3(b) に示す $\mathrm{CP}6^3$ の 2 つの色付けを考える．最初の色付けは分割 $\{H\{e,a\}, H\{a^2\}, H\{a^3, a^4\}, H\{a^5\}\}$ に対応し，2 番目の色付けは $\{H\{a, a^2\}, H\{a^3\},$ $H\{a^4, a^5\}, H\{e\}\}$ に対応する．ただし $H = \langle x, y \rangle$ である．ここで $a \in G$ に対して次のことに留意する．

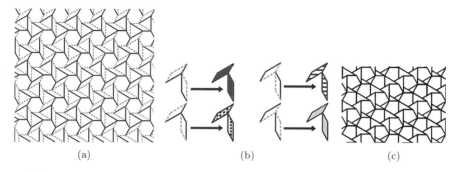

図 2.5 (a) 図 2.3(a) の色付けに対応する山谷割当てをもつ展開図． (b) 図 2.3(d) の対応とは異なる平坦折り可能型と色の対応． (c) 折り (b) から生じる結晶学的折り紙．

$$a\{H\{e,a\}, H\{a^2\}, H\{a^3,a^4\}, H\{a^5\}\}$$
$$= \{aH\{e,a\}, aH\{a^2\}, aH\{a^3,a^4\}, aH\{a^5\}\}$$
$$= \{Ha\{e,a\}, Ha\{a^2\}, Ha\{a^3,a^4\}, Ha\{a^5\}\}$$
$$= \{H\{a,a^2\}, H\{a^3\}, H\{a^4,a^5\}, H\{e\}\}$$

これらの 2 つの色付けは同等であり，図 2.2(e) と図 2.3(e) に示す同等な結晶学的平坦折り紙が形成される．図 2.3(e) の平坦折り紙は，60° 反時計回りに回転することで，図 2.2(e) から得られることが見てとれる．

平坦折り可能型から色への対応づけを変化させると，G の同じ分解に対して，同等でない結晶学的平坦折り紙が結果的に得られることがある．たとえば，G の分解 $\{H\{e,a\}, H\{a^2\}, H\{a^3,a^4\}, H\{a^5\}\}$ を考え，図 2.5(b) に示す色と平坦折り可能型の対応を用いれば，この割当ては図 2.5(a) に示す山谷割当てを導いて，図 2.5(c) の結晶学的平坦折り紙に折り畳める．この平坦折り紙は，同じ分解を用いて得られた，図 2.2(e) の平坦折り紙と同等ではない．

2.5 まとめと今後の展望

この研究では，未割当て展開図で，平面結晶群 G のもとで生成ユニット s の軌道となるものを考察した．本章では，結晶学的平坦折り紙が得られる山谷割当てを構成したが，そこでは，全部で 4 つの平坦折り可能型 s があり，それらは展開図のユニットに割り当てられる．このような山谷割当てに到達するために，4 つの要素（色）からなる G の H 不変な分割（色付け）を決定した．このとき H は G の平面結晶部分群である．次に，4 つの色を用いた G の分割を構成する異なる場合を考えて，定理 2.3.2 を与えた．こうし

た場合分けが提供するのは，生成ユニットが4つの平坦折り可能型をもつような，結晶学的平坦折り紙を構成する体系的な方法である．得られた結晶学的平坦折り紙は，平面結晶群のもとで不変性をもつ．

　本章では，2つの展開図に対応する分割を用いて，結果的に得られる結晶学的平坦折り紙が同等であるかどうかを判定した．ここで与えられた結果は，展開図における生成ユニットの r 個の平坦折り可能型がある結晶学的平坦折り紙の一般的な構成に拡張可能である．

　研究の次のステップとして，[Verrill 98] における織りやスター法など，ある種のアルゴリズムから得られるさまざまな展開図に基づいて結晶学的平坦折り紙を構成するときに，カラー対称性アプローチを試みることも考えられる．また，結晶群とカラー対称性理論という観点から，3次元折り紙に注目するのも興味深いだろう．さらに，等分布結晶学的平坦折り紙 [Maekawa 02] の概念を研究することもできる．非周期的な折り図が得られる平坦折り紙を構成する方法を研究することも，やはりやりがいのあるテーマである．

3
2つ以上の箱を折れる共通の展開図に関する最近の話題

上原隆平

上原隆平 [訳]

◆本章のアウトライン

本章は，折り方を変えるだけで，複数の異なる箱が折れる多角形についてのサーベイ論文である．とくに3種類の異なる箱が折れる展開図が無限に存在することを構成的に示している．

3.1 はじめに

凸多面体を折れる多角形に関する研究を最初に始めたのは，Lubiw と O'Rourke で，1996年のことである [Lubiw and O'Rourke 96]．Demaine と O'Rourke が書いた幾何的な折りアルゴリズムに関する大著 [Demaine and O'Rourke 07, 25章] には，この話題に関する結果が数多く載っている．しかし多角形とそこから折れる多面体の間の関係についてわかっていることは，ほとんどないのが現状である．ほぼ唯一の注目すべき結果は，正4面体や4単面体[†]の展開図をタイリングで特徴づけた次の結果である（単純な例を図3.1に示す．詳細は [Akiyama 07, Akiyama and Nara 07] を参照されたい）．多角形 P が4単面体の展開図である必要十分条件は以下の4つを満たすことである．(1) P がp2タイリングであること，(2) 4単面体の三角形の面から生成される三角格子上に4つの回転中心が乗っていること，(3) 4つの回転中心は三角格子の格子点上の点であること，(4) 4つの回転中心はタイリング上で同値関係にないこと．

本章では，単位正方形からなる多角形だけを扱い，そこから折れる直交凸多面体，つまり箱を考える．まず Biedl らは，[Biedl et al. 99] で，2つの異なる箱が折れる多角形を2つ発見した（[Demaine and O'Rourke 07, 図25.53] も参照のこと）．このうちの1つ目は大きさ $1 \times 1 \times 5$ と $1 \times 2 \times 3$ の2つの箱が折れるものであり，2つ目は大きさ $1 \times 1 \times 8$ と $1 \times 2 \times 5$ の2つの箱が折れるものであった．こうした2つの多角形は例外的なものではない．上記2つとは別の例を図3.2に示す．

本章では，筆者の研究グループによる，この話題に関する一連の研究を概説する．とくに3つの異なる箱が折れる多角形は存在するのだろうかという，自然な問いに対する肯定的な解を与える．結論からいうと，3つの異なる箱が折れる多角形は無限に存在する．今のところ，4つ以上の異なる箱が折れる多角形が存在するかどうかという問題は

---

† **4単面体**とは，すべての面が合同な三角形からなる4面体である．

22

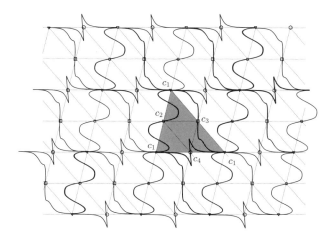

図 **3.1** p2 タイリングの単純な例．おおまかにいえば，タイリングパターンは $180°$ の回転対称であり，回転の中心 c_1, c_2, c_3, c_4 は三角格子を形成し，タイリングの上でのこれらの回転中心は，4 単面体を折ったときの立体の頂点となる．

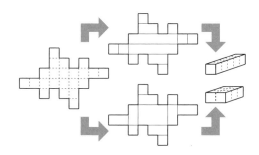

図 **3.2** 大きさ $1 \times 1 \times 5$ と $1 \times 2 \times 3$ の 2 つの箱が折れる多角形．

未解決である．

3.2 準備

本章では単位正方形からなる直交する多角形だけを考える[†]．凸な直交多面体で 6 つの長方形の面をもつ立体を**箱**と呼ぶことにする．正整数 S に対して，$P(S)$ で $ab+bc+ca = S$ を満たす 3 つの整数 a, b, c（ただし $0 < a \leq b \leq c$）の組の集合を表す．つまり $P(S) = \{(a, b, c) \mid ab + bc + ca = S\}$ とする．直観的には，$2S = 2(ab + bc + ca)$ が，大きさ $a \times b \times c$ の箱の表面積を表している．したがって，大きさ $2S$ の直交多角形が k 種類の異なる箱を折れる必要条件は $|P(S)| \geq k$ を満たすこととなる．たとえ

[†] 訳注：パズル業界ではポリオミノ (Polyomino) と呼ばれている図形群．

ば [Biedl et al. 99] で示された既存の 2 つの多角形は，$P(11) = \{(1,1,5), (1,2,3)\}$ と $P(17) = \{(1,1,8), (1,2,5)\}$ に対応している．ここで $1 \le a \le b \le c \le 50$ を満たす，すべての a, b, c の組合せに対して $ab + bc + ca$ を計算するという単純なアルゴリズムを使えば，$|P(S)| > 1$ を満たす 3 つ組 (a, b, c) の一覧を次のように生成できる：

$P(11) = \{(1,1,5), (1,2,3)\}, \quad P(15) = \{(1,1,7), (1,3,3)\},$

$P(17) = \{(1,1,8), (1,2,5)\}, \quad P(19) = \{(1,1,9), (1,3,4)\},$

$P(23) = \{(1,1,11), (1,2,7), (1,3,5)\}, \quad P(27) = \{(1,1,13), (1,3,6), (3,3,3)\},$

$P(29) = \{(1,1,14), (1,2,9), (1,4,5)\}, \quad P(31) = \{(1,1,15), (1,3,7), (2,3,5)\},$

$P(32) = \{(1,2,10), (2,2,7), (2,4,4)\}, \quad P(35) = \{(1,1,17), (1,2,11), (1,3,8), (1,5,5)\},$

$P(44) = \{(1,2,14), (1,4,8), (2,2,10), (2,4,6)\}, \quad P(45) = \{(1,1,22), (2,5,5), (3,3,6)\},$

$P(47) = \{(1,1,23), (1,2,15), (1,3,11), (1,5,7), (3,4,5)\},$

$P(56) = \{(1,2,18), (2,2,13), (2,3,10), (2,4,8), (4,4,5)\},$

$P(59) = \{(1,1,29), (1,2,19), (1,3,14), (1,4,11), (1,5,9), (2,5,7)\},$

$P(68) = \{(1,2,22), (2,2,16), (2,4,10), (2,6,7), (3,4,8)\},$

$P(75) = \{(1,1,37), (1,3,18), (3,3,11), (3,4,9), (5,5,5)\}, \dots$

つまり，たとえば面積 $22 = 2 \times 11$ 未満のときは，すべての $0 < i < 11$ に対して $|P(i)| < 2$ なので，複数の箱が折れる多角形は存在しないことがわかる．一方，たとえば 3 つの異なる箱を折れる多角形を探そうとするならば，その表面積は少なくとも $2 \times 23 = 46$ でなければならず，面積 46 の場合，3 つの箱の高さ・幅・奥行きは，$1 \times 1 \times 11$ と $1 \times 2 \times 7$ と $1 \times 3 \times 5$ でなければばらない．

3.3 2 つの箱が折れる多角形

面積が小さい場合であっても，展開図の個数は膨大になるため，複数の箱を折れる共通の展開図をすべて列挙することは簡単ではない．2008 年，筆者らがまず開発したアルゴリズムはランダムに展開する方法であり，共通の展開図の一部を調べるものであった [Mitani and Uehara 08]．コンピュータによる実験を通じて，2 つの異なる箱の共通の展開図を 25000 個あまり得た（図 3.2 に示したものはその中の 1 つで，筆者が一番好きなものである）．そのうちの数千個を http://www.jaist.ac.jp/~uehara/etc/origami/nets/index.html で公開している．この中から興味深い性質をもつものを紹介する．

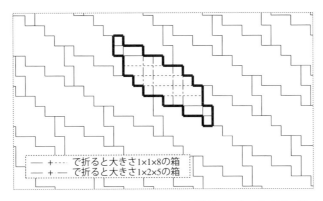

図 3.3 大きさ $1 \times 1 \times 8$ と $1 \times 2 \times 5$ の 2 つの箱が折れて，かつタイリングになっている多角形．

■タイリングパターン

コンピュータの実験で得られたパターンは**タイリング**を彷彿させるものであった．実際，2 つの箱を折れると同時に，タイリングにもなっているパターンが存在する．図 3.3 に示した多角形は，大きさ $1 \times 1 \times 8$ と $1 \times 2 \times 5$ の 2 つの箱を折れると同時に，平面を埋めつくすタイリングにもなっている．

多角形は，それ自体が平面を埋めつくすタイリングになっていて，かつ，それから折れる多面体が空間を埋めつくすとき，**2 重詰め込み立体**と呼ばれる [Kano et al. 07, Section 3.5.2]．明らかに，どんな箱でも空間を埋めつくすことができる．したがって図 3.3 に示した多角形は，2 通りの意味で 2 重詰め込み立体である．

3.1 節で示したとおり，4 単面体の任意の展開図は p2 タイリングという概念で特徴づけることができる [Akiyama 07, Akiyama and Nara 07]．2 つの箱の共通の展開図の中に 4 単面体が折れるものがあるかどうかは，調べていない[†]．

■無限に多くの多角形

2 つの異なる箱が折れる多角形が無限に存在するかどうかというのは自然な問いである[††]．この質問に対する解答はイエスである．筆者たちの見つけた多角形には，一般化できるものがある．その中の 1 つを図 3.4 に示す．これは任意の正の自然数 j と k に対して，大きさ $1 \times 1 \times (2(j+1)(k+1) + 3)$ と $1 \times j \times (4k+5)$ の 2 つの異なる箱を折ることができる多角形が存在することを示している．

1 つ目のパラメータ j は図 3.4 の中のそれぞれの長方形を同じ量だけ引き伸ばす値で

[†] 訳注：図 3.3 の多角形をうまく折ると 4 単面体が折れることを 2018 年に白川俊博氏が「発見」した．
[††] 正確にいえば，大きさ $a \times b \times c$ と $a' \times b' \times c'$ の 2 つの箱が**異なる**とは，$gcd(a,b,c,a',b',c') = 1$ のときだけを考えている．

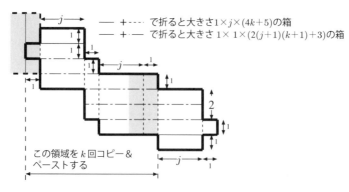

図 **3.4** 大きさ $1 \times 1 \times (2(j+1)(k+1)+3)$ と $1 \times j \times (4k+5)$ の 2 つの箱が折れる多角形.

あり，2 通りの異なる箱の折り方には影響を与えない．ここでの 2 通りの折り方は図 3.3 に示した多角形の折り方と同様である．2 つ目のパラメータ k に対しては，図 3.4 の左の部分をコピーして，最も左の正方形の部分への（グレーの部分を重ねた）張り付けを k 回繰り返すものである．このとき，大きさ $1 \times 1 \times (2(j+1)(k+1)+3)$ の箱の折り方は，どれも本質的に変わらず，垂直方向に 4 つ並んだ単位正方形を丸めていけばよい．一方，大きさ $1 \times j \times (4k+5)$ の箱を折る方法は k に依存する．この多角形を k 回螺旋状に巻き上げていき，垂直方向に長い直方体を折る．この 2 通りの方法により，どの多角形も大きさの異なる 2 つの箱を折ることができる．したがって 2 種類の箱を折れる異なる多角形は無限に存在する．

3.4　3 つの箱が折れる多角形

2011 年，筆者らは共通の展開図をもつ最小の面積 22 についての全列挙に成功した．この面積は大きさ $1 \times 1 \times 5$ と $1 \times 2 \times 3$ の 2 つの箱が折れる面積である．網羅的な全探索により，大きさ $1 \times 1 \times 5$ と $1 \times 2 \times 3$ の箱がどちらも折れる共通の展開図の数は 2263 個であることが判明した[Abel et al. 11]．ここで得られた共通の展開図の中にただ 1 つだけ，大きさ $1 \times 1 \times 5$ と $1 \times 2 \times 3$ の箱が折れるだけではなく，大きさ $0 \times 1 \times 11$ が折れるものが存在した（図 3.5，これはタイリングパターンでもある）．この展開図では，両端を除くどの列も高さが 2 であるため，3 つ目の体積が 0 の箱が折れる．しかしこれは，一種の反則であり，体積 0 が許されるならば，長いリボンを巻いていくことで，2 重被覆長方形を何種類でも作ることができる（詳細は [Abel et al. 11] を参照のこと）．

2013 年，ついに大きさ $2 \times 13 \times 58$ と $7 \times 14 \times 38$ と $7 \times 8 \times 56$ の 3 つの異なる箱が折れる多角形を構築することに成功した（図 3.6）．基本アイデアは単純である．まず

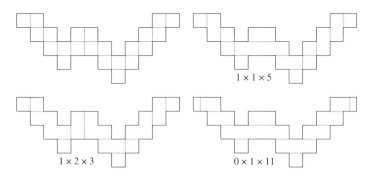

図 **3.5** 大きさ $1 \times 1 \times 5$ と $1 \times 2 \times 3$ の2つの箱が折れて,しかも大きさ $0 \times 1 \times 11$ の箱 (?) が折れる多角形.

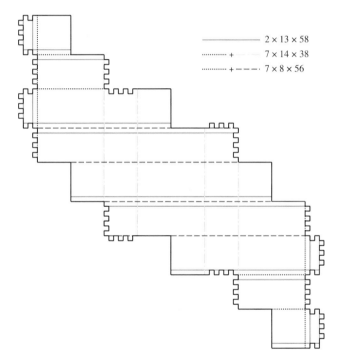

図 **3.6** 大きさ $2 \times 13 \times 58$ と $7 \times 14 \times 38$ と $7 \times 8 \times 56$ の3つの異なる箱が折れる多角形.

大きさ $1 \times 1 \times 8$ と $1 \times 2 \times 5$ の箱が折れる共通の展開図から始める.ここで,大きさ $1 \times 1 \times 8$ の箱を高さが半分になるように「つぶす」ことで,大きさがおよそ $1/2 \times 2 \times 8$ の3番目の箱を得ることを目指す.しかしこの直観的なアイデアは,そのままではうまくいかない.なぜなら大きさ 1×1 の単位正方形は周囲の長さが4であり,大きさ $1/2 \times 2$ の長方形の周囲の長さ5と合わない.そこで大きさ 1×1 の正方形の2つのフタの部分

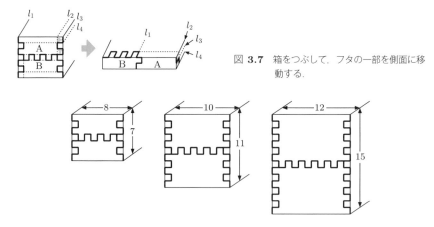

図 3.7 箱をつぶして，フタの一部を側面に移動する．

図 3.8 箱をつぶすパターンの一般化．

を細分化し，面積の一部を大きさ 1×8 の長方形の 4 つの側面の部分に移動するという技法を考案した（図 3.7）．このジグザグパターンは，図 3.8 に示したように一般化することができるので，最終的に，3 つの異なる箱で体積が正のものを折れる多角形が無限に存在することを示せた．詳細は [Shirakawa and Uehara 13] を参照してもらいたい．

2012 年，白川俊博は大きさ $1 \times 1 \times 7$ と $\sqrt{5} \times \sqrt{5} \times \sqrt{5}$ の 2 つの箱を折れる多角形を 2 種類構築した．この多角形は面積が 30 であり，もう 1 つ別の大きさ $1 \times 3 \times 3$ の箱を折れる可能性があった．ところで，大きさ $1 \times 1 \times 5$ と $1 \times 2 \times 3$ の箱が折れる共通の展開図を全列挙したとき，この面積は 22 で，2011 年に作った PC 上のプログラムは 10 時間かかったが，2014 年の段階では 5 時間かかった．そこで，面積 30 を解析するにあたっては，幅優先探索と深さ優先探索を組み合わせたハイブリッドな探索アルゴリズムを開発し，スーパーコンピュータ（Cray XC30）上で 3 ヶ月実行した（詳細は [Xu 14] を参照のこと）．そして，まず大きさ $1 \times 1 \times 7$ と $1 \times 3 \times 3$ の 2 種類の箱を折れる共通の展開図すべての全列挙に成功した．具体的には 1080 個あった．（後年，ZDD（ゼロ抑制型 2 分探索図）と呼ばれるまったく異なるアルゴリズムを使って，通常のデスクトップ型コンピュータで 10.2 日で全列挙することにも成功した [Xu et al. 15]．）これらの共通の展開図に対して，別のアルゴリズムを構築して，この面積 30 の直交多角形で大きさ $\sqrt{5} \times \sqrt{5} \times \sqrt{5}$ の立方体を折れるかどうかを確認した．アルゴリズムの詳細は [Xu et al. 15] を参照のこと．結果として，大きさ $1 \times 1 \times 7$ と $1 \times 3 \times 3$ の 2 つの箱を折れる 1080 個の共通の展開図のうち，9 つの多角形が大きさ $\sqrt{5} \times \sqrt{5} \times \sqrt{5}$ の立方体を折れることがわかった．さらに驚いたことに，この 9 つの展開図の中に 1 つだけ，大きさ $\sqrt{5} \times \sqrt{5} \times \sqrt{5}$ の立方体を折る方法が 2 種類あるものが存在した．この驚くべき多角形を図 3.9 に示す．

図 3.9 大きさ $1 \times 1 \times 7$ と $1 \times 3 \times 3$ と $\sqrt{5} \times \sqrt{5} \times \sqrt{5}$ の 3 つの箱を折れる多角形. 最後の大きさ $\sqrt{5} \times \sqrt{5} \times \sqrt{5}$ の立方体は, 2 通りの方法で折ることができる.

3.5 まとめ

これまでのところ, 図 3.6 と同じアイデアで 3 つの箱が折れる多角形のうち, 最小のものでも, 単位正方形が 500 個以上必要である. 一方, 大きさ $1 \times 1 \times 7$ と $1 \times 3 \times 3$ の 2 つの箱が折れる面積 30 の共通の展開図については, 全列挙できた. 3 つの異なる大きさの箱を折れる最小の面積は 46 で, このときに折れるかもしれない箱の大きさは $1 \times 1 \times 11$ と $1 \times 2 \times 7$ と $1 \times 3 \times 5$ であるが, この面積におけるすべての共通の展開図の列挙は, 次に取り組むべき挑戦的な課題である.

この研究の主要な動機は, 多角形と, それから折れる多面体との間の関係や, その逆を明らかにすることである. この観点からいえば, 直交していない場合や, 凸でない場合に拡張するのも興味深い研究課題である. たとえば荒木・堀山・上原は, ジョンソン=ザルガラー立体の展開図についての研究を行っている[Araki et al. 15]. この研究では, 上記の展開図の中から正 4 面体を折れる多角形をすべて見つけ出している. しかしながら, 多角形と, そこから折れる多面体の間の一般的な関係や特徴づけについては, 未解決な問題が数多くある.

29

4
展開図上での単純折りのunfold操作

Hugo A. Akitaya, 三谷純, 金森由博, 福井幸男
大島和輝, 三谷純 [訳]

◆本章のアウトライン

与えられた展開図から折る手順を見つけることは, 折り紙における重要な課題である. 本章では, 展開図から半自動的に折り手順を生成するための理論的研究を紹介する. とくに「単純折り」だけで作成される折り紙の展開図に対し, 最後の折り操作を行う手前の状態の展開図を生成する手法を提案している.

4.1 はじめに

伝統的に折り紙の制作手順は, 口頭での説明や, 紙の折り方を直接的に示すことによる視覚的な方法で伝達されてきた. 一方で, 折り紙の制作手順を図によって記録する試みもなされてきた. その中で現代の折り紙作家が頻繁に使用するものは, 一般に「折り図」と「展開図」と呼ばれる2つである. 折り図は1950年代および1960年代に吉澤章によって考案された[Robinson 04]. 図4.3（上）に示すように, 折り図では線と矢印を使って折る位置と紙の移動を示す. 折り図を構成する各工程図では, 現在の紙の状態と, 次の工程図に示される状態を得るための折り操作が図示される. 通常, 最初の工程図は何も折られていない状態の紙の形を示し, 最後の工程図は完成形を示す. 本章では, 紙の片面を白で, 他方の面を灰色で示し, 二点鎖線は山折りの位置を, 破線は谷折りの位置を示すものとする.

展開図は, 折り紙の最終的な形状を定義する折り線を紙の上に残しながら, 平面へと展開された紙の状態を示すもので, 1つの図のみからなる. 展開図の例を図4.1に示す.

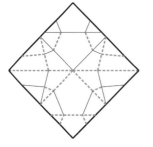

図 4.1 伝統的なセミの折り紙の展開図（左）と折り上がりの形（右）. 山折りと谷折りはそれぞれ破線と実線で示される.

本章では，白色の面を上にして，谷折りを実線で，山折りを破線で示す．

驚くほど複雑な形を作り出すための設計技術や，折り紙を数学的に扱う場面において，展開図の重要性が増している．しかしながら，展開図は紙が開かれた状態のみを示すため，専門家以外はその形状に関する重要な情報を把握することが困難である．その一方で，完成図や折り図よりも，展開図のほうが折り紙の構造を明確に示すために有効なこともあり[Lang 04]，多くの折り紙設計手法は展開図の生成を対象としている．通常，設計によって得られた展開図に対して，それを実際に折り畳むための手掛かりはなく，展開図から最終形状を折り上げることは困難なことが多い．展開図には，明確な折りの手順が示されていないという事実に加えて，そもそも折りの手順がまったく存在しない可能性もある[Lang 11]．

折り図は紙の状態を示す一連の工程図から構成されていて，ある工程図と次の工程図における紙の状態の違いは，ある折り操作が行われたということである．本章では，単層または複数層の紙を有限個の線分で二面角が π または $-\pi$ になるように曲げる操作を**折り畳み**とし，これを単純な折り畳み（**単純折り**）と複雑な折り畳みに分類する．単純折りは紙の内部に終点をもたない単一の線に沿った折り畳みであり，複雑な折り畳みは内部の点で交差する線に沿った折り畳みと，折りを開く操作を組み合わせたものである．展開図が単純折りだけを用いて折り畳める場合，それを**単純折り畳み可能**と呼ぶ．

論文[Arkin et al. 04]もまた単純折りを扱ったものである．筆者らのモデルにおいては，折り線に沿って折ることだけが許容され，紙を折り線の周りで剛体移動させる操作で単純折りが表現される．この操作が，それ以前に行われた折り畳みを開くことなく，また，自己交差を引き起こすことなく完了する場合のみ，その折り畳みが成功する．

筆者らは，単層，複数層，全層の3つの異なった単純折りを扱っている．単層に対する単純折りでは，一度に1つの層だけが折り畳まれ，全層に対する単純折りは，折り線が横切るすべての紙が同時に折り畳まれる．複数層に対する単純折りは，与えられた折りによって任意の数の層が折り畳まれる．折られる層の数に関しては，筆者らのモデルは複数層であるといえるが，単純折りについての概念に違いがある．筆者らの単純折りのモデルは，任意の場所で紙を折ることを許容するため，ピュアランド折り紙[Smith 80]と呼ばれるものに近い．

通常，折り紙作品は，折り図の形式で書籍に掲載される．一般に，試行錯誤によって折り手順を得た後，各工程での折りの状態を示す図を作成する必要があり，折り図の作成には極めて長い時間を要する．本章ではこれを動機づけとして，展開図を入力として半自動で折り図を作成することを目的とする．このアルゴリズムは[Akitaya et al. 13]で大まかに説明されている．ここでは，展開図に関する単純折りの理論的な説明に焦点を当てる．本章の主な貢献は，単頂点折り紙に対する，単純折りによって作ることので

きる折り線の最小の集合の定義である．これによって，任意の単純折りを分類し，その折り操作をする前の状態を生成できる．この手法を用いることで，平坦折りの展開図が単純折りで折り畳み可能であるか判定し，その折り手順を得ることができる．

4.2 背景と関連研究

折り上がりの状態を平らにできる場合，その展開図を**平坦折り可能**と呼ぶ．多くの研究者が平坦折り紙の性質を研究している[Hull 94, Bern and Hayes 96]．展開図の平坦折り可能性の問題は局所的なものと大域的なものに分けられ，局所的な平坦折り可能性については，展開図の頂点近傍の領域が平坦折り可能かを調べる．大域的な平坦折り可能性は折り紙が全体として平坦折り可能かどうかを扱うもので，一般にこれは NP 困難な問題である[Bern and Hayes 96]．

局所的に平坦折り可能かを確かめる場合，各頂点は円盤状の紙の中心にあり，紙には注目している頂点だけが含まれると考える．このように設定されたものを**単頂点折り紙**と呼ぶ．紙の境界に位置する頂点を**境界頂点**と呼び，それ以外のすべての頂点を**内部頂点**と呼ぶ．平坦折り可能であるために，内部頂点が従わなくてはならない 3 つの条件がある．

図 4.2 に示すような，反時計回りに折り線 (c_1, c_2, c_3, c_4) が配置された単頂点折り紙を考える．α_i は c_i と c_{i+1} の間の角度を示すものとすると，数列 $(\alpha_1, \alpha_2, \alpha_3, \alpha_4)$ は，頂点周りの折り線の間の角度の列を表す．第 1 の条件は**前川定理**と呼ばれ，頂点から出る山折り線の数から谷折り線の数を引いた値は 2 または -2 にならなくてはならない．第 2 の条件は**川崎定理**と呼ばれ，折り線の間の角度を 1 つおきに足した合計は π にならなくてはならない．図 4.2 では $\alpha_1 + \alpha_3 = \pi$ かつ $\alpha_2 + \alpha_4 = \pi$ となる．この条件から，頂点の周りの角度の交代和は 0 でなくてはならない，すなわち $\alpha_1 - \alpha_2 + \alpha_3 - \alpha_4 = 0$ でなくてはならない，という条件も導かれる．これら両方の定理の証明については [Hull 94] を参照されたい．

第 3 の条件は川崎によって示されたもので[Kawasaki 91]，もしも $\alpha_i < \alpha_{i-1}$ かつ $\alpha_i < \alpha_{i+1}$ ならば，c_i および c_{i+1} は異なる山谷の割当てをもたなくてはならない．例では，α_2 が隣り合う両側の角度に対して小さく，c_2 と c_3 は山谷反対の割当てをもっている．

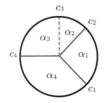
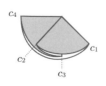

図 **4.2** 単頂点折り紙の展開図．折り線と角度に記号を割り当てている．

この定理の証明は [Bern and Hayes 96] に見ることができる．上記の条件は平坦折り可能であるための必要条件であるが，十分条件ではない．[Demaine and O'Rourke 07] で説明されているように，十分条件は展開図の再帰的削減と第3の条件の応用によって得られる．第3の条件は境界頂点にも適用されなくてはならない．

これまでに，いくつかの折り紙シミュレータと作図ツールが作成されてきた．その1つの例は三谷純によって開発された ORIPA である[Mitani 05]．折り畳まれた形状の透過図に加えて，紙の重なり順も得られる．この情報を用いて，折り畳まれた状態を示す画像が生成される．デジタル空間で紙とアーティストの間のインタラクションを模倣しようとするシミュレータも存在する．この種のアプローチの例には [Lam 09] や [Lang 04b] がある．しかし，折り図を生成するためには，ユーザは折りの順序を事前に知っている必要がある．別の研究では，直交した折り線のみからなる展開図の平坦折り可能性について調査したものがある[Arkin et al. 04]．

4.3 単純折り

名前から想像できるように，単純折りは紙の平坦な状態を別の平坦な状態に移す最も単純な折り操作である．単純折りは，折りが適用される面を常に分割する．面が分割されるにつれて，より多くの折り線が展開図に追加されることになる．

単純折りは既存の折り線を平らな状態に戻したり，位置や山谷の割当てを変更することはせず，単に2つに分割することだけが許容される．図 4.3 は単層と3つの層に単純折りを適用する例を示す．

■ 鏡像折り線

単頂点折り紙における単純折りについて考える．

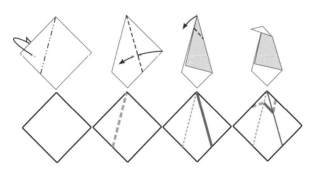

図 **4.3** 単純折りの展開図への影響．折り畳まれた形状に対応する展開図を下段に示す．太い線は最後に追加された折り線を表す．

> **公準 4.3.1**
>
> 単頂点折り紙は，単純折りを行ったあとに，局所平坦折り可能条件を満たさなくてはならない．

公準 4.3.1 の直接的な結果として，平坦折り可能な単頂点の展開図から単純折りによって追加された折り線を取り除くことによって，平坦折り可能な展開図が得られる．

図 4.4 に示す 2 つの折り線 c_2 と c_6 について考える．c_2 から c_6 の間に存在する角度の列は反時計回りに $\alpha_2, \alpha_3, \alpha_4, \alpha_5$ である．c_2 と c_6 の折り線は同じ単純折りによって作られたものであるが，図 4.4 に示す展開図は単純折り可能ではない．

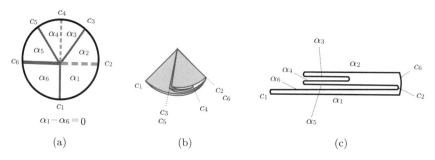

図 **4.4** (a) 平坦折り可能な単頂点折り紙における鏡像折り線の例．c_2 と c_6 は鏡像折り線であり，太線で示されている．(b) 折られた状態．折り線 c_2 と c_6 および c_3 と c_5 が同じ位置にある．(c) 厚さを誇張したモデルを下方から見た様子．

2 つの折り線は，その間に挟まれている角度の交代和が 0 になる場合，同じ場所に折り畳まれる．これは，図 4.4(c) に示すように，折り線で紙を π または $-\pi$ の角度で折るという事実に基づいている．

> **定義 4.3.2**
>
> 1 組の折り線においてそれらの山谷の割当てが異なり，それらの間の角度の交代和が 0 になる場合，その組になった折り線を「互いに鏡像折り線である」，または単に「鏡像折り線」と呼ぶ．

図 4.4 では，折り線 c_2 と c_6 は山谷の割当てが異なり，$\alpha_2 - \alpha_3 + \alpha_4 - \alpha_5 = 0$ である．したがって $\alpha_1 - \alpha_6 = 0$ であるため，鏡像折り線である．鏡像の折り線の組は，全体が折り畳まれたときに，同じ位置になる．単頂点折り紙が平坦折り可能であれば，鏡像折り線の間の時計回りと反時計回りの両方で合計が 0 になる交代和が生成されることがわかる．これは川崎定理の帰結するところである．頂点を中心とする全周の交代和は 0 でなくてはならないため，時計回りの方向の交代和が 0 になる場合は反時計回りの交代和も 0 になる．

命題 4.3.3

　平坦折り可能な単頂点折り紙の展開図から1組の鏡像折り線を取り除くと，前川定理と川崎定理の両方に従う新たな展開図が得られる．

証明：鏡像折り線に番号を割り当てるときに先頭となる折り線は任意であるため，表記を簡易化するために，除去される鏡像折り線を c_1 と c_k とする．鏡像折り線の組には異なった山谷の割当てがなされているため，鏡像折り線が取り除かれた場合，前川定理の条件を満たす状態が保たれる．頂点周りの交代和を $A = (\alpha_1 - \alpha_2 + \alpha_3 - \cdots)$ とおくと，反時計回りの方向に A_1 が c_1 から c_k までの角度を含み，A_2 が c_k から c_1 までの角度を含むようにして，A を $A = A_1 + A_2$ と2つの項に分割できる．このとき，鏡像折り線の定義から $A_1 = A_2 = 0$ となる．鏡像折り線の組の除去は，A_1 の最初および最後の角度と A_2 の最後および最初の角度それぞれの合成を引き起こす．（鏡像折り線のない）新しい頂点の交代和は $A_1 - A_2$ であり，この値もまた0である．図4.4に示す例では，この合計は，$(\alpha_1 + \alpha_2) - \alpha_3 + \alpha_4 - (\alpha_5 + \alpha_6) = (\alpha_2 - \alpha_3 + \alpha_4 - \alpha_5) - (\alpha_6 - \alpha_1) = 0$ である． ∎

　命題 4.3.3 の証明から，1組の折り線を取り除いた結果，平坦折り可能性の第1および第2の定理（前川定理と川崎定理）に従う展開図が生成された場合は，それらの折り線の組は鏡像折り線の組であると結論できる．

補題 4.3.4

　空ではない単頂点折り紙に対する単純折りは，少なくとも1つの鏡像折り線の組を追加する．

証明：単純折りは折り畳まれた状態に対して配置された折り線で行われる．完全に折り畳まれたときに，単純折りにより追加される折り線はすべて同じ場所に位置しなくてはならない．したがって，前述のように，追加された折り線の間の交代和は0になる．公準 4.3.1 と前川定理を考えると，追加した折り線の数は偶数でなくてはならず，異なる山谷の割当てをもつ追加された折り線の組は鏡像折り線となる． ∎

　しかし，鏡像折り線を取り除いたときに平坦折り可能でない展開図が生成される場合があるため，この逆は真ではない．これは，4.2 節で説明した局所的平坦折り可能条件の第3の条件によるものである．

　補題 4.3.4 は，鏡像折り線が，単頂点折り紙における単純折りで作られる折り線の最小単位であることを示している．

■ **鏡像経路**

　ここまで，単頂点折り紙での単純折りについて分析した．ここでは複数の頂点が存在

35

する折り紙での振舞いを説明する.

複数の頂点を含む展開図を無向グラフ $CP = (V, C)$ で定義する. V は頂点集合, C は折り線の集合である. また, c_1 と c_2 が内部頂点 $v \in V$ での鏡像折り線ならば, $c_1 R_v c_2$ が真となるよう, R_v を $C \times C$ で定義された二項関係として定める.

定義 4.3.5

鏡像経路は, CP 内の単純歩道 $(v_1, c_1, v_2, c_2, ..., v_n)$ または $i \in [1, n)$ で $c_i R_{v_i} c_{i+1}$ となるような $v_1 = v_n$ を満たす閉路で表される. 鏡像経路が閉路であるか, $c' R_{v_1} c_1$ または $c_{n-1} R_{v_n} c'$ を満たす c' が存在しないとき, この鏡像経路を**極大**と呼ぶ.

図 4.3 に示す展開図中の強調された折り線は, 極大な鏡像経路を形成している.

補題 4.3.6

鏡像経路の削除は, 始点と終点の頂点にのみ, 前川定理と川崎定理に関して影響を与える.

証明：鏡像経路が削除されるとき, 経路上のすべての内部頂点は削除される鏡像折り線の組をもつ. 補題 4.3.3 より, そのような頂点では前川定理と川崎定理の条件は変わらないままである. しかし, 単純歩道である場合, 始点と終点の頂点では 1 つだけ折り線が削除されるため, これらの条件が変わることとなる. ∎

補題 4.3.6 から, 閉路を形成する鏡像経路は, それが削除されたならば, 第 1 および第 2 の平坦折り可能条件に従う展開図が生成されると結論づけられる. 鏡像経路が閉路であるまたは始点と終点がそれぞれ境界頂点である場合, その鏡像経路を**完全**であると呼ぶ.

定理 4.3.7

単純折りを行うと, 完全な鏡像経路を形成する折り線のみが生成される.

証明：境界頂点は前川定理と川崎定理に従う必要はないので, 始点と終点がそれぞれ境界頂点である鏡像経路の追加および削除は, 任意の頂点での平坦折り可能性に関する第 1 および第 2 の条件に影響しない. 単純折り線が, 通過する頂点に少なくとも 1 組の鏡像折り線を追加する場合（補題 4.3.4）, これらの折り線の組合せは始点と終点が境界頂点である鏡像経路を形成するか, もしくは閉路となる鏡像経路を形成する. ∎

単純折りによって, 1 つまたは複数の完全な鏡像経路が追加される. 単頂点の場合と類似して, 完全な鏡像経路は, 単純折りで生成される折り線の最小単位である. そのた

36　　**第 4 章**　展開図上での単純折りの unfold 操作

め，単純折りの取り消し操作は，対応する完全な鏡像経路の削除としてモデル化できる．しかしながら，削除された後で，自己交差によって平坦に折り畳めない展開図が生成される可能性がある．第3の局所平坦条件が満たされない可能性があり，また，大局的な平坦折り可能性が保証されないためである．

4.4　結果

　以降では，単純折りの操作を取り消して，その操作を行う前の状態に戻すことを unfold という語を使って説明する．さて，これまでに述べた展開図に対する unfold を実装するにあたり，各ステップでの折り畳まれた形状を計算するために ORIPA を用いた．4.3節で説明した理論では展開図を単純化することのみが可能であり，折り紙の折り畳まれた状態を直接扱うものではないことに注意が必要である．ORIPA は有効な紙の重なり順を見つけるために総当たりのアプローチを用いてモデルの平坦折り可能性をチェックする．結果が平坦折り可能でない場合は，それを単に破棄することができる．複数の折り畳まれた状態が考えられる場合（異なる紙の重なり順が有効である場合）はユーザは ORIPA に似たインターフェースを使って，折り図のうち1つを選択できる．入力は ORIPA のファイル形式の展開図である．

　本システムは鏡像経路が完全であるかどうかをチェックする．経路を削除した結果の展開図がまだ平坦折り可能であるときは，単純折りを unfold できる．展開可能な鏡像経路が複数存在する場合，入力された展開図を生成できる複数の折り手順が存在する．入力された展開図のすべての可能な展開を含む**折り手順グラフ**を図4.5に示す．

　図4.6のように，いくつかの単純折りを複数層に適用して，複数の完全な鏡像経路を一度に生成することができる．提案手法は，すべての層を一度に unfold するものではないが，図4.6の折り手順は生成される可能性のある手順の1つに含まれている．定理4.3.7は，対応する完全な鏡像経路を取り除くことで任意の単純折りを unfold できることを保証する．

　ユーザは，望む unfold 操作を選択することで，正方形の紙が完全に展開された状態になるまでのグラフの経路を決定できる．この経路は，折り紙の展開の手順を表すものであり，この経路を逆にたどることで，折り畳みの手順を得ることができる．ORIPA の手法を用いることで各展開図から折られた状態の図を生成し，それを折り図の工程図に利用できる．提案システムによって生成された折り図を図4.7に示す．矢印や折り線といった記号は2つの連続する状態を比較することで自動的に生成されたものである．

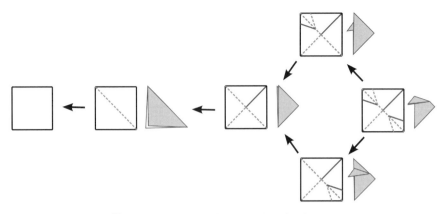

図 4.5 可能な unfold 操作を含む折り手順グラフ.

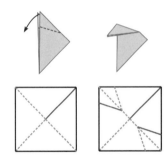

図 4.6 複数の層を折ることで，複数の完全な鏡像経路を展開図に追加する単純折り.

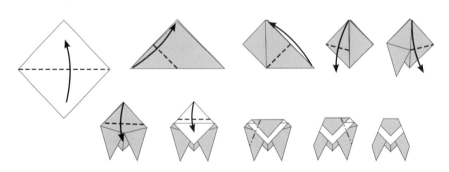

図 4.7 伝承折り紙の 1 つである，セミの折り図．提案手法を用いて折り手順を生成した．

4.5 まとめ

本章では，単純折りを含む折り図の半自動生成手法について説明した．提案手法は入力された展開図を徐々に単純化し，その手順に基づいて折り図を生成する．局所的に平

坦折り可能な中間状態を生成することも可能で，その結果は工程図の自動生成に用いることができる．各状態の展開図は ORIPA を利用して平坦折り可能かどうかチェックされる．定理 4.3.7 から，すべての考えうる単純折りは，1 つ以上の完全な鏡像経路を取り除くと unfold できると結論づけられる．したがって，単純折り可能性もまた，本手法を用いてチェックすることが可能である．また，単純折りによる折り紙の場合，すべての可能な折り手順を見つけることができる．

　この方法は，紙の平坦な状態にのみ注目しているもので，3 次元での状態は考慮していない．したがって，剛体折り紙モデルのように衝突することなく単純折りできる保証はない．言い方を変えれば，手順のうちに紙を曲げる必要のある折りが存在するかもしれない．ここまで説明してきた手法は，複雑な折り畳みをその前の状態に戻すための基礎である．筆者らは，単純折りではない折り手順を扱うために，4 つの一般的な複雑な折り畳みをもとに戻すためのグラフの書き換えについても検討している [Akitaya et al. 13]．

5
周期的折り紙テセレーションの剛体折り

舘 知宏

舘 知宏 [訳]

◆本章のアウトライン
無限に周期的に平面を埋めつくす折り紙テセレーションには，さまざまな工学的応用が期待されている．こうした折り紙の設計においては，その折り動作がどのような挙動を示すかを知ることが重要である．本章では，周期性なパターンが周期的に折られることを仮定して，解析的・数値的な方法によって，三角形分割された折り紙テセレーションの運動学を表し，次のことを明らかにしている．

・折り紙テセレーションを有限に切り出した一部分であれば複曲面形状をとれるのに対し，周期性をもったテセレーション全体は円柱状の形状に制限される．

・三角形分割された折り線パターンの基本ユニットについて，折り状態を表す折り角の数は剛体折り条件による拘束の数と等しいが，一般に安定な構造とはならずに，2自由度の機構を構築する．

・このとき，2つの自由度のうち1つの自由度は折り展開動作を表し，もう1つは円柱上の軸方向が変化するねじれ動作を表す．

最後に，数値計算により代表的な折り紙テセレーションのパターンの解析を行っている．

5.1 はじめに

ミウラ折り，吉村パターン，Resch パターン，風船基本形（なまこ）パターンなど，繰り返し構造をもつ折り紙テセレーションは，工学やデザインの観点からも着目されている．その応用は，小スケールから大スケールのリコンフィギュラブル・メカニズムであったり [Resch and Christiansen 70, Kuribayashi et al. 06, Tachi et al. 12]，折り紙コアのサンドイッチパネル [Miura 72] のような軽量材料など，多岐にわたる．このような応用の場面では，材料としては柔らかい紙ではなく，厚みのあるパネルや，金属シートなどの堅い材料が選ばれることが多い．このような材料の折り変形は，剛体折り紙の変形としてモデル化できる．剛体折り紙においては，折り線における折りのみが許され，面の曲げ変形や折り線をずらす操作が許されない．折り紙テセレーションを用いて設計された物を実現化するためには，平面パターンから立体の折り状態までの剛体折りによる連続変形の研究が重要である．例として，図 5.1 の折り紙テセレーションを考えてみよう．テセレーションの小さい部分を取り出して折ってやると複曲面（この場合はドーム状）の曲

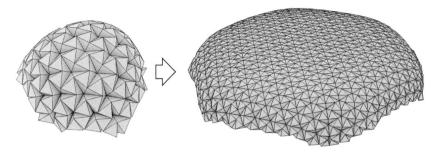

図 5.1 Resch の三角形パターンの一部．左は狭い領域，右はより広い領域を取り出したもの．広い領域を取り出すと，中心部分がほとんど折れないままに折り動作が止まってしまう．

面が構成される．ここでは，面の中心部分では折りが浅く，周辺に行くにつれ折りが深くなっている（図5.1（左））．ところが，繰り返しの回数を増やしてやると，図5.1（右）のようになり，折りが深くなった周囲が原因となって折り動作が途中で止まってしまうことが観察できる．この現象から1つの問いが生まれる：折り紙テセレーションの折り動作は普遍的なものか，それとも境界条件に依存する効果なのか？　前者であれば，繰り返し数を調整できるので工業応用に使える一方，後者であればパターンの繰り返し回数に依存する限定的なものとなる．

本章では，展開図が無限に繰り返す周期性をもった折り紙テセレーションについて，とくに面が三角形化された場合の連続的な剛体折り動作について考察する．またここでは，折りが均等でないことで折り動作が途中で止まってしまうという観察結果から，折り線の折り角も展開図自体と同様に周期性をもち，平面全体で均質であると考える．剛体折り紙のシステムの変形可能性を考えるとき，最も初歩的な考え方は変数の数と拘束式の数を比較することである．折り線の折り角を変数として，内部頂点周りの回転が恒等変換となることを拘束条件として考える[Kawasaki 97, belcastro and Hull 02]．よって，折り紙のパターンは E を折り線の数，V を内部頂点の数とした場合，$E - 3V > 0$ のときに剛体折り可能であると予測される．この数え方によると，周期性を仮定した三角形テセレーションはすべて $E = 3V$ となり，一般的な三角形テセレーションが剛体折り可能でないことを示唆している．一方，数値シミュレーションを用いた実験では，一般的な三角形テセレーションは2自由度のメカニズムとなることが観察できる．本章では，実際には変形可能となる原因が，周期性により拘束式の冗長性が生まれることであることを示し，さまざまなパターンの挙動について紹介する．また，周期性をもった折り紙テセレーションは円柱に拘束されることを示す．これは有限なサイズでは複曲面を構成できるのと対照的である．

5.2 剛体折りの基本

それぞれの面が平面であるため，折り線は線分であると考える．また，本章では面同士の交差は許すものとする．

定義 5.2.1

展開図 C は，平面開領域 P（紙）への平面グラフの直線埋め込みであり，P を領域 $P_1, \ldots, P_n$ に分割するものとする．

定義 5.2.2

展開図 C による（自己交差を許した）**剛体折り状態** $f : \mathbb{R}^2 \to \mathbb{R}^3$ は，紙 P の，三次元空間への内在的等長変換で，分割領域 P_i それぞれが平面性を保つものである．

---

f は，向き付けされた 2-マニフォルドな多面体を形作り，f が微分不可能な点は C に存在しなくてはならない．面が平面であるから，展開図 C のエッジ e——これを**折り線**と呼ぶ——ごとに $\rho_e \in (-\pi, \pi)$ なる値，**折り角**を，折り状態における面の二面角の外角として与えることができる[†]．折り線は，平らなままでもよい．そのときの折り角は 0 である．折り角が負のとき**山折り**と呼び，正のとき**谷折り**と呼ぶ．

定義 5.2.3（日本語版追記）

剛体折り変換とは，C による剛体折り状態 f から別の剛体折り状態 g への変換のことである．この変換を各面 P_i に限定したものは，平面性を保つ等長変形，すなわち剛体変換となる．なお可展な折り紙においては，自明な剛体折り状態 $f(p) := p(p \in P)$ つまり恒等写像が存在し，これを**展開状態**と呼ぶ．本章では，断りがない限り f の剛体折り状態と，展開状態からの剛体折り変換とにとくに区別をつけない．C による折り状態 f から g へ，**剛体折り可能**であるとは，折り線パターンによる剛体折り状態の連続によって f から g に至れることであり，折り状態 f で**剛体折り可能**とは，f から f とは合同でない折り状態まで剛体折り可能であることである．

折り角を用いた剛体折り状態の表現を次のように与える．

[†] 訳注：面の表側への回転の場合を正とする．

定義 5.2.4

折り線 e とそれと平行でない方向 $\mathbf{t}$ について，e による $\mathbf{t}$ 方向の（展開状態からの）**単線剛体折り変形** $\mathbf{R}_e$ とは，e の $\mathbf{t}$ の右側方向を軸として e の折り角 ρ_e だけの回転[†]変形のことをいう[††]．紙の上で，折り線パターン C の頂点を通らず，折り線に接しない向き付けされた曲線を C に**正しく交わる曲線**と呼ぶ．折り線パターン C に正しく交わる曲線 γ に沿った，折り線パターン C の**相対的剛体折り変換** $\mathbf{F}(\gamma)$ の定義は，γ に交わる C の折り線による，γ の接線方向の単線剛体折り変形を，γ をたどって得られる順に積をとった剛体変換のことである．

ここで，曲線 γ の向き付けの反転をしたものを $\overleftarrow{\gamma}$ と表記すれば，$\mathbf{F}(\overleftarrow{\gamma}) = \mathbf{F}^{-1}(\gamma)$ である．

γ に沿って i 番目に現れる折り線の，単線剛体折り変形 $\mathbf{R}_i$ は，4×4 の行列と同次座標系を用いて表現できる．$\mathbf{R}_i$ は，i 番目の γ の右側向きの折り線方向の単位ベクトル $\mathbf{l}_i = (c_i, s_i) = (\cos\theta_i, \sin\theta_i)$ および，原点から軸までの最短距離 r を用いて表した軸周りの ρ_i 回転であり，

$$\mathbf{R}_i = \mathbf{Y}_i \mathbf{P}_i \mathbf{Y}_i^{-1}$$

$$= \begin{bmatrix} c_i & -s_i & 0 & -rs_i \\ s_i & c_i & 0 & rc_i \\ 0 & 0 & 1 & 0 \\ 0 & 0 & 0 & 1 \end{bmatrix} \begin{bmatrix} 1 & 0 & 0 & 0 \\ 0 & \cos\rho_i & -\sin\rho_i & 0 \\ 0 & \sin\rho_i & \cos\rho_i & 0 \\ 0 & 0 & 0 & 1 \end{bmatrix} \begin{bmatrix} c_i & s_i & 0 & 0 \\ -s_i & c_i & 0 & -r \\ 0 & 0 & 1 & 0 \\ 0 & 0 & 0 & 1 \end{bmatrix}$$

と計算される．

相対的剛体折り変換 $\mathbf{F}(\gamma)$ は，

$$\mathbf{F}(\gamma) = \mathbf{R}_1 \mathbf{R}_2 \cdots \mathbf{R}_n \tag{5.1}$$

である．

次に，剛体折り状態の存在は，次のように表現される．

定理 5.2.5

平面上の折り線パターンによる（自己交差を許した）剛体折り状態が存在し，与えられた折り角の組をもつ必要十分条件は，折り線パターンに正しく交わる

[†] 訳注：右ねじ方向にとる．

[††] 訳注：一般の剛体折り変換 $f \to g$ における単線剛体折り変形は $f(e)$ を軸とした $\rho_e|_g - \rho_e|_f$ だけの回転である．ここで $\rho_e|_f$ あるいは $\rho_e|_g$ とは，それぞれ f あるいは g の折り状態における e の折り角を表す．

自己交差のない紙上の閉じた曲線に沿った（展開状態からの）相対的剛体折り変換が恒等変換であることである．

すなわち，
$$\mathbf{F}(\gamma) = \mathbf{R}_0 \mathbf{R}_1 \cdots \mathbf{R}_{n-1} = \mathbf{I} \tag{5.2}$$

である．これは [Kawasaki 97] および [belcastro and Hull 02] でも主張されているとおりである．本章でも，独立した証明を与える．

証明：必要条件は明らかである．つまり，式 (5.2) が成立しないループが存在すると，折り状態は写像として定義できないからである．

十分条件は下記のように得られる．展開図に双対なグラフを考え，大域木 T を作成する．T の 1 つのノードに対応する面 R を根として考え，T 上のパスに沿って，あてはめられた折り角を用いて式 (5.1) を満たすように各面の剛体折り変換を構築し，それを用いて各面（折り線を含まない）の f を定義する．すると，T に含まれる辺に双対な折り線においては，正しい折り角で接続された状態であり，よって f は，T に含まれる稜線の双対な折り線においては，連続であり定義されている．次に，T に含まれない折り線において同様に連続性が保たれることをいえばよい．T に含まれない折り線 e が面 F_a および F_b によって共有されているとし，R から F_a までの T を経由したパスと F_b までのパスをそれぞれ γ_a と γ_b とおく（図 5.2）．

e に正しく交差する，e に双対なパス γ_c を考える．このパスは γ_a と γ_b の端点を端点としている．$\gamma_a, \gamma_c, \overleftarrow{\gamma_b}$ をつないだ閉じたパスは，式 (5.2) が成立するので，$\mathbf{F}(\gamma_a)\mathbf{F}(\gamma_c)\mathbf{F}(\gamma_b)^{-1} = \mathbf{I}$ を満たす．$\mathbf{F}(\gamma_c)$ は e を軸とした e に割り当てられた折り角 ρ_e だけの回転行列 $\mathbf{R}(e, \rho_e)$ である．つまり

$$\mathbf{F}(\gamma_a)^{-1} \mathbf{F}(\gamma_b) = \mathbf{R}(e, \rho_e) \tag{5.3}$$

である．それゆえ，当然，$\mathbf{x} \in e$ において，

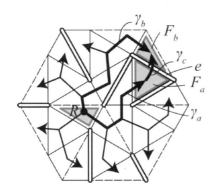

図 **5.2** 折り線 e における適合性．

$$\mathbf{F}(\gamma_a)\mathbf{x} = \mathbf{F}(\gamma_b)\mathbf{x}$$

が成り立つから，構築された剛体折り状態は T に含まれない折り線 e においても連続である．さらに式 (5.3) の左辺は面 F_a から見た F_b の剛体変換を表すので，e における折り角は実際に ρ_e となっている． ∎

この証明においては，ある面 R を固定したうえで，折り角のみの情報から折り状態を一意に構築しているので，次のこともいえる．

系 5.2.6（日本語版追記）

　折り線パターンと折り角の組は，剛体変形の差異を無視して，折り状態を一意に表す．

定理 5.2.5 は，紙がディスクに同相な場合は，次のとおりに簡略化できる．

定義 5.2.7

　内部頂点の**単頂点適合条件**とは，頂点を中心とした十分に小さい（頂点に接続する折り線のみと交差する）円に沿った相対的剛体折り変換が恒等変換であることをいう．

定理 5.2.8

　与えられた折り角をもつ，折り線パターンによるディスク同相の領域の剛体折り状態（自己交差を許す）の存在条件は，すべての内部頂点について単頂点適合条件が満たされることである．

証明：必要条件は定理 5.2.5 による．十分条件を考えるには，任意の自己交差のないループ γ を考え，$\mathbf{F}(\gamma) = \mathbf{I}$ を，それぞれの頂点の条件から導けばよい．これには，γ を点に向かって（連続的）に収縮させることを考え，そのときに起きるイベント，すなわち γ に沿って現れる折り線の順列 $e_0, e_1, \ldots, e_{n-1}$ が変化すること，について考察する．このようなイベントは，2 種類ある．すなわち，(1) 曲線が折り線を通り抜けるとき，そして (2) 曲線が，内部頂点を通り抜けるときである（図 5.3）．ケース (1) では，イベントの前後の曲線，それぞれ γ と γ' について，$\mathbf{F}(\gamma)$ と $\mathbf{F}(\gamma')$ は等しい．なぜなら

$$\mathbf{F}(\gamma) = \mathbf{R}_A \left(\mathbf{R}_i \mathbf{R}_i^{-1} \right) \mathbf{R}_B, \quad \mathbf{F}(\gamma') = \mathbf{R}_A \mathbf{R}_B$$

であるからである．ここで，$\mathbf{R}_A$ と $\mathbf{R}_B$ はそれぞれ双方の曲線で共通の部分の相対的剛体折り変換である．同様にケース (2) についても

$$\mathbf{F}(\gamma) = \mathbf{R}_A \left(\mathbf{R}_i \mathbf{R}_{i+1} \cdots \mathbf{R}_{i+j} \right) \mathbf{R}_B,$$
$$\mathbf{F}(\gamma') = \mathbf{R}_A \left(\mathbf{R}_{i-1}^{-1} \mathbf{R}_{i-2}^{-1} \cdots \mathbf{R}_{i-(N-j-1)}^{-1} \right) \mathbf{R}_B$$

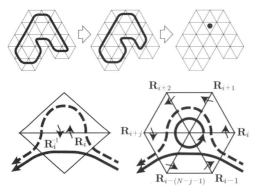

(1) 折り線を通り抜ける　(2) 頂点を通り抜ける　図 **5.3** 曲線の収縮.

である. ここで, γ が通り抜けた頂点における単頂点適合条件は $\mathbf{R}_{i-1}^{-1}\mathbf{R}_{i-2}^{-1}\cdots\mathbf{R}_{i-(N-j-1)}^{-1} = \mathbf{R}_i\mathbf{R}_{i+1}\cdots\mathbf{R}_{i+j}$ を与えるので, $\mathbf{F}(\gamma) = \mathbf{F}(\gamma')$ である. γ は 1 点に収縮して, 折り目と交差しない状態となるので, 結局 $\mathbf{F}(\gamma) = \mathbf{I}$ である. ∎

円環（ディスクに穴が開いたもの）の場合の必要十分条件は次のように書ける.

定理 5.2.9

　与えられた折り角をもつ，折り線パターンによる円環と同相の領域の（自己交差を許す）剛体折り状態の存在条件は，すべての内部頂点について単頂点適合条件が満たされ，穴の周りを一周する閉じた曲線 1 つに対して相対的剛体折り変換が恒等変換であることである.

証明：必要条件は定理 5.2.5 による. 十分条件を示すには，ディスクと同様の収縮プロセスを考えればよい. ループが点に収縮するなら，ディスクの場合と同じく，そのループに対して相対的剛体折り変換が恒等変換となる. もし，ループが点に収縮しない場合，このループは穴を囲んでいる. そのようなループは，定理 5.2.8 の証明におけるイベント (1) とイベント (2) を通して互いに変形可能であるから，相対的剛体折り変換は恒等変換となる. ∎

ディスクにおいて用いられる単頂点適合条件は 4×4 行列の剛体変換の恒等変換で表されているが，実際は折り線が同一の頂点を通るので，並進の項は消え，実質的な条件は（連続的な変形を考える限りにおいて）空間中の回転を恒等変換とするための 3 つの等式拘束で表すことができる. この拘束条件によって，変数を折り角 $\rho_1,\ldots,\rho_E$ とし，それらが V 個の回転拘束，すなわち $3V$ 個のスカラー等式によって拘束されているシステムを作る. ここで，E は折り線の数で V は（内部）頂点の数である. それゆえ，剛体折り可能性や，自由度の数は $M := E - 3V$ の式を用いてまず推定することができる. すなわち，システムに特異性がないなら，$M > 0$ であれば剛体折り可能性であり，自由

度は M である.

■ **微小剛体折り可能性**

剛体折り紙はどのように変形するか？　これを調べる（そしてシミュレーションをする）1つの方法は，**微小剛体折り変形**，すなわち式 (5.2) の 1 階微分した等式を満たすような，折り角の速度を考えることである．単頂点折り紙における微小剛体折り可能性は，頂点周りの折り線に沿ったベクトルの和が零となることとして表せることが知られている（[Watanabe and Kawaguchi 09, Tachi 09]）．ここでは，同じ条件を単頂点適合条件のみではなく，一般のループに対して与える．折り線 $0, 1, \ldots, i, \ldots, n-1$ に順に交差するループ γ を考え，考えている折り状態における，折り線 i の回転軸を $\mathbf{L}_i = (L_i^x, L_i^y, L_i^z)^\mathrm{T}$ とし，また $\mathbf{r}_i$ を折り線 i 上の任意の点（標準的に表すなら原点からの最短距離の点）とする．そのとき，式 (5.1) を 1 階微分すると

$$\sum_i \frac{\partial \mathbf{F}(\gamma)}{\partial \rho_i} d\rho_i = \mathbf{0}$$

が得られる．ここで，

$$\frac{\partial \mathbf{F}(\gamma)}{\partial \rho_i} = \mathbf{R}_0 \mathbf{R}_1 \cdots \frac{\partial \mathbf{R}_i}{\partial \rho_i} \cdots \mathbf{R}_{n-1}$$

$$= \left[\begin{array}{ccc|c} 0 & -L_i^z & L_i^y & \\ L_i^z & 0 & -L_i^x & \mathbf{L}_i \times \mathbf{r}_i \\ -L_i^y & L_i^x & 0 & \\ \hline 0 & 0 & 0 & 0 \end{array} \right]$$

である．これは，下記と同値である．

$$\begin{cases} \sum_i \mathbf{L}_i d\rho_i & = \mathbf{0} \\ \sum_i \mathbf{L}_i d\rho_i \times \mathbf{r}_i & = \mathbf{0} \end{cases} \tag{5.4}$$

これは，微小剛体折り可能性の問題は，折り線を線材，頂点をジョイント，穴を剛体として考え，割り当てる折り角速度を軸力として解釈したときの釣り合い条件とまったく同じものであることを意味する[†]．剛体折り可能性は微小剛体折り可能性を意味するが，逆は必ずしも真ではない．また，式 (5.4) で得られる解空間の次元は実際のメカニズムの自由度よりも大きいか等しい.

[†] この導出には，運動学におけるスクリュー理論を用いると簡易である.

5.3 周期的折り紙テセレーション

次に，周期的折り紙テセレーションの折り状態の性質を詳細に述べ，折り状態の存在
条件とメカニズムの自由度について証明する．

定義 5.3.1

　周期的折り線パターン C は平面上の折り線パターンであり，平面を周期的な
多角形領域に分割するものであり，これが壁紙群 $p1$ に属する対称性 G をもつ
（訳注：2 つの並進について対称な）ものである．

定義 5.3.2

　周期的折りパターン C による**周期的折り状態**とは，C による折り状態のうち，
G に属する変換によって互いに写される折り線 e と f が等しい折り角 $\rho_e = \rho_f$
をもつものである．

定義 5.3.3

　周期的折りパターン C の**基本領域** D とは，G によって平面をタイルする（敷
き詰める）ような平面領域であり，領域境界に C の頂点を含まないものである．
D の**基本折り線パターン** C_D は D に含まれる C の部分である．

定義 5.3.4

　周期的パターン C と，G を生成する並進 $\mathbf{T}_1$ と $\mathbf{T}_2$ について，ある面上の始
点 $\mathbf{x}$ からスタートして，それぞれ $\mathbf{T}_1\mathbf{x}$ および $\mathbf{T}_2\mathbf{x}$ で終わる，折り線に正しく
交わる曲線 γ_1 および γ_2 を定義する．$\gamma_1, \mathbf{T}_1\gamma_2, \mathbf{T}_2\overleftarrow{\gamma}_1, \overleftarrow{\gamma}_2$ が基本領域の境界
を構成するとき，γ_1 と γ_2 を**生成パス**と呼ぶ．

■折り状態は円柱面

　周期的折り状態が存在するとき，一般に円柱面を近似する．これは下記のように理解
できる．

補題 5.3.5

　生成パス γ_1 と γ_2 について，それらに沿った相対的剛体折り変換をそれぞれ
$\mathbf{F}(\gamma_1)$ と $\mathbf{F}(\gamma_2)$ とし，生成パスに対応する並進をそれぞれ $\mathbf{T}_1$ および $\mathbf{T}_2$ とす
る．このとき，対応する基本領域の境界に沿った相対的剛体折り変換が恒等変換
であるための必要十分条件は $\mathbf{F}(\gamma_1)\mathbf{T}_1$ と $\mathbf{F}(\gamma_2)\mathbf{T}_2$ が可換であることである．

証明：基本領域の 4 つの角に対応する，互いに写される面 A，$\mathbf{T}_1 A$，$\mathbf{T}_1 \mathbf{T}_2 A$，$\mathbf{T}_2 A$ を考える．一般性を失うことなく，折り状態 f は，面 A を変形させないとする．すなわち $A = f(A)$．$\mathbf{T}_2$ は γ_1 と交わる折り線の列を $\mathbf{T}_2 \gamma_1$ と交わる折り線の列に写すから，

$$\mathbf{F}(\mathbf{T}_2 \gamma_1) = \mathbf{T}_2 \mathbf{F}(\gamma_1) \mathbf{T}_2^{-1}$$

である．同様に

$$\mathbf{F}(\mathbf{T}_1 \gamma_2) = \mathbf{T}_1 \mathbf{F}(\gamma_2) \mathbf{T}_1^{-1}$$

である．そのとき，

$$\begin{aligned}
\mathbf{F}(\gamma_1, \mathbf{T}_1 \gamma_2, \mathbf{T}_2 \overleftarrow{\gamma}_1, \overleftarrow{\gamma}_2) &= \mathbf{F}(\gamma_1) \mathbf{F}(\mathbf{T}_1 \gamma_2) \mathbf{F}(\mathbf{T}_2 \gamma_1)^{-1} \mathbf{F}(\gamma_2)^{-1} \\
&= \mathbf{F}(\gamma_1) \left(\mathbf{T}_1 \mathbf{F}(\gamma_2) \mathbf{T}_1^{-1} \right) \left(\mathbf{T}_2 \mathbf{F}(\gamma_1) \mathbf{T}_2^{-1} \right)^{-1} \mathbf{F}(\gamma_2)^{-1} \\
&= \left(\mathbf{F}(\gamma_1) \mathbf{T}_1 \right) \left(\mathbf{F}(\gamma_2) \mathbf{T}_2 \right) \left(\mathbf{F}(\gamma_1) \mathbf{T}_1 \right)^{-1} \left(\mathbf{F}(\gamma_2) \mathbf{T}_2 \right)^{-1}
\end{aligned}$$

である．ここで，並進の可換性 $\mathbf{T}_1^{-1} \mathbf{T}_2 = \mathbf{T}_2 \mathbf{T}_1^{-1}$ を用いた．すなわち，左辺が恒等変換になる必要十分条件は $\left(\mathbf{F}(\gamma_1) \mathbf{T}_1 \right) \left(\mathbf{F}(\gamma_2) \mathbf{T}_2 \right) = \left(\mathbf{F}(\gamma_2) \mathbf{T}_2 \right) \left(\mathbf{F}(\gamma_1) \mathbf{T}_1 \right)$．すなわち $\mathbf{F}(\gamma_1) \mathbf{T}_1$ と $\mathbf{F}(\gamma_2) \mathbf{T}_2$ が可換であることである． ∎

定理 5.3.6

周期的折り線パターンの周期的折り状態は，2 つの剛体折り変換によって生成される対称性をもつ．

証明：周期的折り線パターン C の対称性を生成する並進 $\mathbf{T}_1$ および $\mathbf{T}_2$ を考える．任意の面 A とその並進コピー $\mathbf{T}_1 A$ について，それらの剛体折り状態 f による，折り像 $f(A)$ および $f(\mathbf{T}_1 A)$ を考える（図 5.4）．ここで，剛体変換 $\mathbf{S}_1$ および $\mathbf{S}_2$ を，$f|_{\mathbf{T}_1 A} \mathbf{T}_1 = \mathbf{S}_1 \circ f|_A$，$f|_{\mathbf{T}_2 A} \mathbf{T}_2 = \mathbf{S}_2 \circ f|_A$ となるように定める[†]．一般性を失わず，$f|_A$ を恒等変換と仮定すると，$\mathbf{S}_1 = \mathbf{F}(\gamma_1) \mathbf{T}_1$ および $\mathbf{S}_2 = \mathbf{F}(\gamma_2) \mathbf{T}_2$ が成り立つ．なお，ここでの表記は補題 5.3.5 に従う．補題 5.3.5 より，$\mathbf{S}_1$ と $\mathbf{S}_2$ は可換である．折り角の周期性により，面 A と面 $\mathbf{T}_1 A$ の周辺の折り状態は等しい．その結果，$f(A)$ を含む領域から $\mathbf{S}_1$ によって，$f(\mathbf{T}_1 A)$ を含む領域に剛体変換する．それゆえ，任意の面 B に対し $f|_{\mathbf{T}_1 B} \mathbf{T}_1 = \mathbf{S}_1 f|_B$ が満たされ，そのため $f|_{\mathbf{T}_1^n B} \mathbf{T}_1^n = \mathbf{S}_1 f|_{\mathbf{T}_1^{n-1} B} \mathbf{T}_1^{n-1} = \mathbf{S}_1^n f|_B$ である．同様に，$f|_{\mathbf{T}_2^n B} \mathbf{T}_2^n = \mathbf{S}_2^n f|_B$ である．B のコピー $B_{m,n} = \mathbf{T}_1^m \mathbf{T}_2^n B$ $(m, n \in \mathbb{Z})$ については，$f|_{B_{m,n}} = \mathbf{S}_1^m \mathbf{S}_2^n f|_B$ が成り立つ．それゆえ，折り状態も周期的であり，この対称性は可換な剛体変換 $\mathbf{S}_1$ および $\mathbf{S}_2$ によって生成される． ∎

任意の剛体変換は 1 つのスクリュー，すなわち空間中の軸周りの回転と軸方向の並進の組合せとして表せる．このスクリューには特殊な場合である，回転，並進，恒等変換

[†] 訳注：$f|_A$ は折り状態 f の面 A への制限であり，面 A に作用される剛体変換である．

49

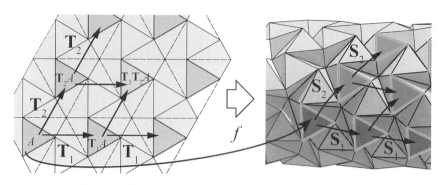

図 5.4 周期的折り線パターンの周期的な折り状態は周期的である．

が含まれる．スクリューは，6つのパラメータ，すなわち，軸の方向（2自由度），軸の通る位置（2自由度），回転角（1自由度），そして軸方向の並進量（1自由度）で表される．2つの剛体変換が可換なのは次の場合である[†]．

(1) 2つのスクリューが同一の軸をもつとき
(2) 一方がスクリューで，もう一方が軸方向の並進のとき
(3) 2つが並進であるとき
(4) 一方が，恒等変換である場合
(5) 2つの軸が直交し，両者が軸周り 180° 回転の場合

展開状態は (3) の場合であり，一般に折られた状態は (1) または (2) に属するため，共有する軸を中心とする円柱上に大まかに従う（図 5.5）．場合 (4) のうち面白いケースは，図 5.6 に示すトーラス上の折り紙である．(5) の場合は長方形二面体の対称性をもつが，2周期分をとれば両方向に恒等変換となり，トリビアルな例である．

■剛体折り可能性

このような性質をもつ周期的折り紙テセレーションは，平坦状態から剛体折り可能であろうか？　ここでは，すべての面が三角形化されていて最も多くの自由度をもつときの

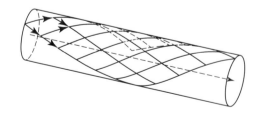

図 5.5　同一のスクリュー軸を共有する2つの剛体変換は円柱面を近似的に構築する．

[†] 訳注：(2)〜(4) は (1) の特殊な例である．

50　第 5 章　周期的折り紙テセレーションの剛体折り

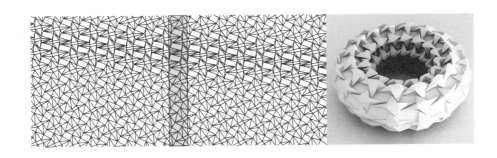

図 **5.6** トーラス折り紙．灰色の領域で示した基本折り線パターンは，トーラス表面の 1/16 を構成している．縦方向は 1 モジュール分進むと 360° 回転（恒等変換）する．この折り紙は正しい剛体折り状態であるが，対称性を保ったまま平面から剛体折りすることはできない．

自由度の上限を考えたい．このために，まず変数と拘束式の数を数えることから始める．2 方向に並進対称性をもつので，周期的折り紙の基本折り線パターンのオイラー数はトーラスのものと等しい．すなわち $V - E + F = 0$ である．ただし，F は面の数である[†]．すべての面が三角形分割されているため，$F = (2/3)E$ であり，$M = E - 3V = 0$ という式が得られる．それゆえ，普通の周期的折り線パターンは（三角形分割をしても）剛体折り不可能であるという推測が成り立つ．しかし，これは実際の現象とは異なる．数値シミュレーションを三角形分割されたさまざまな 2 自由度の周期的折り線パターンに施してやると，ほとんどの折り線パターンについて剛体折り可能であり，さらに多くの場合 2 自由度のメカニズムになることが観察され，例外的に 1 自由度となるものが存在する（5.4 節）．

この柔軟性は，仮定したパターンの周期的対称性によるものとして解釈できる．補題 5.3.5 では，1 つのループについての相対的剛体折り変換が恒等変換であることを，2 つの剛体変換の可換性に置き換えている．前者の表現は，6 つの拘束式で表現されるのに対して，剛体変換の可換性は，スクリュー軸を共有することで自動的に満たせるので，必要とされる拘束は 4 つの等式のみである[††]．より具体的に見るには，基本折り線パターンに三角形の穴を開けたものを考える．辺の長さが等しい三角形は合同なので，この剛体折り可能性はもともとの三角形化された折り線パターンと同じ自由度をもっている（図 5.7）．次に，剛体折り可能性は折り角を連続的に変化させたときに，(1) 内部頂点の単頂点適合性条件が連続的に満たされ，かつ (2) 穴の周りの相対的剛体折り変換が恒等変換を保ち続けることで表される．後者の条件は 2 つの剛体変換が可換であることとして 4

[†] 訳注：対称な操作で写される同じ折り角をもつ折り線は同じものと数える．
[††] 訳注：つまり 2 つの自由度は，6 つの拘束式のうちの 2 式が縮退することとして解釈できる．

図 5.7 三角形パターンに穴を開けて剛体折り条件を考慮する．

つの等式で表されるため，これらの条件が非特異ならば，2 自由度の機構となる．

5.4 数値計算

この節では，数値的に運動学を解くことで，異なるパターンの挙動を実際に観察してみる．まず，パターンを頂点を通らないように切り取って，対称性に対応する基本折り線パターンを取り出す．剛体折りの連続的な動きは，折り角モデルまたはトラスモデルを基本的な運動学のシミュレーションとし，対称性により対応する折り角が等しくなるような角度拘束を加えることで得る．**折り角モデル**は，5.2 節で見たように，折り状態を折り角の組で表し，それらが頂点周りの拘束式を満たすように計算するものであり，その例としては Rigid Origami Simulator[Tachi 09] がある．このシステムでは，式 (5.4) を解くことで得られる微小変形を繰り返し計算で数値積分することで剛体折り状態の連続変形を得る．本節では，頂点座標を変数として，稜線の長さを保つような拘束式を満たすようにした，**トラスモデル**を用いる．トラスモデルの剛体折り紙シミュレーションは，Freeform Origami[Tachi 10] のシミュレーションモードを基本とし，対称性で写される折り線ペア e と f について，折り角が等しくなる，すなわち $\rho_e - \rho_f = 0$ となるような拘束条件を加えて実装した．トラスモデルの周期的折り紙パターンは，$n+6$ 個の変数と n 個の等式のシステムを構築する（ただし，$n := 3V = E$）．自明な 6 個の自由度は，折り紙モデル全体の剛体変換によるもので，面をどれか 1 つ固定することで消すことができる．面を拘束すると，このシステムにおける微小変形の拘束式を表すヤコビ行列は，$(n+6) \times (n+6)$ 正方行列となる．もし，剛体折り可能であるとき，ヤコビ行列は特異であり，ランク落ちしたランクは $r \ (< n+6)$ となる．剛体折り変形の動きは，正則な場所では，$(n+6)$ 次元のパラメータ空間上の，$n+6-r$ 次元のマニフォルドのコンフィギュレーション空間に沿ったパスとして得られる．

■ 通常のパターン

ここでは，周期的折り紙テセレーションのうち，2 自由度を示す例を示す．2 自由度のうちの 1 つの自由度は，「折り-展開」動作に対応し，もう 1 つは「ねじれ」動作（すなわち，共有される円柱の軸方向の移り変わり）に対応する．

図 **5.8** Ron Resch の三角形テセレーションの，対称拘束を用いた周期的な折りシミュレーション．2 自由度機構を構築する．1 つの自由度は，折り－展開動作に対応し，もう 1 つは，ねじれ動作に対応する．

・Resch の三角形パターン

Resch の三角形パターンの基本領域には，4 つの異なる頂点と 12 個の異なる折り線がある．補題 5.3.5 で説明される縮退により，2 自由度の剛体折り連続変形を示す（図 5.8）．折り線パターン自体は，3 回回転対称性をもつが，周期的な折りは 3 回回転対称性をもたない．これは，図 5.1 で見たとおりで，小さな部分は（訳注：折り線の折り具合の変化を大きく付けることができるため）回転対称性を保って折ることができるが，繰り返しの数が増えていくと回転対称性を保った動きはブロックされてしまう．回転対称性を壊し，1 つの円柱軸を選び取ることで，Resch パターンが無限に広がっていたとしても，両極端の折り状態（完全に広がった状態と谷折りが完全に折られた状態．これら両極端の折り状態は，どちらも回転対称性をもつ）の間を連続的に折ることができる．

・なまこ（風船基本形テセレーション）

図 5.9 は風船基本形テセレーションの連続変形を示す．3 つの異なる頂点と 9 個の異なる折り線によって構築されている．Resch パターンと同様，2 自由度の機構となる．

・吉村パターン

吉村パターン，あるいはダイヤモンド座屈パターンは，1 つの異なる頂点と 3 つの異なる折り線だけで構成されていて，同様に 2 自由度の機構となる（図 5.10）．

図 5.9　風船基本形テセレーションのねじれ動作.

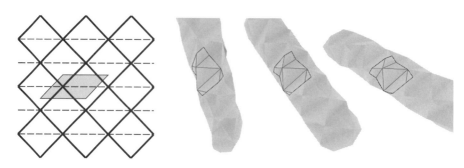

図 5.10　吉村パターンのねじれ動作.

図 5.11　円柱ミウラ折りのねじれ動作.

・円柱ミウラ折り

　図 5.11 に示すのは，異なる角度を交互に繰り返すことでミウラ折りのバリエーションで円柱を構成するものである．4 つの異なる頂点と 8 つの異なる折り線によって構築されている．それぞれの四角形面が平面性を保つと，1 自由度の剛体折り機構となる．それぞれの四角形を 2 つの三角形に分割すると[†]，普通の 2 自由度機構となり，それぞれの四角形がねじれることで，全体のねじり動作を得ることができる．

[†] 訳注：4 つの異なる分割稜線を足すこととなる.

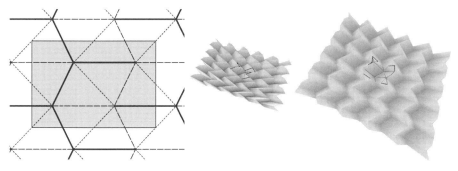

図 **5.12** 通常のミウラ折りはねじれない.

■縮退ケース:ミウラ折り

図 5.12 に示したパターンは通常のミウラ折りであり,各四角形が平面性を保つとき 1 自由度の剛体折り機構となる.ここで円筒バージョンとは異なるのは,通常バージョンは四角形面を三角形分割した後でも,1 自由度を保つことである.このパターンの場合,四角形の対角線に沿った分割線を利用して,全体のねじれ動作を得ることができない.このような折り状態の特異性は,式 (5.4) で得られる微小折りモードによって確かめることができる.ヤコビ行列は,12×12 であるが,この行列のランクは 10 ではなく 9 となる.微小変形のモードは 3 つあるが,そのうちの 2 次元に沿って実際の有限変形することはない.

5.5 まとめ

　三角形化された周期的折り紙は,普通,剛体折り可能であり,それらは普通円柱を形作る,ということを示した.得られる構造は,普通 2 自由度の機構となり,この柔軟性は,折り線パターンの対称性で説明づけることができる.しかし,例外もある.円柱ではない折り状態としては折り紙トーラスがある.また,通常のミウラ折りは 1 自由度しかもたず,ねじることができない.剛体折り可能性は,紙に限定されずさまざまなシート材からテセレーションを製造するために役に立つ.応用の可能性の 1 つとして,サンドイッチパネルのコアを構成する折り紙コアを,ロールフォーミングで作ることが考えられる.本章では,すべての壁紙群の部分群である $p1$ 壁紙群のみを取り上げたが,他の壁紙群の対称性をもった剛体折り紙の研究は,今後の研究の方向性として面白いだろう.

謝辞
　本研究は JST さきがけの支援を受けたものである.

6

剛体折り紙のねじり折り

Thomas A. Evans, Robert J. Lang, Spencer P. Magleby, and Larry L. Howell

佐々木好祐, 三谷純 [訳]

◆本章のアウトライン

折り紙のテセレーションの剛体折り可能性を, 二面角の関係を調べることで評価する方法を提案する. この手法は, 剛体折り可能なねじり折りの構造を決定するために使用できる.

6.1 はじめに

　紙以外の材料を用いて折り紙構造を作る際には, 剛体折り可能性が重要な性質の1つとなる. 剛体折り可能なテセレーションでは, 折り目によって分割された領域は剛体であり, 全体の変形は折り目での開閉によって生じる. 多くの剛体折り可能なパターンは, その変形において1自由度しかもたず, 展開可能な構造の設計に有用である. これまでに, 厚さを無視した剛体折り可能なパターンをベースに, 有限の厚さの材料を用いて剛体折りテセレーションを構築する方法が開発されてきた[Tachi 11].

　折り紙の手法は, ソーラーパネル[Miura 85, Zirbel et al. 13]や滅菌シュラウド[Francis et al. 13]のような展開可能な構造への応用が考えられてきた. その他の最近の発展には, 自己展開可能な折り紙ステントグラフト[Kuribayashi et al. 06], 自己折り畳み型の膜[Pickett 07], サンドイッチパネルコア[Lebee and Sab 10]がある. 剛体折り可能なテセレーションをどのように作るかをより理解することで, 過去にはなかった応用が可能となる.

　本章では, 折り紙のテセレーションの剛体折り可能性を, 二面角の関係を調べることで評価する方法を提案する. この手法は, 剛体折り可能なねじり折りの構造を決定するためにも使用できる. 剛体折り可能なねじり折りを並べることで, テセレーション構造を作ることができる. このことは展開可能な折り紙構造を剛体材料から構築するための基礎となる.

6.2 剛体折り紙

　本章では, 次数が4の頂点で構成されたパターンに焦点を当てる. 図6.1に典型的な頂点を示す. 4つの折り線が各頂点で合流し, 隣接する折り線の間の角は**扇形の中心角** α である. 折りの角度は隣接する2つの扇形の**二面角** γ で, これは2つの扇形の法線間

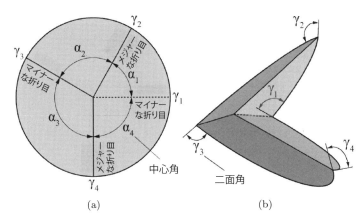

図 6.1 次数が 4 の頂点周りの (a) 折られていない状態と，(b) 折ったときの状態．

の角度である．折り線は，**山折り** ($\gamma < 0$)，**谷折り** ($\gamma > 0$) または**折られていない状態** ($\gamma = 0$) をとる．ここでは，谷折りを破線で，山折りを実線で示す．また図6.1のように，扇形の中心角 α_i と二面角 γ_i に対し，扇形の中心角 α_i が折り目 γ_i と折り目 γ_{i+1} の間に位置するようにインデックスを付ける．

■次数が 4 の頂点の平坦折り

平坦折り可能な頂点は，すべての二面角を $\pm\pi$ に等しくなるように折ることができる．同様に，折り紙のパターン内のすべての二面角を $\pm\pi$ に等しくなるようにできるのであれば，そのパターンは**平坦折り可能**である．平坦折り可能な状態はよく知られていて（たとえば [Hull 03] を参照すること），次数が 4 の頂点については，次のようにまとめられる．

- 向かい合う扇形の中心角を合計すると π に等しくなる．
- 山谷の符号が等しい 3 つの折り線と，それとは符号が異なる 1 つの折り線が存在する．
- 最も小さい中心角の扇形が 1 つだけある場合，その両側の折り線には，異なる符号が割り当てられる（**異符号**）．
- 最も大きい中心角の扇形が 1 つだけある場合，その両側の折り線には，同じ符号が割り当てられる（**同符号**）．

最も小さい中心角の扇形が 2 つあるならば，少なくとも 1 つは異符号で，他方は同符号である．2 つの向かい合う折り線の山谷の符号が等しい場合，その 2 つの折り線をメ

ジャー，そうでないとき，その 2 つを**マイナー**と呼ぶ．

次の条件式は扇形の中心角の関係を示している．

$$\alpha_1 + \alpha_3 = \alpha_2 + \alpha_4 = \pi \tag{6.1}$$

これは必要条件であり，十分条件ではない．すべて平坦折り可能な頂点からなる折り紙のパターンは，自己交差により平坦折りできない可能性がある．しかしながら，1 つでも平坦折り不可能な頂点を含む折り紙のテセレーションは，平坦折りができない．

■折り角度の乗数

平坦折り可能な次数が 4 の頂点における二面角間の関係について説明する．Huffman[Huffman 76]，Lang[Hull 03] および舘[Tachi 10b] は，いくつかの関係を見つけた（これらは三角関数の変換のもとで同等である）．ここではそれらと等価だが，より新しくいくらか簡単な表現を紹介する．

図 6.1 に示す次数が 4 の頂点において，γ_2, γ_4 はメジャー折り線，γ_1, γ_3 はマイナー折り線である．折り畳んでいない状態から完全に折り畳んだ状態に至るどの状態でも，次の関係が成り立つ．

$$\gamma_3 = -\gamma_1, \quad \gamma_2 = \gamma_4 = 2\arctan\left(\frac{\sin\left(\frac{1}{2}(\alpha_1 + \alpha_2)\right)}{\sin\left(\frac{1}{2}(\alpha_1 - \alpha_2)\right)}\tan\left(\frac{1}{2}\gamma_1\right)\right) \tag{6.2}$$

または，同じことだが，

$$\frac{\tan\left(\frac{1}{2}\gamma_2\right)}{\tan\left(\frac{1}{2}\gamma_1\right)} = \frac{\tan\left(\frac{1}{2}\gamma_4\right)}{\tan\left(\frac{1}{2}\gamma_1\right)} = \frac{\sin\left(\frac{1}{2}(\alpha_1 + \alpha_2)\right)}{\sin\left(\frac{1}{2}(\alpha_1 - \alpha_2)\right)} \tag{6.3}$$

となる．

次数が 4 の平坦折り可能な頂点の，ある 2 つの二面角の半角の正接の比は，固定された扇形の中心角のみに依存する定数である．この比を**折り角度の乗数** μ とする．

$$\mu \equiv \frac{\sin\left(\frac{1}{2}(\alpha_1 + \alpha_2)\right)}{\sin\left(\frac{1}{2}(\alpha_1 - \alpha_2)\right)} = \frac{\tan\left(\frac{1}{2}\gamma_2\right)}{\tan\left(\frac{1}{2}\gamma_1\right)} = \frac{\tan\left(\frac{1}{2}\gamma_4\right)}{\tan\left(\frac{1}{2}\gamma_1\right)} \tag{6.4}$$

さらに，μ_i を i 番目の扇形の中心角と隣接する二面角の半角の正接の比とする．たとえば，$\mu_i \equiv \tan(\frac{1}{2}\gamma_{i+1})/\tan(\frac{1}{2}\gamma_i)$ である．すると，次のようになる．

$$\mu_1 = -\mu_3 = \mu, \quad \mu_2 = -\mu_4 = -\frac{1}{\mu} \tag{6.5}$$

注意すべき特殊な場合として，メジャーな折り線が同一直線上にあるとき $(\alpha_2+\alpha_3 = \pi)$，折り角度の乗数は 0 または無限となる．これは，マイナーな折り線が折られる前に，メジャーな折り線が完璧に折られていなければならないことから生じる．

■剛体折り可能な多角形

折り角度の乗数 (μ_i) は，頂点の周りの連続した折り目間の関係を示す．したがって，それらを利用して頂点の並びの剛体折り可能性を評価できる．剛体折り可能なテセレーションであるためには，テセレーション内の各々の頂点と各々の閉じた多角形が剛体折り可能でなければならない（繰り返しになるが，大域的な剛体折り可能性のためには，より広範な自己交差問題を考慮しなければならない．しかしながら，ここでは考慮しない）．頂点数が n の多角形の内角 1 から n に対して，折り角度の乗数 (μ_i) は，多角形の周りにおける整合性を保つために，以下のループ条件を満たす．

$$\prod_{i=1}^{n} \mu_i = 1 \tag{6.6}$$

図 6.2 は剛体折り可能な三角形の中心角と折り角度の乗数を示す．各々の頂点は単独では剛体折り可能である．多角形の内角の折り角度の乗数の積が 1 ($-0.246 \times 5.671 \times (-0.718) = 1$) であるから，全体のパターンは同様に剛体折り可能である．

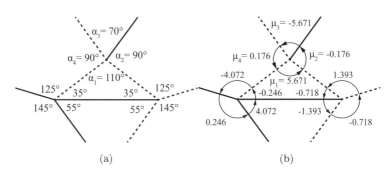

図 **6.2** 剛体折り可能な三角形．(a) 扇形の角度と，(b) 連続した折り目に対する折り角度の乗数．

6.3　ねじり折りの剛体折り可能性

ねじり折りは，展開可能な構造に応用されているパターンの基本要素である．これは，

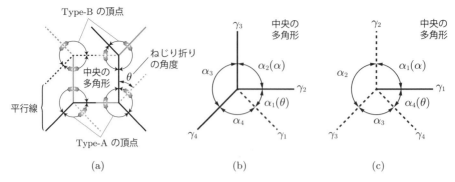

図 **6.3** (a) 剛体折り可能な正方形のねじり折りの角度 (θ). 矢印はマイナーな折り線からメジャーな折り線を指す．(b)Type-A の頂点．(c)Type-B の頂点．

中央の多角形に加えて，図 6.3(a) にあるような，中央の多角形の各々の辺から伸びた平行な折り線の組からなる．各々の平行な折り線の組と，それに隣接する辺の間の角は**ねじり折りの角度**である．平坦折り可能なねじり折りでは，すべての頂点が同様なねじり折りの角度をもつ．

ねじり折りの頂点を 2 つのタイプのうちのどちらかに分類する．最初の扇形をマイナーな折り線に対して左回りの隣に配置して番号づけをしたときに，中心の多角形に含まれる扇形が偶数番号（図 6.3(b)）ならば，その頂点を **Type-A** とする．反対に，中心の多角形に含まれる扇形が奇数番号ならば，その頂点を **Type-B** とする（図 6.3(c)）．頂点を区別するほかの手法を図 6.3(a) に示す．各々の頂点でマイナーな折り線からメジャーな折り線に矢印が引かれているならば，Type-A の頂点には中央の多角形の中に右回りの矢印があり，一方 Type-B の頂点には左回りの矢印がある．以降では，中央の多角形にあるこれらの矢印について述べる．ねじり折りの多角形はその頂点の並びによって特徴づけられ，図 6.3(a) の正方形のねじり折りは AABB である．ねじり折りの角度が Type-B の頂点の内角と等しいか，ねじり折りの角度が Type-A の頂点の内角の余角に等しい場合は，乗数が 0 か無限になる．

内角 $\alpha = \alpha_2$，ねじり折りの角度 $\theta = \alpha_1$ であるねじり折りの Type-A の頂点に対して，折り角度の乗数は次のように求まる．

$$\mu_A = -\frac{\sin\left(\frac{1}{2}(\theta - \alpha)\right)}{\sin\left(\frac{1}{2}(\theta + \alpha)\right)} = \frac{\sin\left(\frac{1}{2}(\alpha - \theta)\right)}{\sin\left(\frac{1}{2}(\alpha + \theta)\right)} \tag{6.7}$$

内角 $\alpha = \alpha_1$，ねじり折りの角度 $\theta = \alpha_4$ である Type-B の頂点に対しては，次のように求まる．

$$\mu_B = \frac{\sin\left(\frac{1}{2}\left(\alpha + \pi - \theta\right)\right)}{\sin\left(\frac{1}{2}\left(\alpha - \pi + \theta\right)\right)} = -\frac{\cos\left(\frac{1}{2}\left(\alpha - \theta\right)\right)}{\cos\left(\frac{1}{2}\left(\alpha + \theta\right)\right)} \qquad (6.8)$$

$0 < \alpha < 180°$, $0 < \theta < 180°$ であるため, 次の条件に従う.

$$|\mu_A| < 1 < |\mu_B| \qquad (6.9)$$

以上より, 次のことが言える.

定理 6.3.1（頂点のタイプがすべて等しい剛体折り可能なねじり折りの非存在）

　次数が 4 の頂点がすべて Type-A または Type-B の頂点である剛体折り可能なねじり折りは存在しない.

証明は式 (6.9) と式 (6.6) から直接得られる.

6.4　三角形のねじり折り

三角形のねじり折りについて考える. 本節では, 次のことを証明する.

定理 6.4.1（剛体折り可能な三角形のねじり折りの非存在）

　剛体折り可能な三角形のねじり折りは存在しない.

この定理を証明するために, 三角形のねじり折りに対して剛体折り可能となりうる 2 つの基本的な構成を検討する. それら 2 つの構成は ABA と ABB である（巡回置換は同等とする）.

ABA の構成（図 6.4(a)）に対して, 式 (6.7) と式 (6.8) を, 式 (6.6) に代入すると, 次の条件が得られる.

$$\frac{\sin\left(\frac{\alpha - \theta}{2}\right)\sin\left(\frac{\beta - \theta}{2}\right)\cos\left(\frac{\alpha + \beta + \theta}{2}\right)}{\sin\left(\frac{\alpha + \theta}{2}\right)\sin\left(\frac{\beta + \theta}{2}\right)\cos\left(\frac{\alpha + \beta - \theta}{2}\right)} = 1 \qquad (6.10)$$

この式は, $\theta = \pi$ または $\alpha + \beta = 2\pi$ のときにのみ成り立つ. 前者の場合, ねじり折りの角と向かい合う角は 0 になり, 後者の場合は, 三角形であることに反する. したがって, ABA の頂点をもつ剛体折り可能な三角形のねじり折りは存在しない.

ABB の構成（図 6.4(b)）に対して, 式 (6.6) は次のようになる.

61

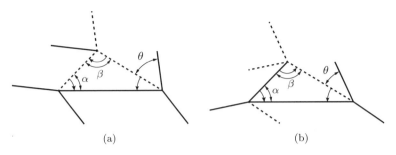

図 **6.4** 2 つの平坦折り可能な三角形のねじり折りの構成. (a)AAB: 頂点 α, β はどちらも Type-A であり, 第 3 の頂点は Type-B である. (b)ABB: 頂点 α は Type-A で, 残り 2 つの頂点は Type-B である.

$$\frac{\sin\left(\frac{\alpha-\theta}{2}\right)\cos\left(\frac{\theta-\beta}{2}\right)\cos\left(\frac{\alpha+\beta+\theta}{2}\right)}{\sin\left(\frac{\alpha+\theta}{2}\right)\cos\left(\frac{\beta+\theta}{2}\right)\cos\left(\frac{\alpha+\beta-\theta}{2}\right)}=1 \qquad (6.11)$$

この式は $\theta=0$ または $\alpha+\beta=\pi$ のときにのみ成り立つ. 前者の場合はねじり折りの角度は 0 になり, 後者の場合は第 3 の頂点の内角が 0 になる. したがって, ABB の頂点をもつ剛体折り可能な三角形のねじり折りは存在しない. 2 つの Type-A の頂点と 1 つの Type-B の頂点, または 2 つの Type-B の頂点と 1 つの Type-A の頂点をもつほかのすべての三角形のねじり折りは, AAB または ABB のねじり折りを回転することで得られるため, 剛体折り可能な三角形のねじり折りは存在しない. ここでのねじり折りの定義には平行なひだが必要であるため, 定理 6.4.1 は平行でないひだによる剛体折り可能な三角形のねじり折りの存在を否定するものではない.

6.5 四角形のねじり折り

説明を簡単にするために, 四角形のねじり折りを, いくつかの標準的な四角形のタイプに分類する.

■長方形と正方形のねじり折り

辺の長さは折り角度の乗数に影響しないため, 正方形と長方形のねじり折りについては, 剛体折り可能である条件は同じである.

> **定理 6.5.1（長方形と正方形のねじり折り）**
> 正方形または長方形のねじり折りは, Type-A の頂点 2 つと Type-B の頂点 2 つをもち, ねじり折りの角度が 90° に等しくないときに限り, 剛体折り可能である.

証明：長方形のねじり折りの場合，$\alpha = 90°$ である．したがって，式 (6.7) と式 (6.8) は次のように簡単なものになる．

$$\mu_A = \cot\left(\frac{\pi}{4} + \frac{\theta}{2}\right) \tag{6.12}$$

$$\mu_B = -\tan\left(\frac{\pi}{4} + \frac{\theta}{2}\right) \tag{6.13}$$

式 (6.12) と式 (6.13) からわかるように，長方形のねじり折りの Type-A と Type-B の頂点に対する折り角度の乗数は，もう一方の負の逆数である．したがって，2 つの Type-A の頂点と 2 つの Type-B の頂点をもつ長方形のねじり折りは，式 (6.6) を満たし，剛体折り可能である．ただ 1 つの例外は，$\theta = 90°$ のときで，このときは乗数が無限になる．反対に，Type-A の頂点と Type-B の頂点の数が等しくない長方形の場合は，式 (6.6) を満たさず，剛体折り可能でない．図 6.5 に剛体折り可能であるすべての構成を示す（巡回置換と折る向きの反転による重複は除外）． ∎

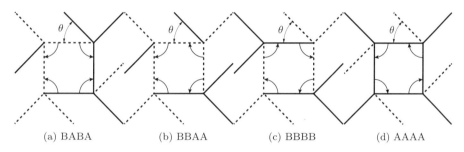

(a) BABA　　(b) BBAA　　(c) BBBB　　(d) AAAA

図 **6.5**　平坦折り可能な長方形のねじり折り．(a) と (b) は剛体折り可能である一方，(c) と (d) は不可能である．それぞれのねじり折りに対する頂点のラベルは，左下の頂点から左回りに付けられている．

■ **平行四辺形，ひし形，等脚台形のねじり折り**

これら 3 つのタイプのすべての多角形は，2 組の補角をもつが，それらの角が並べられる順番は異なる．角の並べられる順番は，剛体折り可能性に影響しないので，平行四辺形，ひし形，等脚台形のねじり折りが，剛体折り可能である条件は同じである．

定理 6.5.2（平行四辺形，ひし形，等脚台形のねじり折り）

平行四辺形，ひし形，等脚台形のねじり折りは，Type-A の頂点 2 つと Type-B の頂点 2 つをもち，ねじり折りの角度が Type-A の頂点の内角に等しくないときに限り，剛体折り可能である．

証明：多角形の内角のうちの 1 つの大きさを α とする．必然的に，大きさ α の内角が 2 つと，大きさ $\pi - \alpha$ の内角が 2 つ存在する．大きさが α の頂点の乗数は，式 (6.7) と式 (6.8) の両方または一方を用いて計算できる．そのほかの 2 つの頂点の乗数は式 (6.7) と式 (6.8) に代入することで求められ，次式で表される．

$$\mu_A = \frac{\cos\left(\frac{1}{2}(\alpha+\theta)\right)}{\cos\left(\frac{1}{2}(\alpha-\theta)\right)} \tag{6.14}$$

$$\mu_B = -\frac{\sin\left(\frac{1}{2}(\alpha+\theta)\right)}{\sin\left(\frac{1}{2}(\alpha-\theta)\right)} \tag{6.15}$$

これらの Type-A の乗数のうちの 2 つと，これらの Type-B の頂点のうちの 2 つの積は 1 に等しく，式 (6.6) を満たす．したがって，平行四辺形，ひし形，等脚台形のねじり折りは，2 つの Type-A の頂点と 2 つの Type-B の頂点を含むとき，剛体折り可能である．ねじり折りの角度が Type-A の頂点の内角に等しい場合は，乗数が無限になるため例外である．反対に，Type-A と Type-B の頂点の数が等しくないときは，式 (6.6) を満たさず，剛体折り可能ではない． ∎

図 6.6 は，ねじり折りの角度 (θ) がほかのすべての内角より小さい平行四辺形のねじり折りの剛体折り可能な 4 つの構成を示す（巡回置換と折る向きの反転による重複は除外）．図 6.7 は，内角の組の 1 つが θ より小さい場合の剛体折り可能な 4 つの構成を示す．図 6.8 は，ねじり折りの角度がいずれの内角よりも小さい場合の剛体折り可能な等脚台形のねじり折りの 6 つの構成を示す．図 6.9 は，ねじり折りの角度が 1 組の内角よりも大きい場合の剛体折り可能な 6 つの構成を示す．

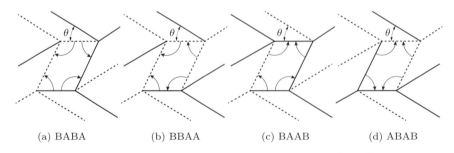

(a) BABA (b) BBAA (c) BAAB (d) ABAB

図 6.6 $\theta < \alpha_{\min}$ のときの剛体折り可能な平行四辺形のねじり折りの構成．

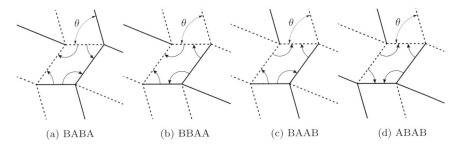

図 **6.7** $\alpha_{\min} < \theta < 90°$ のときの剛体折り可能な平行四辺形のねじり折りの構成.

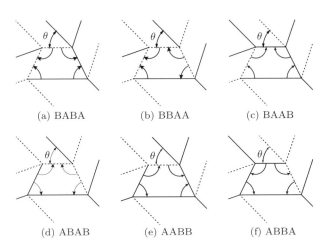

図 **6.8** $\theta < \alpha_{\min}$ のときの剛体折り可能な等脚台形のねじり折りの構成.

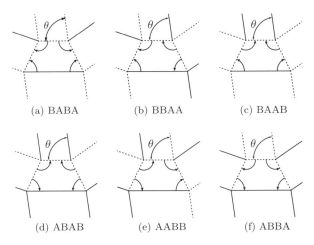

図 **6.9** $\alpha_{\min} < \theta < 90°$ のときの剛体折り可能な等脚台形のねじり折りの構成.

■不等辺台形のねじり折り

> **定理 6.5.3（不等辺台形のねじり折り）**
>
> 不等辺台形のねじり折りは，補角の組がそれぞれ Type-A および Type-B を含み，ねじり折りの角度が Type-A の頂点の内角に等しくない場合にのみ，剛体折り可能である．

証明：α_1 と α_2 が補角ではない場合，必然的にほかの2つの内角は α_1 と α_2 の補角になる．式 (6.7)，式 (6.8)，式 (6.14)，式 (6.15) からわかるように，2つの向かい合う補角をもつ頂点に対する乗数の積は -1 である．したがって，そのような組の積は1に等しく，式 (6.6) を満たす．よって，不等辺台形のねじり折りは，2組の補角が，それぞれ Type-A と Type-B の頂点をもつ場合に剛体折り可能である．表 6.1 に，頂点1と頂点2が補角をもつ場合と，頂点3と頂点4が補角をもつ場合の，剛体折り可能な不等辺台形のねじり折りが可能な頂点の構成を示す．例外は，ねじり折りの角度が Type-A の頂点の内角と等しい場合で，この場合は乗数が無限になる．

場合	頂点1	頂点2	頂点3	頂点4
1	B	A	B	A
2	B	A	A	B
3	A	B	B	A
4	A	B	A	B

表 **6.1** 剛体折り可能な不等辺台形のねじり折りの頂点のタイプ.

定理 6.3.1 は，すべての頂点が同じタイプである場合のねじり折りの可能性を否定する．3つの頂点が同じタイプの不等辺台形のねじり折りは，それぞれ異なるタイプの頂点に位置する補角の組を1つ含む．その2つの頂点の乗数の積は -1 になるので，剛体折り可能であるには，そのほかの2つの頂点の乗数の積が -1 でなければならない．これは，3つの頂点が同じタイプの不等辺台形のねじり折りの可能性を否定する．残る唯一の可能性は，1組の頂点が同じタイプで，もう1つの組がもう一方のタイプの頂点であるときである．しかしながら，この構成は $\alpha_1 = \alpha_2$ のときのみ剛体折り可能であり，等脚台形か平行四辺形の形になる．したがって，直前の段落で述べた条件以外には，剛体折り可能な不等辺台形のねじり折りは存在しない． ■

■凧形のねじり折り

これまで，正方形，長方形，平行四辺形，ひし形，台形と，2つの Type-A と2つの Type-B の頂点をもつ剛体折り可能な構成を用いた．しかしながら，平行四辺形や長方形や台形のねじり折りとは違って，凧形のねじり折りは，3つの同じタイプの頂点とそれらとは違う1つの頂点をもつ剛体折りが可能である．

α と β を凧形の固有の内角とし，θ をねじり折りの角度とする．$\alpha \neq \beta$ かつ $\alpha + \beta \neq \pi$

となる任意の α と β の組合せに対して，3つの同じタイプの頂点とそれらとは違う1つの頂点をもつ剛体折り可能な凧形のねじり折りの6つの構成それぞれに固有の θ が存在する．本項では，α 頂点を第1頂点，β 頂点を第3頂点，その他2つの頂点を第2，第4頂点とする．

Type-A の α，β 頂点と，それぞれのタイプの頂点を1つずつもつ構成の場合（AAAB/ABAA），次のときに剛体折り可能である．

$$\cos\theta = \frac{\sin(\alpha+\beta)}{\sin\alpha + \sin\beta} \tag{6.16}$$

Type-B の α，β 頂点と，それぞれのタイプの頂点を1つずつもつ構成（BABB/BBBA）の場合，次のときに剛体折り可能である．

$$\cos\theta = -\frac{\sin(\alpha+\beta)}{\sin\alpha + \sin\beta} \tag{6.17}$$

Type-A の α 頂点，Type-B の β 頂点，それ以外に Type-A の頂点を2つもつ構成（AABA）の場合，次のときに剛体折り可能である．

$$\cos^2\left(\frac{\theta}{2}\right) = \frac{4\cos\left(\frac{\alpha}{2}\right)\sin\left(\frac{\beta}{2}\right)\sin^2\left(\frac{\alpha+\beta}{4}\right)}{\sin\alpha - \sin\beta + 2\sin\left(\frac{\alpha+\beta}{2}\right)} \tag{6.18}$$

Type-A の α 頂点，Type-B の β 頂点，それ以外に Type-B の頂点を2つもつ構成（ABBB）の場合，次のときに剛体折り可能である．

$$\cos^2\left(\frac{\theta}{2}\right) = \frac{4\cos\left(\frac{\alpha}{2}\right)\sin\left(\frac{\beta}{2}\right)\cos^2\left(\frac{\alpha+\beta}{4}\right)}{\sin\beta - \sin\alpha + 2\sin\left(\frac{\alpha+\beta}{2}\right)} \tag{6.19}$$

Type-B の α 頂点，Type-A の β 頂点，それ以外に Type-A の頂点を2つもつ構成（BAAA）の場合，次のときに剛体折り可能である．

$$\cos^2\left(\frac{\theta}{2}\right) = \frac{4\sin\left(\frac{\alpha}{2}\right)\cos\left(\frac{\beta}{2}\right)\sin^2\left(\frac{\alpha+\beta}{4}\right)}{\sin\beta - \sin\alpha + 2\sin\left(\frac{\alpha+\beta}{2}\right)} \tag{6.20}$$

Type-B の α 頂点，Type-A の β 頂点，それ以外に Type-B の頂点を2つもつ構成（BBAB）の場合，次のときに剛体折り可能である．

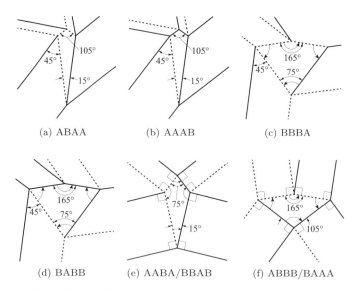

(a) ABAA　(b) AAAB　(c) BBBA
(d) BABB　(e) AABA/BBAB　(f) ABBB/BAAA

図 **6.10** 整数の角度をもつ剛体折り可能な凧形のねじり折り．α 頂点はこれらの図の下にあり（(a) では $\alpha = 15°$），β 頂点は上にある（(a) では $\beta = 105°$）．アルファベットのラベルは α 頂点から始まり，凧形を右回りに移動して付けられている．(e) と (f) は，回転と反転の両方またはどちらか一方をすることで，上記 4 つのいずれかの構成になる．

$$\cos^2\left(\frac{\theta}{2}\right) = \frac{4\sin\left(\frac{\alpha}{2}\right)\cos\left(\frac{\beta}{2}\right)\cos^2\left(\frac{\alpha+\beta}{4}\right)}{\sin\alpha - \sin\beta + 2\sin\left(\frac{\alpha+\beta}{2}\right)} \tag{6.21}$$

図 6.10 は，式 (6.16) から式 (6.21) に対する整数で表される角度の解から得られるねじり折りを示す．

6.6　正多角形のねじり折り

正 n 角形に対して，それぞれの頂点の内角を α と定義する．α は次のように表される．

$$\alpha = \pi - \frac{2\pi}{n} \tag{6.22}$$

正 n 角形のねじり折りが，Type-A の頂点を a 個，Type-B の頂点を b 個もつとすると，式 (6.6) から，

$$\mu_A^a \times \mu_B^b = 1 \tag{6.23}$$

である．また，必然的に

$$a + b = n \tag{6.24}$$

である.

式 (6.7) と式 (6.8) を，式 (6.23) に代入し，単純化すると，

$$\left(\frac{\sin\left(\frac{1}{2}\left(\alpha - \theta \right) \right)}{\sin\left(\frac{1}{2}\left(\alpha + \theta \right) \right)} \right)^a \left(\frac{-\cos\left(\frac{1}{2}\left(\alpha - \theta \right) \right)}{\cos\left(\frac{1}{2}\left(\alpha + \theta \right) \right)} \right)^b = 1 \tag{6.25}$$

となる．式 (6.22) を式 (6.25) に代入すると，次式が成り立つ.

$$\left(\frac{\cos\left(\frac{\pi}{n} + \frac{\theta}{2} \right)}{\cos\left(\frac{\pi}{n} - \frac{\theta}{2} \right)} \right)^a \left(-\frac{\sin\left(\frac{\pi}{n} + \frac{\theta}{2} \right)}{\sin\left(\frac{\pi}{n} - \frac{\theta}{2} \right)} \right)^b = 1 \tag{6.26}$$

以上より，次の定理がいえる.

定理 6.6.1（剛体折り可能な正多角形のねじり折り）

a 個の Type-A の頂点，b 個の Type-B の頂点と，ねじり折りの角度 θ をもつ正 n 角形のねじり折りは，式 (6.26) を満たすときのみ剛体折り可能である.

式 (6.9) と式 (6.23) から，すべての頂点が同じタイプで剛体折り可能な正多角形のねじり折りは存在しないように思える．しかしながら，それぞれ固有の $0 < a < n$ である a, b と $n > 4$ である n に対して，式 (6.26) を満たすただ 1 つのねじり折りの角度が存在する．これにより，正多角形のねじり折りについての次のことがいえる.

定理 6.6.2（剛体折り可能な正多角形のねじり折りの角度）

$n > 4$ の正 n 角形のねじり折りに対して，剛体折り可能となる $n - 1$ 個の固有のねじり折りの角度が存在する.

表 6.2 は，剛体折り可能な正五角形，正六角形，正七角形，正八角形のねじり折りを実現するねじり折りの角度を示す．任意の偶数角の多角形に対して，ねじり折りの角度が $90°$ ならば，$a = n/2$ かつ $b = n/2$ で剛体折り可能である．ねじり折りの角度が $90°$ より大きい場合，その補角のときの構成と相補的である．$n > 4$ の正 n 角形のねじり折りの場合，各々の頂点で内角が 1 番大きい角であるため，すべての内部の折り目は同じ折り方でなければならない．$a = b = 2$ の正方形のねじり折りの場合，式 (6.26) は，$90°$ 以外のどのような θ でも真である.

69

頂点の数 n	Type-A a	Type-B b	ねじり折りの角度 θ (°)	内角 β (°)
4	2	2	$\neq 90.0$	90.0
5	1	4	107.1	108.0
5	2	3	96.8	108.0
5	3	2	83.2	108.0
5	4	1	72.9	108.0
6	1	5	117.4	120.0
6	2	4	104.5	120.0
6	3	3	90.0	120.0
6	4	2	75.5	120.0
6	5	1	62.6	120.0
7	1	6	124.1	128.6
7	2	5	110.7	128.6
7	3	4	96.8	128.6
7	4	3	83.2	128.6
7	5	2	69.3	128.6
7	6	1	55.9	128.6
8	1	7	129.6	135.0
8	2	6	115.9	135.0
8	3	5	102.7	135.0
8	4	4	90.0	135.0
8	5	3	77.3	135.0
8	6	2	64.1	135.0
8	7	1	50.4	135.0

表 **6.2** 剛体折り可能な正多角形のねじり折りの，ねじり折りの角度．

6.7 まとめ

　本章では，テセレーションの剛体折り可能性を評価する方法について説明した．次に，この方法をねじり折りに適用して，剛体折り可能となりうるパラメータを発見した．剛体折り可能な三角形のねじり折りの構成は存在しないことを示した．また，剛体折り可能な四角形のねじり折りの構成が多く存在することも示した．最後に，剛体折り可能な正多角形のねじり折りを決定する方法を示した．この方法を用いて，存在しうるすべての，頂点が 8 個以下の正多角形の剛体折り可能なねじり折りの角度を求めた．

謝辞
　本章は，NSF Grant No. EFRI-ODISSEI-1240417 を通して，National Science Foundation と Air Force Office of Scientific Research によって支援された研究に基づいている．

7
オフセットパネル法による剛体折り可能で厚さのある構造の実現

Bryce J. Edmondson, Robert J. Lang, Michael R. Morgan, Spencer P. Magleby, Larry L. Howell

野川成己, 三谷純 [訳]

◆本章のアウトライン

建材やソーラーパネルなど, 厚みのある材料で折り紙をしようと思うと, 特別な配慮が必要になる. 剛体折り紙モデルを厚さのある材料で制作するための手法として, 「オフセットパネル法」が提案されている. 本章ではこの手法について概説し, ねじり折りテセレーションを対象に, 実例を通してその可能性と限界を示している.

7.1　はじめに

　剛体パネルの折り紙は, しばしば厚さを考慮しない理想的なパネルとして数学的にモデル化される. 折り紙のデザインを実現するために紙を使う場合には, 厚さのないモデルはそのデザインをよく近似できる. しかしながら, 折り紙に触発されたデザインの多くでは厚さのある材料を用いる必要があり, 厚さのある材料は, 厚さのないキネマティクスモデルでは予測できないような振舞いをする.

　以前筆者によって定義されたオフセットパネル法は, 厚さのない折り紙モデルに基づいたキネマティクスの, あらゆる動きの範囲に対応できる [Edmondson et al. 14]. また, パネル間の隙間だけでなく, 均一または不均一な厚さのパネルにも対応できる. 折り紙モデルの動きが保たれるため, 設計者は望む動きをする折り紙モデルを選択し, それを厚い素材を用いて制作できる.

　本章では, オフセットパネル法を概観し, その能力と限界を, いくつかの制作実験を通して説明する. 対象として, 図 7.1 に示す折り畳み可能な M3V のねじり折り† を扱う. このねじり折りテセレーションは, 折り角度の乗数法 [Evans et al. 15] を用いて開発された.

---

† M3V (または M^3V) は, 中心の多角形周りの折り目に 3 つの山折りと 1 つの谷折りを割り当てることを指す.

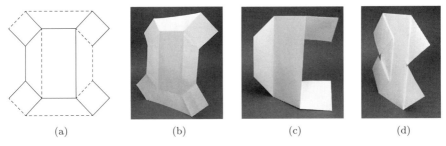

図 **7.1** M3V のねじり折りテセレーションを構成するユニットの折り紙モデル．(a) 展開図．(b) 開いている様子．(c) 折り畳み途中の様子．(d) 折り畳んだ様子．

7.2 背景

■アクション折り紙

アクション折り紙は，そのメカニズムが工学の問題に応用できるため，とりわけ着目に値する折り紙の一種である．アクション折り紙には，伝統的な羽ばたき鳥（[Shafer 01, Shafer 10, Lang 11, Lang 97]）のように，動作を可能にするためにパネルの変形を必要とするものがある．また一方で，パネルを曲げることなく折り目の周りの回転のみで動きを実現するものもあり，それらは**剛体折り可能な折り紙**，または，**キネマティック折り紙**（[Bowen et al. 13b]）と呼ばれる．

■モデリングとキネマティクス

キネマティック折り紙は，パネルをリンクに，折り目をジョイントとみなすことで，球面キネマティクス理論で解析できる球面メカニズムのネットワークとしてモデル化される[Greenberg et al. 11]．構造内の各頂点は球面キネマティクスのメカニズムとしてモデル化される．球面キネマティクスは3次元のキネマティクスの1つで，そのメカニズム上の任意の点が球面上を動くように制約され，ジョイント軸は常に球の中心で交差する．球面キネマティクスの動作とは，球面の中心に対する回転軸の挙動[Chiang 00, Bowen et al. 14]のことである．回転軸の位置とその動作が一定である限り，たとえ連結部の大きさ，形状，またはその両方が変わっても，そのモデルの球面キネマティクスは維持される．

■展開可能な構造

折り紙に触発された設計が応用できる可能性がある領域の1つに展開可能な構造がある．展開可能な構造に，Bricard リンケージ [Chen et al. 05] または Bannett リンケージ [Chen and You 05] のような，結合されてできたメカニズムの繰り返しのパターンを用いる[Gan and Pellegrino 03]ことで，巨大な単一自由度 (DOF) の機構を作ることができ

る．展開可能な構造はしばしば Kutzbach 基準によって 0（または負）の自由度をもつと計算されるため，過拘束な機構に分類されがちであるが，高度に連結する構造によって 1 自由度を有する [Mavroidis and Roth 95a, Mavroidis and Roth 95b]．

■厚さの調節

折り紙に触発された設計の工学的応用において，目的を達成するためにしばしば材料の厚さの調節が必要となる．厚さを調節するための既存の方法は，運動の範囲を保存する方法とキネマティクスを保存する方法という 2 つのカテゴリに分けることができる．単純なパネル数 4 のアコーディオンのような折り畳み構造について，以下いくつかの方法を示す（図 7.2）．

軸シフト法 [Tachi 11] は，もととなる折り紙モデルの動作範囲を維持する．この方法はすべてのジョイントの回転軸をパネル中央からパネルの端に移動させることで，パネルを折り畳めるようにする（図 7.2(b) 参照）．内部の次数 4 の頂点は，2 つの内側パネルと 2 つの外側パネルが存在するように折り畳まれる．薄い材料であれば内側のパネルは外側のパネル内に収まるが，厚い材料では適合しない．欠点の 1 つとして，対象とする折り紙パターンの多くで，垂直方向のオフセットが個々の頂点の運動学的動作を壊してしまうことが挙げられる．

オフセットジョイント法 [Hoberman 10] は，各ヒンジが材料の端に配置される点で軸シフト法と関連がある（図 7.2(b) 参照）．パネル形状は平面，同一平面または均一な厚さに限定されない．ヒンジをパネルから離すことで，内側の頂点の全範囲の動きが許容され，内側のパネルをオフセットによって作られた隙間に押し込むことができる．この方法を用いることで，保存されたキネマティクスでなく順次折り畳んだり展開したりすることができる．完全にコンパクトな立方体の束が作成される．この方法では，対称な単一パラメータの頂点を利用することにより，厚い材料で 1 自由度の機構を作成できる．

膜折り法 [Zirbel et al. 13] では，図 7.2(c) に示すとおりすべての剛性パネルを柔軟な膜の片側に取り付ける．隣接パネル間の間隔を制御することにより，全範囲の折り畳みが可能になる．パネル間の隙間をなくすことで山折りは可能になる．しかしながらパネルの厚さと最大回転角度によって設定される隙間幅を有する谷折りには，より大きな隙間が必要である．この隙間はまた，理論上は非剛性に折り畳める構造が，実際に折り畳まれることを可能にするような小さな動きを許す追加の自由度を与える．しかしながらそれは望ましくなく，予測不可能な動作をしてしまう可能性がある．

テーパーパネル法 [Tachi 11] は，折り紙のソースモデルのキネマティクスが保存されるように設計される．パネルは，厚さのないモデル（図 7.2(d) 参照）に定義された平面と一致するまでトリムされる．回転軸は変わっていないので，厚さのあるパネルのキネマ

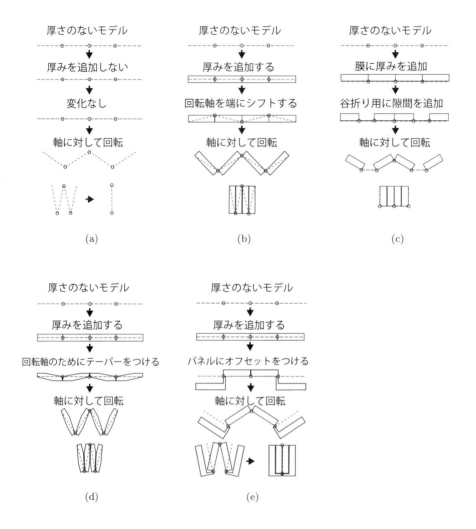

図 **7.2** (a) 基本的な挙動を示す厚さのないモデル．(b) 軸シフト法はキネマティクスを変えるが，完璧にコンパクトに折り畳むことができる [Tachi 11]．オフセットジョイント法の結果は，この例が単純であるため同一の結果になる．(c) 膜折り法はキネマティクスを変更するが，完璧に折り畳むことができる．(d) テーパーパネル法では動作の範囲が限定される [Tachi 11]．(e) オフセットパネル法は厚さのないモデルと同じキネマティクスをもち，全範囲の運動を有する．

ティクスは厚さのないパネルと同じである．しかしながらテーパーパネル技術は，完全にコンパクトな状態には折り畳めないモデルを生成し，厚さのないモデルの全動作範囲を通常達成しない．

オフセットパネル法[Edmondson et al. 14]は，折り紙のソースメカニズムのキネマティクスと全範囲の動作を保存することができるため，折り紙に触発された設計では厚さのないモデル（図7.2(e)）で定義された特性をより忠実に模倣できる．

7.3 オフセットパネル法

剛体折り紙では，パネルはリンクとして、折り目はジョイントとして扱われる（[Wang and Chen 11, Balkcom and Mason 08, Schenk and Guest 11]）．折り紙のメカニズムは，厚さがない球面機構として扱われる．つまり，リンクは厚さのないものとして理想化され，リンクとジョイントのすべてが少なくともある時点で同一平面に乗るような機構である．オフセットパネル法では，厚さのない球面機構のジョイントの関係を維持しながら，もととなるモデルのパネルを成形して厚さを与える．

この技法の重要な概念は，完全に折り畳まれた状態では，たとえいずれかのジョイントに接続する1つまたは両方のパネルがその平面から空間的にオフセットされていても，すべてのジョイントが共通の平面に乗っていることである．この条件により，厚さのある折り紙メカニズムの振舞いは，厚さのない折り紙のベースモデルと運動学的に同等になる（ただし，自己交差は考慮しなければならず，それは別の問題である）．筆者らはこの条件を，各パネルの位置を問わずジョイント面上のジョイントと各パネルをつなげる拡張をすることで達成した．

この技術を実装するための手順は以下のとおりであり，ここでは剛体折り可能なM3Vねじり折りメカニズムに基づく段階的な例を取り上げる．設計手順における各ステップを図7.3に示す．

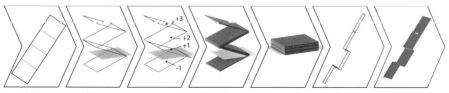

1-選択　2-配置　3-インデックス　4-厚みの追加　5-オフセット　6-ジョイント決定　7-クリアランス

図 **7.3** オフセットパネル技術を使用して，キネマティクスを満たしながら全範囲の動作が可能な厚さのある折り紙モデルを設計するには，7つのステップがある．設計の手順は閉じた状態から始める．ここでは，パネルを区別するために，部分的に折り畳まれている状態を図示する．

- ステップ 1．モデルの選択

所望の動きまたは形もしくはその両方を与える折り紙モデルを選択する．そのモデルは剛体折り可能で，かつ平坦折り可能でなければならない．折り畳まれた状態でパネルが互いに平行になるように制約されている場合，もととなるモデルにおける面の重なり順序グラフ（重なりの相対的な上下関係を示す有向グラフ）は順序づけ可能でなければならない．

例：図 7.1 に示す M3V のねじり折りを選択する．

- ステップ 2．ジョイント面の配置

すべてのジョイントが含まれる平面である，ジョイント面の位置を選択する．必須ではないが，ジョイント面をパネルに平行に割り当てるかパネルの 1 つの面と同一平面にすることによって，設計が容易になる．

例：ジョイント面を，閉じたパネルの中心に位置するように選択する（図 7.4(a) 参照）．これにより，オフセット距離が最小化され，折り畳み動作中の自己交差の可能性が低減される．

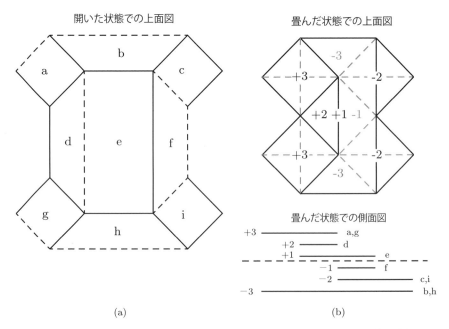

図 7.4 (a) 各パネルは，展開図上で一意の文字でラベル付けされる．(b) ステップ 2 （ジョイント面の配置）およびステップ 3 （パネルへのインデックスの割当て）．側面図によってインデックスの並びを示す．図 7.5(a) はパネルの記号とパネル重なりの関係を明確にしている．実線はパネル，破線はジョイント面の側面図を表している．

・ステップ 3． パネルへのインデックスの割当て

それぞれのパネルに，折り畳んだ状態でのジョイント面に対する位置に応じてインデックスを割り当てる．ジョイント面は "0"，そのすぐ上のパネルは "+1"，すぐ下のパネルは "−1"，のように指定する．

　例：図 7.4(b) はインデックスの割り当てられたパネルの中央にジョイント面が位置する様子を示す．

・ステップ 4． パネルに厚みを与える

アプリケーションに基づいて各パネルに厚みを与える．

　例：3 mm の均一な厚さを割り当てる．

・ステップ 5． パネルにオフセットを与える

ステップ 3 で割り当てられたインデックスに従って，閉じた状態にパネルを配置する．パネルの上にパネルが重なった状態，またはパネルの間に隙間が存在する状態となる．

　例：図 7.5(a) は厚みのあるパネルがインデックス順に積まれた様子を示す．

・ステップ 6． ジョイントの決定

両方のパネルがジョイント面からオフセットされていても，回転軸がジョイント面上にくるように，剛性を維持したまま各ジョイントを拡張して各パネルのオフセット位置からジョイント面まで延長する[Edmondson et al. 14]．このことは，折り畳み動作中に，厚さのないモデルと回転軸が変わらないことを保証する．

　例：図 7.5(b) は展開図上でのジョイントの位置と，ジョイントを拡張した構造の例を示す．拡張部はパネルのオフセットに等しい長さで，パネルにしっかり取り付けられ，片方または両方のパネルにオフセットが加えられていても回転軸がジョイント面に乗るようにする．

・ステップ 7． 自己交差の解消

パネルとジョイント間の干渉を防ぐために，他のパネルのジョイントとジョイント面の間にあるパネルにクリアランスホールを作成する．これらの穴は，そのメカニズムが完全に閉じた状態になることを保証する．これらのクリアランスホールは，メカニズムがその動作範囲全体にわたって変形できることを保証するのに必要であるが，十分ではない．自己交差のない完全な動作範囲を保証するためには，メカニズム全体の動作空間をマッピングする必要があり，干渉する片面または両面から交差する部分を除去する必要ある．多くの場合，完全に閉じた状態で設けたクリアランスホールは，動作範囲内全体で自己交差を回避するのに十分である．

　例：クリアランスホールはジョイントの周りにクリアランス境界線を描き，図 7.6 の色付き部に示すように，折り線を基準に反転させて干渉パネルの上に配置する．

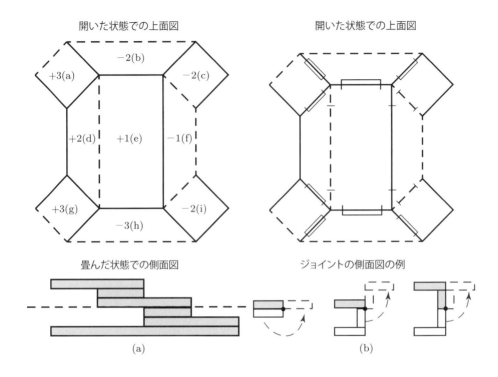

図 **7.5** (a) ステップ 4（パネルに厚さを加える）とステップ 5（パネルにオフセットを与える）における開いた状態での上面図．参照用に，インデックスのラベルを付けている（図 7.4 と比較すること）．色付きの長方形は，厚さのあるパネルを示す．(b) ステップ 6（ジョイントの決定）の様子．ジョイントの側面図の例は，分離された個々のジョイントおよびその隣接パネルの数例を示す．

このプロセスは，この単純なケースでは手動で行われたが，より複雑なケースでは数値計算で行うこともできる．

7.4 一般例

本節では，厚さのない構造体と運動学的に等価な，オフセットパネル法を用いたいくつかの構造を示す．以降で紹介する構造は網羅的なリストではないが，オフセットパネル法のいくつかの能力とその限界を説明する．

モデルの制作には 3mm 厚のアクリル板を用い，ジョイントは布テープを代用することで，遊びが最小限のヒンジを作成した．各構造は，図 7.1 で示されている（紙によって近似された）厚さがないモデルと運動学的に等価である．

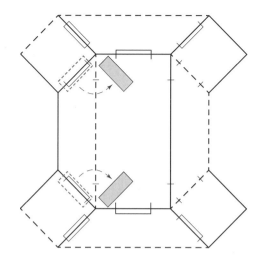

図 **7.6** ステップ 7（自己交差の解消）の図．色の付いた領域はジョイント周りのクリアランス境界を，折り線を基準に反転させて干渉パネルの上に配置したクリアランスホールを示す．

■ 厚さの均一なパネル

最も単純な構造は，均一な厚さのパネルをもつ．図 7.7 は，厚さ 3 mm のパネルにおける図 7.1 の M3V のねじり折りを示す．ジョイント面をモデルの中心に置き，パネルをいずれかの面にオフセットすることにより，パネルからジョイント面までの距離の合計が最小限に抑えられ，その結果，クリアランスホールの大きさと数が最小限に抑えられる．各パネルのオフセットは，パネルとジョイント面の間にあるパネルの厚さの合計によって決まる．

■ ジョイント面のオフセット

開いた状態で，パネル間が比較的離れていたほうがよい場合がある．これはすべてのパネルをジョイント面の片側にオフセットすることで実現できる．ジョイント面の位置

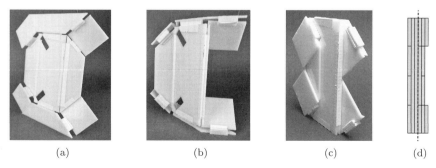

図 **7.7** 厚さが均一なモデルによる M3V のねじり折り．(a) 開いた状態，(b) 折り畳み途中，(c) 折り畳んだ様子．(d) 側面図．破線はジョイント面．

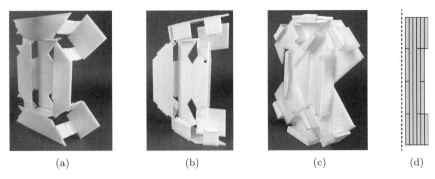

図 **7.8** オフセットを大きくとったモデル．折り畳まれた状態のときに，すべてのパネルをジョイント面の片側にオフセットすることで作成される．この結果，開いた状態ではパネルが離れて配置される．パネル間で干渉しやすくなるため，より大きなクリアランスホールが必要となる．(a) 開いた状態，(b) 折り畳み途中，および (c) 折り畳んだ状態．(d) 側面図．破線はジョイント面．

は，パネルが移動する空間とともに，パネルの配置にも影響を与える．ジョイント面が，どのパネルとも同一平面に乗らない状態も許容される．図 7.8 は，ジョイント面の片側にすべてのパネルが含まれるモデルを示す．各パネルのオフセットは，そのパネルとジョイント面の間のパネルの厚さの総和に，このオフセット距離を加えたものに等しい．

■パネル間の隙間

以前のモデルでは，折り畳んだ状態でパネル間に隙間がなかった．しかしながら，パネルの上下を拡張するパネル間の隙間は，たとえば折り畳まれた配線板上にデバイスを実装するための空間を作り出せるという利点がある．パネル間に空間が存在するようにパネルをオフセットすることで，隙間があるモデルが作成される（図 7.9）．オフセット距離は，パネルの厚さの合計と，パネルとジョイント面の間隔の合計を加えたもので決定される．

■均一な任意の厚さをもったパネル

オフセットパネル法は任意の厚さに対応する．図 7.10 は図 7.7 のモデルと同じ形状だが，パネルの厚さが 4 倍のモデルを示している．ジョイント面の位置または内部パネルの厚さによって，パネルがジョイント面から遠ざかるほど，パネルとジョイントが移動する空間が大きくなり，一般に自己交差を避けるための大きなクリアランスが必要になる．

■厚さの異なるパネル

パネルによって厚さが異なる場合がある．用途によっては，機械的システムを構成す

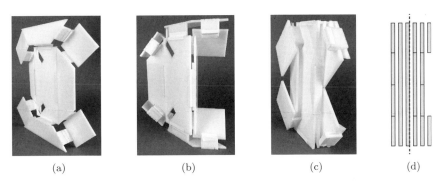

図 **7.9** このモデルは，折り畳んだ状態で少しパネル間に隙間があるように設計されている．このモデルを開いた状態は，隙間のないコンパクトなモデルと似ているが，パネル間のオフセット距離は大きい． (a) 開いた様子， (b) 折り畳み途中，および (c) 折り畳んだ様子． (d) 側面図．ジョイントパネルを破線で示す．

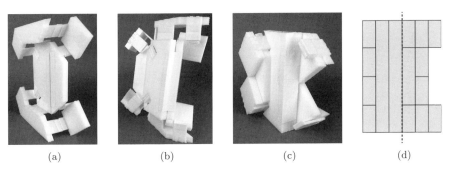

図 **7.10** このモデルは初期モデルに比べて 4 倍の厚さをもつ．パネルの厚さに対応できることは，ここで示す非常に厚いモデルから明らかである． (a) 開いた様子， (b) 折り畳み途中，および (c) 折り畳んだ様子． (d) 側面図．ジョイント面を破線で示す．

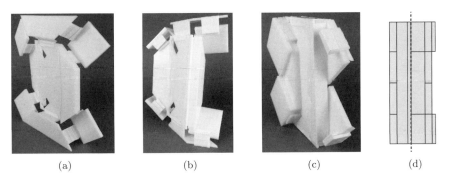

図 **7.11** このモデルは，すべてのパネルの厚さが異なっている． (a) 開いた様子， (b) 折り畳み途中，および (c) 折り畳んだ様子． (d) 側面図．ジョイント面を破線で示す．

81

るパネルが，すべて等しい厚さであることを要求するわけではない．図 7.11 はパネルの厚さが 3 mm〜12 mm の範囲で異なるモデルの例である．

■ 立体の変形

パネルはシート状である必要はない．相対的なジョイントの位置がモデル内で固定され，展開中に自己交差が生じない限り，どのパネルも任意の 3 次元形状をとることができる．これにより，閉じているときに何らかの形状をもち，開いたときに別の形状に変形するような構造を作成できる．

図 7.12 にその一例を示す．図 7.12(a) に示す折り目パターンを使用して，対角線で分割した MVMV のねじり折りを準備する（ねじり折りの中央に配置される正方形の対角線に折り線を加えることで，剛体折り可能な構造を作成できる）．展開図の 4 隅を切り取り，個々の面の上に 8 つの立方体を立ち上げ，オフセットパネル法に従ってパネルに厚みを与える．その結果，折り畳まれた状態では大きな立方体を形成し，折り畳まれていない状態では，これと大きく異なる形となる．各立方体は，折り畳み動作の過程で回転しながら一意の経路を通る．

7.5 まとめ

■ 制約

オフセットパネル法は，もととなる折り紙モデルの機構と動作範囲を保存しているものの，特定の状況においては実装上の課題もある．重要な問題は，パネルの積み重なりと，いくつかの構造で必要とされる大きなオフセットに関係する．また大きなオフセットは，完全な折り畳み動作を維持するために自己交差を避けるためのクリアランスの課題を複雑にする場合がある．たとえば，オフセットパネル法は閉じた状態で多くの層が重なるミウラ折りのパターンにはうまく機能しない．ミウラ折りでは全体の厚さがパネル数に比例して増えてしまう．しかし，Hoberman によるオフセットジョイント法や舘によるテーパーパネル法は特定の設計パラメータ内でこのパターンを扱うことができる．

オフセットパネル法は，クリアランスのための開口部を必要とし，厚さのある一続きのパネルによる機構を作ることができない．このことは多くの用途では問題にならないが，隙間のない面が必要な場合には適さない．

実装上の問題を考慮することで，設計者はオフセットパネル法が特定の折り紙モデルを使用して厚みのあるパネル機構を開発するのに適しているかどうかを判断できるだろう．

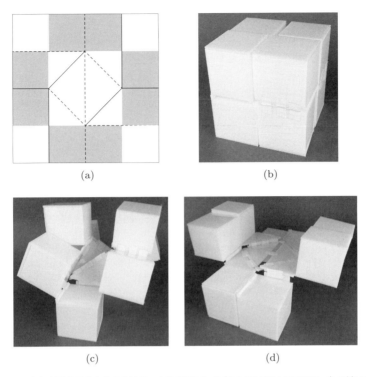

図 **7.12** (a) 変形する立方体のための，MVMV タイプのねじり折りの展開図．色の付いた領域に小さな立方体が追加される．(b) 折り畳んだ様子．(c) 折り畳み途中，および (d) 開いた様子．

■利点

オフセットパネル法を使用することで，有限の厚さをもつパネルを使用し，厚さのない理想的な折り紙モデルの展開可能な構造を，全範囲の動作を完全に保持しつつ設計することができる．オフセットは，ジョイントの回転軸が厚さのないモデルから変更されない限り，ソースモデルのキネマティクスを維持する．これらのジョイントの関係を維持することでキネマティクスが同等であることを保証し，リンク・パネルの大きさと形状が自由に変更できる．しかしながら，完全な動作範囲を確保するために自己交差を避ける必要があり，一般的にはクリアランスホールを追加することで対処する．ジョイント面とジョイント自体の位置を適切に選択することで，クリアランスホールの必要性を最小限に抑えられ，場合によってはそれらが不要になる．

■これからの課題

ここに提示されたコンセプトに基づいて構築できる可能性のある小規模アプリケーショ

ンには，パッケージング，ディスプレイスタンドやケース，折り畳み可能な回路基板，
ソーラーパネルなどがある．より大きな規模では，オフセットパネル法は，モーフィン
グ構造，展開可能な構造，一時的なシェルター，そして配備可能なソーラーパネルにお
いて有益となるかもしれない．

　本章で紹介した研究例は，基本的な技術に立脚した，将来有望な研究分野の広がりを
示している．これには，自己交差を避けるために必要なクリアランスを決定するための
システム的方法の開発，ジョイント面をオフセットすることによるパネルのモーション
パスの変更，厚さの調整だけでなくパネルの形状の変更などがある．

8
カートン折り紙の操作の配置変換と数学的記述

Jian S. Dai
谷口智子・上原隆平 [訳]

◆本章のアウトライン
本章では，折り紙の折り手順を数学的に記述する方法を提案している．一般の折り紙というよりは，梱包や包装といった作業を自動化することを目的とした枠組みであり，ロボット制御などの工業的な視点からの提案である．

8.1　はじめに

　包装に求められる器用さ，複雑さ，多様性は，工業的な自動化を非常に困難なものにしている．こうした包装の例は，デパートでの食品からはじまり，化粧品や香水を含む個人の贅沢品に至るまで，非常に幅広い大きさや形状の多種多様に及ぶカートン折り紙[†]に見ることができる．

　現在の段ボール組立機あるいは包装機は通常，ある範囲の大きさの段ボールを受けつけるように設計されているが，種類のバリエーションはほとんどなく[Stewart 96]，あらゆる範囲の段ボールを扱う能力はもち合わせておらず[Ekiguchi 88]，とくに現存する，あるいは今後のイノベーションで登場するであろう折り紙カートンを扱えない．そのため製造業者は，手作業用の生産ラインの設置という困難に直面したり，複雑な包装の1つひとつ異なる要求に対応する職人の柔軟性に頼ったりする傾向にある．

　このような小ロットで短期間の組立工程を自動化する[Dai 96]には，解析的な用語を使って，カットや折り線つきカートン折り紙の配置[O'Rourke 00]を記述する方法を見つけるべきであり，折り手順や操作計画を特定する方法を開発する必要がある．

　そのため，機械にも理解しうる折り操作の記述やモデル化への関心が高まっている．そこには2つの側面がある．まず，カートン折り紙の効率的な記述が必要である．そして，折りの過程の記述が必要である．前者については，厚紙が包装に使用されるときには，常に平坦折り可能な展開図があり，中には一種の折り紙と同じタイプのものもあるという仮定に基づいて研究が行われている．1997年，DaiとRees Jonesは，厚紙，とくに折り紙の折りを同等なメカニズムに転換して扱う体系的な方法を提案した

---

　† 訳注：本章のテーマは原文では "Origami Carton" で，著者の造語である．やや厚手の紙を使った装飾的な梱包や包装，つまりお土産の箱などの装飾的な梱包や包装をイメージするとよいだろう．本書では「カートン折り紙」と訳した．

が[Dai and Rees Jones 97]．これは折り目を丁つがいとして，またパネルをリンクとして扱うことで得られる同等なメカニズムを考えるもので，**メタモルフィック・メカニズム**と名づけられた新しいメカニズムのクラスを生み出した[Dai and Rees Jones 99]．こうした同等性において，トポロジー的なグラフと隣接行列を含むメカニズムの分析が，厚紙や折り紙をモデル化するために初めて使用された[Dai and Rees Jones 97b]．2002 年には，belcastro と Hull が，頂点の移動の記述と，折り目つきの紙から完全な折りまでの合成図に基づく，平坦でない折り紙向けのモデルを開発した[belcastro and Hull 02, Hull 02]．同じく 2002 年，Dai と Rees Jones は，折り紙の連続動作を特定する折り線を描くために，ねじりを使用してカートン折り紙を記述する方法を提案した[Dai and Rees Jones 02]．2013 年に Bowen らは，動く折り紙を理解するために運動学メカニズムを用いる方法を発表し[Bowen et al. 13a]，これは，動く折り紙を球面メカニズムのシステムとして分類することにつながった[Bowen et al. 13b]．

　折りの過程を記述することは，より困難な課題である．1999 年，Lu と Akella は，治具を使った厚紙の自動折りを開発するため，一連の厚紙の動きとロボット操作の類似性を利用した[Lu and Akella 99]．2001 年，Song と Amato は，折り可能なものを木構造の多重リンクオブジェクトとしてモデル化した[Song and Amato 00]が，これはモーション・プランニング技術での応用も可能かもしれない．その研究の中では，折り可能性は副産物として提案されたが，計算生物学の問題にも応用しうるものである．同年，Dubey と Dai は，同等メカニズムによるアプローチを応用して折り紙の折りをシミュレートした[Dubey and Dai 01]．また Demaine は，折り紙と多面体の間の潜在的な関係を定量的に研究した[Demaine 01]．2002 年，Liu と Dai は，遺伝的な連結性を提案し，カートン折り紙や折り紙の折りの列を記述できる隣接連結行列を発表した[Liu and Dai 02]．2003 年，同氏らは，配置を制御する点と折りの列を表現するために，遺伝的な連結性を利用した[Liu and Dai 03]．リンケージ折り問題もやはり関心の的となっている[Kapovich and Millson 95, Lenhart and Whitesides 95, Sallee 73, Whitesides 92]．2003 年には，島貫，加藤，渡邊による，3 次元のスケッチと似た方法ではあるが，グラフに基づく木構造が提案された．この研究では，折り紙の教本の手順図を 3 次元のアニメーションへ自動的に変換する方法が示された[Shimanuki et al. 04]．2004 年，Demaine らは，紙の折り畳み可能性を研究し，定量的記述を提示した[Demaine et al. 04]．

　こうした研究は，定量的な表現に基づいており，トポロジー的な配置状態と折り紙の研究の間の関係を与えていて，それが折りに対する十分な理解を提供してくれる．上記で提案された同等メカニズムというアプローチ[Dai and Rees Jones 99]は，カートン折り紙モデルがどう産業自動化[Dai et al. 09, Dai and Caldwell 10]と関わりうるかを示している．

86　**第 8 章**　カートン折り紙の操作の配置変換と数学的記述

したがって，カートンと同様に折れる性質をもつ任意のものを表現し，さらにその折り操作を表現できる一般的な方法を提供する枠組みを提案することは不可欠であり，それはさまざまなカートン組立の産業的な自動化につながる．

　ロボットの指を使ったカートン折り紙の操作は，上記の研究と，ロボットの指の最も器用な使い道を組み合わせた問題である．2004 年，Balkcom と Mason は，ロボットによる紙の折りという概念を導入し，自由度 4 の SCARA† ロボットアームで紙に折り目を付けるためにクランプ操作が利用できることを実証した．2006 年，Dubey と Dai は，再配置可能なプラットフォームで，4 本のロボット指を使って折り紙を折るための多指装置を発表した[Dubey and Dai 06]．その紙折り装置は，複雑なカートン折り紙を折れるよう拡張された[Dubey and Dai 07]．2008 年，Yao と Dai は，双方向性をもつ配置空間で，4 本のロボット指を使ってどれほど器用に折り紙を折れるかを研究した[Yao and Dai 08]．こうした過去の開発を概観すると，カートン折り紙を折るには，これを定性的に示さなければならないことがわかる．同等メカニズムアプローチ[Dai and Rees Jones 99] を用いる際の折り紙のモデル化と折りは，メカニズムの研究と関係がありそうだ．したがって，折り紙の研究には，メカニズム研究の方法論が十分に活用できる．関連するメカニズム研究では，Han と Amato の閉じたチェーン系に対する運動学に基づく確率的手法の開発があり，これは，ループの閉じたチェーンが切れたとき，運動学ロードマップを構成するために，リンクを取り上げて，位置と方向を調整するものである[Han and Amato 01]．同様に，LaValle は，閉じたチェーンの確率的ロードマップを明確にするためにランダムな探索を行い[LaValle 03]，また，Ascher と Lin は，閉じたループの逐次的な正規化に，ルンゲ＝クッタ法のアルゴリズムを使った[Ascher and Lin 00]．しかし，同等メカニズムで表されるカートンの動作は，より複雑である．トポロジー的な配置状態が変化しない従来のメカニズムに対して，同等メカニズムは，さまざまな配置状態をもつ[Qin et al. 14]．これが，カートンを折ることの自動化を困難な課題にしている．

　本章では，カートン折り紙とその折りに関する統合的で定性的な枠組みを紹介する．この枠組みでは，カートン折り紙を折る際のトポロジー的な配置状態の変化が調べられ，異なる配置状態同士の関連づけが初めて与えられる．この枠組みは，産業自動化に利用可能な折り過程にも展開できる．本章ではさらに，運動学における定性的記述をトポロジーにおける定量的表現に統合して，折りの遺伝的な連続性を示す．これはさらに，ロボットの指の遺伝的な操作に変換できる．

---

† 訳注：SCARA は Selective Compliance Assembly Robot Arm の略で，水平多関節ロボットアームを意味する．

8.2 カートン折り紙の同等メカニズムモデル

消費者向け製品の保持を目的とするカートン折り紙の製造には，段ボールが使用されることが多い．段ボールは，印刷の後，カットされて折り目が付けられる．カットにより，外側の輪郭・穴の輪郭・直線や曲線の切り込みが作られ [BPCC Taylowe 93]，折り曲げるための準備として平坦折り可能な折り目が付けられる．

カットされて折り目をつけられた段ボールは，最終的に包装業者に受け渡されるが，これには基本的なタイプが２つある．１つは**オープンタイプ**で，まだ折られていない折り紙の形であり，もう１つは**箱型タイプ**（スキレットと呼ばれることもある）で，側面が接着されているものである [BPCC Taylowe 93]．箱型タイプは，あらかじめ側面が接着されていて，閉じた段ボール本体から４つのメインパネルが出ている，最も一般的なタイプの段ボール箱である．

どちらのタイプにせよ，カートン折りの操作の各段階におけるトポロジー的な配置状態を形式的に記述することが必要であり，それは潜在的には，折りの過程を記録する新しい方法となり，操作の自動化が実現可能となることにつながる．

段ボールのパネルは堅く，折り目は丁つがいと同等であるとみなせば，カートン折り紙は次のようにあるメカニズムと同等であるとみなせる．まずカートン折り紙の空白部分は，多数の連続チェーンと数個の球状リンケージの組合せとみなすことができる [McCarthy 00]．また箱型のカートンは，ループの閉じたリンケージとみなすことができる [Dai and Kerr 91]．そして複雑な形状をもつカートン折り紙は，連続したリンケージが組み合わさった結果できる多重ループのリンケージとみなすことができる．最終的に得られる同等なメカニズムは，回転関節だけを備えており，同一平面上にある隣接関節軸による特徴量をもち，全体としていつでも平坦な配置に折れるという性質をもつ．

同等なメカニズムとみなすことで，折り線を辺として，パネルをグラフの頂点とすれば，カートン折り紙は，グラフ理論的な意味での位相グラフとして容易に描くことができる [O'Rourke 00, Bondy and Murty 76]．カートン折り紙において，パネルの異なる連結による異なる配置や，包装操作におけるさまざまな状況で現れるフラップは，トポロジー的に異なるグラフとして，分析的な方法でモデル化できる．

一例として，単なる段ボールから，事前に切れ込みと折り目を付けて，接着剤にも頼らず，組立や折り畳みができるカートン折り紙を挙げる．このカートンの断片を図 8.1 に示す．この図では，番号 1 がついた底のパネルは固定される．パネル 2，3，4，5 は動かせる．折り目を自在関節とみなして，パネルをリンクとみなすと，この断片は同等なメカニズムと考えることができる．すべての折り目が 1 点で交わるという事実は，図

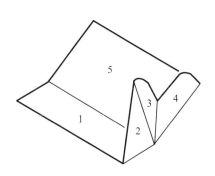
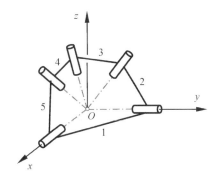

図 8.1　カートン折り紙の角の断片．　　図 8.2　5 本のバーをもつ同等な球面リンケージ．

8.2 に示した同等なメカニズムでは，5 本のバーをもつ球面リンケージとして表せる．この 5 本のバーをもつ球面リンケージは，カートン動作を誘導するリンケージである．

　トポロジー的なグラフは，リンクを頂点，関節を辺として生成できる．結果として得られるグラフは対称的である．また単純グラフである．カートンをトポロジー的なグラフとして表現する過程は，包装操作のモデル化における本質的なステップであり，グラフ表現による固有の特性をカートンに与える．

　5 つのパネルの構造の連結性を特定するため，隣接行列は次のように生成される．

$$\mathbf{A}_0 = \begin{bmatrix} 0 & 1 & 0 & 0 & 1 \\ 1 & 0 & 1 & 0 & 0 \\ 0 & 1 & 0 & 1 & 0 \\ 0 & 0 & 1 & 0 & 1 \\ 1 & 0 & 0 & 1 & 0 \end{bmatrix}$$

行列の各成分はグラフ中の 2 つの頂点の間の連結状態を示しており，これはカートンの断片の 2 つのパネルに対応している．この隣接行列はカートンのトポロジー的な配置状態を表している．

　行列の次元は，グラフのノード（頂点）の数であり，カートンのフラップも含めたパネルの数と同じである．頂点に対応する行の成分の合計は，その頂点の次数であり，頂点に接続する辺の数を表す．こうした性質は，開いたフラップを探索する際や，カートンの包装操作の各段階で作業が完了しているかどうかを判定するときに，行列の潜在的な使用価値を高めてくれる．

8.3　包装過程におけるカートン折り紙操作と同等な行列演算モデル

カートンに対して折り操作を行うと，トポロジー的に異なる配置状態に変化する．こうした配置状態同士を関連づけるため，カートンの配置状態間を変換する行列演算モデル（EU モデル）が開発された[Dai and Rees Jones 05]．これにより，操作の過程や折り手順の列は，初期配置状態を表す隣接行列から始まる，行列演算の列でモデル化できる．

議論をわかりやすくするため，もっと単純な例を使って，カートンの配置状態を変化させたときの行列演算モデルの様子を図示する．この行列演算モデルは，組立工程におけるカートン操作を表している．

図 8.3 は直方体の箱の一部分だが，これは 4 つのパネル 1，2，3，4 の閉じたループに，フリップするパネル 5 と，フラップ 6 がつながっている．これと同等なメカニズムを図 8.4 に示す．

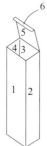
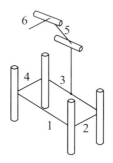

図 8.3　直方体の箱の一部分．　　図 8.4　同等なメカニズム．

直方体の箱の一部分は開いた状態で，トポロジー的なグラフを示すと図 8.5 のようになる．対応する隣接行列 $\mathbf{A}$ は

$$\mathbf{A} = \begin{bmatrix} 0 & 1 & 0 & 1 & 0 & 0 \\ 1 & 0 & 1 & 0 & 0 & 0 \\ 0 & 1 & 0 & 1 & 1 & 0 \\ 1 & 0 & 1 & 0 & 0 & 0 \\ 0 & 0 & 1 & 0 & 0 & 1 \\ 0 & 0 & 0 & 0 & 1 & 0 \end{bmatrix}$$

である．

この箱の一部分に対する折り操作は，パネル 5 を折り，フラップ 6 を差し込んだあと，フラップ 6 をパネル 1 に接続することである．これは，隣接行列の中で成分として隣接

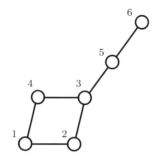
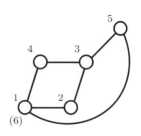

図 **8.5** 同等なメカニズムのトポロジー的なグラフ.

図 **8.6** 折られたカートンのグラフ.

したパネルの間での随伴変換[Dai 12, Dai 15]の統合によって，遺伝的操作[Liu and Dai 02]に変換できる．そのため，演算における遺伝的要素を反映するための隣接配置行列を得ることができる．これは，トポロジー的なモデルに多様体を組み入れて，随伴変換の導入と，それに伴う遺伝的操作を与える．

この過程は，トポロジー的なグラフの上で頂点 6 と 1 を結合して，頂点 6 を削除する演算に相当する．操作の結果得られるトポロジー的グラフを図 8.6 に示す．このように，この操作ではグラフの中の頂点数が減り，同時にカートンの一部の自由度も減少する．

この操作および対応する配置変更は，トポロジー的なグラフの中では，行列演算モデルで表現することができ，その結果として，操作されたあとのカートンの最終的な隣接行列を得ることができる．トポロジー的なグラフでの演算と同様に，行列演算モデルも，折り操作において上記の 2 つのステップに分解してモデル化できる．

操作の最初のステップは，行列演算の形でモデル化され，基本的な行列を使って削除されるリンクから結合するリンクへと連結性を伝える．これは，U-基本行列，具体的には

$$\mathbf{U}_{1,6} = \begin{bmatrix} 1 & 0 & 0 & 0 & 0 & 1 \\ 0 & 1 & 0 & 0 & 0 & 0 \\ 0 & 0 & 1 & 0 & 0 & 0 \\ 0 & 0 & 0 & 1 & 0 & 0 \\ 0 & 0 & 0 & 0 & 1 & 0 \\ 0 & 0 & 0 & 0 & 0 & 1 \end{bmatrix}$$

で定義される $\mathbf{U}_{1,6}$ を導入して実装する．この行列は単位行列に頂点 6 と頂点 1 の連結性を伝えるための 1 を加えたものである．U-行列の添え字は，前から掛けるときに，最初の隣接行列の行 6 が行 1 に加えられることと，後ろから掛けるときに，列 6 が列 1 に加えられることを示している．この演算は mod 2，つまり排他的論理和として知られて

いる演算で行われる[Gillie 65]．これにより，もとの行列 $\mathbf{A}$ に現れている連結性は，U-行列演算のあとで更新される．つまり以下が得られる．

$$\mathbf{A}'_f = \mathbf{U}_{1,6}\mathbf{A}\mathbf{U}_{1,6}^{\mathrm{T}} = \begin{bmatrix} 0 & 1 & 0 & 1 & 1 & \cdot \\ 1 & 0 & 1 & 0 & 0 & \cdot \\ 0 & 1 & 0 & 1 & 1 & \cdot \\ 1 & 0 & 1 & 0 & 0 & \cdot \\ 1 & 0 & 1 & 0 & 0 & \cdot \\ \cdot & \cdot & \cdot & \cdot & \cdot & \cdot \end{bmatrix}$$

　得られた行列 $\mathbf{A}'_f$ は 6×6 行列で，5×5 の部分行列は，対応するグラフの頂点 6 と 1 の和をとったあとのカートン部分の新しい配置を表している．最後の行と列の成分は，頂点 1 と 6 を結合して 1 つの頂点にしたあとには冗長なものになっているため，これらの成分は削除される．そのため，こうした最後の行や列の成分は記法「$\cdot$」で表した．

　操作の 2 番目のステップは，中間行列 $\mathbf{A}'_f$ から最後の行と列を削除することでモデル化される．これは，E-基本行列

$$\mathbf{E}_r = \begin{bmatrix} \mathbf{I}_5 & \mathbf{0} \end{bmatrix} = \begin{bmatrix} 1 & 0 & 0 & 0 & 0 & 0 \\ 0 & 1 & 0 & 0 & 0 & 0 \\ 0 & 0 & 1 & 0 & 0 & 0 \\ 0 & 0 & 0 & 1 & 0 & 0 \\ 0 & 0 & 0 & 0 & 1 & 0 \end{bmatrix}$$

を導入することで行われる．この新しい行列を隣接行列の前から掛けることで，隣接行列の最後の行を削除して，またこの行列の転置行列を隣接行列の後ろから掛けることで，隣接行列の最後の列を削除する．

　実際に行列 $\mathbf{A}'_f$ の左から $\mathbf{E}_r$ を掛けて，右から $\mathbf{E}_r$ の転置行列を掛けた結果は，次の隣接行列になる．

$$\mathbf{A}_f = \mathbf{E}_r\mathbf{A}'_f\mathbf{E}_r^{\mathrm{T}} = \begin{bmatrix} 0 & 1 & 0 & 1 & 1 \\ 1 & 0 & 1 & 0 & 0 \\ 0 & 1 & 0 & 1 & 1 \\ 1 & 0 & 1 & 0 & 0 \\ 1 & 0 & 1 & 0 & 0 \end{bmatrix}$$

これは図 8.6 の折られたカートンの断片の位相的なグラフと合致する．

　つまり，行列 $\mathbf{A}$ で示されるある配置状態から，別の配置状態 $\mathbf{A}_f$ に遷移するカートン操作は，次の行列演算の列でモデル化できる．

$$\mathbf{A}_f = \mathbf{E}_r \mathbf{A}'_f \mathbf{E}_r^{\mathrm{T}} = \mathbf{E}_r \mathbf{U}_{1,6} \mathbf{A} \mathbf{U}_{1,6}^{\mathrm{T}} \mathbf{E}_r^{\mathrm{T}} = (\mathbf{E}_r \mathbf{U}_{1,6}) \mathbf{A} (\mathbf{E}_r \mathbf{U}_{1,6})^{\mathrm{T}}$$

一般に，削除される行が行列の最後でない場合には，その行を最後の行と入れ替えるための余分なステップが実行される．これは現在の行 c と最後の行 l を入れ替える，付加的な基本行列 $\mathbf{U}_{l,c}$ によって実施される．

よって，カートン折り操作における，ある配置状態から別の配置状態への変化は，行列演算モデルで表現でき，いくつかの基本演算に分解できる．

つまり行列演算モデルは，折り過程の間のカートンの配置状態の変化を記録し，折り過程の各段階を理解するうえで重要な役割を果たす．これにより，カートン折りの工業的な過程を数学用語で説明することが可能となる．

8.4 遺伝的操作におけるカートン折り紙の配置変換

これまでに議論した行列演算モデルは，図 8.1 に示した，カートン折り紙の一部分に実装できる．半分起こした状態を図 8.7 に示す．

これにより，以下の行列演算に基づいて，配置変換のあとの新しい配置を生成する．

$$\mathbf{A}_{g2} = (\mathbf{U}_{2,13} \mathbf{U}_{2,3}) \mathbf{A}_{g1} (\mathbf{U}_{2,13} \mathbf{U}_{2,3})^{\mathrm{T}}$$

これに続くステップでは，頂点 8(7,9) と，頂点 6 と 10 の結合と，頂点 2(3,13) と頂点 4 と 12 の結合と，頂点 14 と頂点 8(7,9) の結合を行う．行列操作は次のとおり．

$$\mathbf{A}_{g3} = (\mathbf{E}_{r9} \mathbf{U}_{2,12} \mathbf{U}_{2,4} \mathbf{U}_{8,10} \mathbf{U}_{8,6} \mathbf{U}_{2,13} \mathbf{U}_{2,3} \mathbf{U}_{8,9} \mathbf{U}_{8,7}) \mathbf{A}_{g0}$$
$$(\mathbf{E}_{r9} \mathbf{U}_{2,12} \mathbf{U}_{2,4} \mathbf{U}_{8,10} \mathbf{U}_{8,6} \mathbf{U}_{2,13} \mathbf{U}_{2,3} \mathbf{U}_{8,9} \mathbf{U}_{8,7})^{\mathrm{T}}$$

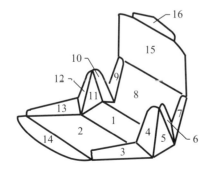

図 **8.7** 半分起こしたカートン折り紙．

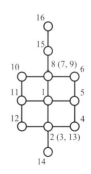

図 **8.8** 行列演算のサブステップを 2 つ実行したあとのグラフ．

行列操作モデルの実装により，配置変換は，配置状態を別の状態と関連づけており，カートン折りの過程を効率よく記述している．連結行列に随伴変換を統合すれば，1つの操作を構成できる．

　さらに続く操作で，頂点 2 と頂点 15,16 を結合したところにフラップ 16 を押し込んで，フリップする 15 をパネル 2 に取り付けて，配置を別の配置に変換する．この操作は以下の行列演算で表現できる．

$$\mathbf{A}_{gf} = (\mathbf{E}_{r2}\mathbf{U}_{2,15}\mathbf{U}_{2,16})\,\mathbf{A}_{g3}\,(\mathbf{E}_{r2}\mathbf{U}_{2,15}\mathbf{U}_{2,16})^{\mathrm{T}}$$

そして対応する以下の隣接行列が得られる．

$$\mathbf{A}_{gf} = \begin{bmatrix} 0 & 1 & 1 & 1 & 1 \\ 1 & 0 & 1 & 1 & 1 \\ 1 & 1 & 0 & 1 & 0 \\ 1 & 1 & 1 & 0 & 1 \\ 1 & 1 & 0 & 1 & 0 \end{bmatrix}$$

　この行列演算は，ロボットの 2 本の指が両端に移動し，他の 2 本の指は上に移動する動作として解釈されて，フラップを図 8.9 のように折る．

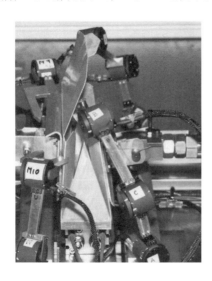

図 8.9　2 本のロボット指でカートンを保持し，他の 2 本の指でパネルを押し込む．

　なお，ここでは衝突回避のため，体積を制御できる操作が取り入れられている．この体積制御の操作は，最後に完成したカートンで，完全なカートンの空間を 4 つに分割し，それぞれの空間を 4 本のロボット指に割り振って，2 本の指の間に最小の隙間を作るために使われる．こうして障害物回避のための幾何的な制約が行われる．その様子を図 8.10

図 **8.10** 2本のロボット指の協調操作（左）とフラップの挟み込み（右）．

に示した．

こうして，行列の演算と変換による，カートン折り紙における折り操作は完了する．つまりロボットによる折り操作は行列演算の集合に対応し，これが折り操作の定量的記述へとつながる．

8.5 まとめ

本章では，カートン折り紙の折りや操作の間にトポロジー的に異なる配置状態同士を関係づける行列演算モデルを紹介し，運動学的な変形を用いたカートン折り紙の統合的なトポロジー的表現を提案した．そして，包装操作に対する，明確でプログラム可能なモデル化の方法として，配置変換を提案した．

数学的なモデルおよび対応するアルゴリズムは，ある配置を別の配置に移すための有用なツールを提供し，カートン折り紙による自動包装操作を開発するための解析的な形式を与える．このアプローチは，新しい多指型の再配置可能な包装装置で使用され，カートン折り紙を自動的に操作し，汎用型の再配置可能な包装過程へとつながっている．

本研究は，こうしたロボットの指を使ったカートン折り紙の自動折りと，自動包装機械への新しい方法を生み出すために使用可能な枠組みを提案するものである．

謝辞

本研究において，初期の議論をしてくれた J. Rees Jones 教授と，初期の実験をしてくれた Unilever Research の K. Stamp 博士，Burnemouth University の V. N. Dubey 博士と，折り紙の折りに関する初期の研究をしてくれた Portsmouth University の H. Liu 教授と，実験成果を組み直してくれた Italian Institute of Technology の F. Cannella 博士に感謝する．また初期の研究を支援してくれた Port Sunlight の Unilever Research と，この研究に援助してくれたイギリスの Engineering and Physical Science Research Council (EPSRC)（補助金番号 GR/R09725）にも感謝する．

9

展開図の穴を埋める：
固定された境界の折りからの等長写像

Erik D. Demaine, Jason S. Ku

谷口智子・上原隆平 [訳]

◆本章のアウトライン

本章では，与えられた穴を与えられた形の紙で埋める穴埋め問題を扱っている．たとえば3次元空間上に線分の列として与えられた穴を，与えられた形状の紙をうまく折ることでぴったりと埋めることができるかどうかを判定するといった問題である．紙の重なり順序を無視すれば，等長性に関する条件を満たせばいつでもこれが存在することを証明し，具体的に求めるための多項式時間アルゴリズムも与えている．

9.1 はじめに

折り紙の問題では，紙の外周をある特定の折り状態に射影するよう，折り手に求めることが多い．折り紙デザインのツリー法では，円パッキングにおいて，紙を多角形の分子に分解し，これらを組み合わせた外周を特定の木構造に射影しなくてはならない．一刀切り問題では，多角形の輪郭の集合が入力として与えられたときに，これらの外周を共通の線の上に射影しなければならない．この2つの問題は十分に研究されている．分子折り問題に対する1つの解は万能分子[Lang 96]であり，他方，一刀切り問題の解の1つとしては，多角形の直線骨格[Demaine et al. 98, Bern et al. 02]がある．これらの問題はどちらも，より一般的な「穴埋め問題」の特殊な場合と考えることができる．

では穴の開いた展開図（折り目がない紙の領域）が与えられたとき，適切な折りによって穴を埋められるだろうか．より正確に言えば，用紙とその境界における折りが前もって与えられたとき，紙の内部を伸ばさずに折って，その境界線があらかじめ与えられた境界線の折りとぴったりと合うようにする方法があるだろうか．この穴埋め問題は，もともと2001年の3OSMEでBarry Hayesが提案した問題であり，彼らの動機はNP困難性の帰着[Bern and Hayes 96]のためのNAE(Not-All-Equal)型の節といった，特定の性質を満たす共通のインターフェースをもつ平坦折り可能なガジェットを見つけることとにあった．

この問題の定式化を変換すれば，既存の問題をいくつか解いたり，その他の新しい応用にも用いることができる（図9.1）．境界線を直線に射影すれば，多角形は展開図を埋

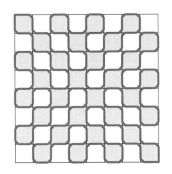  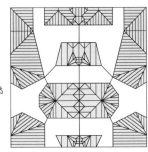

図 9.1 2 色のチェス盤モデルの設計に用いられうる境界写像（左側）．まだ部分的な展開図しかわかっていない不完全な展開図（右側）．

める分子となり，また一刀切り問題のカットラインの片側にもなる．この穴埋め問題は，境界が直線に射影されない問題，つまり平面や 3 次元への射影にも対応できる．これは，潜在的には多軸ベースのアルゴリズム的設計，色の変更，複雑な 3 次元テセレーション，モジュラー折り紙にも応用できる可能性がある．別々に設計された折り紙モデルの部品を組み合わせようとするときには，間をつなぐ展開図を設計するために，穴埋め問題に対する解が使用できる．

本章では，多角形の境界が入力されたとき，これが自明な必要条件，つまり入力された折りが等長的であるという条件を満たすなら，有限個の点で折る解がいつでも存在することを示し，さらにそれを多項式時間で見つけるアルゴリズムを紹介する．ここでは制限として等長性だけを仮定し，自己交差は無視して，層の順序付け（可能ならば）は未解決問題のままにしておく．9.2 節では，記法を紹介し，問題を定義する．9.3 節では，必要条件と，これが実際には十分条件でもあることを議論する．9.4 節では，局所的な等長性を満たす頂点の折り目を構成する．9.5 節で，その折り目を伝播させる．9.6 節では，多角形の分割について述べる．9.7 節でアルゴリズムを説明する．9.8 節では，応用と実装について論じる．9.9 節で結果をまとめる．

9.2 記法と定義

まず，記法と定義を導入する．ユークリッド距離を $||\cdot||$ で表現する．与えられた点集合 $A \subseteq B \subset \mathbb{R}^c$，自然数 $c \in \mathbb{Z}^+$，写像 $f : B \to \mathbb{R}^d$，自然数 $d \in \mathbb{Z}^+$ に対し，すべての $u, v \in A$ について $||u - v|| < ||f(u) - f(v)||$，$||u - v|| > ||f(u) - f(v)||$，$||u - v|| = ||f(u) - f(v)||$ のとき，それぞれ，A は拡張可能，縮約可能，臨界であるといい，それぞれの否定のことを，拡張不能，縮約不能，非臨界であるという．臨

界の定義は，ユークリッド距離のもとでは等長の定義と同じであるが，最短経路距離[Demaine and O'Rourke 07]のもとで等長写像について触れるときに等長という用語を用いるので，明確にするために別の用語を使う．ここで，ある条件下で交差している線分における関係を，上記の専門用語を使用して2つ証明するが，これは文献[Connelly et al. 03]の補題1の一般化を含んでいる．

補題 9.2.1

相異なる点 $p, q, u, v \in \mathbb{R}^2$ と，写像 $f: \{p, q, u, v\} \to \mathbb{R}^d$ を考える．ただしここで，p, u, v は同一直線上になく，また線分 (p, q) と線分 (u, v) は交差するものとする．

(a) 写像 f のもとで，$\{q, u, v\}$ が臨界で，かつ $\{p, u, v\}$ が拡張不能ならば，$\{p, q\}$ は f のもとで拡張不能である．

(b) 写像 f のもとで，$\{u, v\}$ が臨界で，かつ $\{p, u, v\}, \{q, u, v\}$ が拡張不能ならば，$\{p, q\}$ は f のもとで拡張不能である．さらに，$\{p, q\}$ が f のもとで臨界ならば，$\{p, q, u, v\}$ も同様である．

証明：(a) 次の d 次元球面を考える：中心が $f(q)$ で半径が $\|p - q\|$ である S_0，中心が $f(u)$ で半径が $\|p - u\|$ である S_1，中心が $f(v)$ で半径が $\|p - v\|$ である S_2（図9.2）．$\{p, u, v\}$ が f のもとで拡張不能であるという事実から，$f(p) \in S_1 \cap S_2$ が導かれる．また，$\{q, u, v\}$ が臨界で，(p, q) が (u, v) に交差することから，$S_1 \cap S_2 \subset S_0$ となる．これは，$f(p) \in S_0$ で，$\{p, q\}$ が f のもとで拡張不能であることによる．

(b) まず，$x = u + t(v - u)$ を (p, q) と (u, v) の交点とし，$x_f = f(u) + t(f(v) - f(u))$ とする．補題9.2.1(a)を繰り返し適用すると，$i \in \{p, q\}$ に対して $\|x - i\| \geq \|x_f - f(i)\|$ を得る．

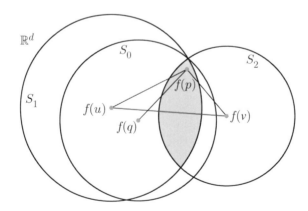

図 **9.2** 点 $f(u), f(v), f(q), f(p)$ と球面 S_0, S_1, S_2．斜線領域 $S_1 \cap S_2 \subset S_0$ は，$\{p, u, v\}$ が f のもとで拡張不能なら，$f(p)$ が存在する可能性のある領域である．

$||x-p||+||x-q|| = ||p-q||$ と三角不等式を組み合わせると、$||x_f - f(p)||+||x_f - f(q)|| \geq ||f(p) - f(q)||$ となり、$\{p,q\}$ は f のもとで拡張不能となる。さらに $\{p,q\}$ が f のもとで臨界ならば、$\{p,q,x_f\}$ も同様である。線分 $(f(p), f(q))$ と $(f(u), f(v))$ は同一平面上にあり、f のもとで $\{u,p\}$ が拡張可能なら $\{u,q\}$ は縮約可能となるような点 x_f で交差している。$\{p,q,u,v\}$ は拡張不能なので、$\{p,q,u,v\}$ は f のもとで臨界でなければならない。 ∎

本章では多角形 P を、有限個の線分による単純閉路である境界（境界同士は互いに接触しない）で囲まれた、$\mathbb{R}^2$ 内の境界で閉じた図形とする。この定義では、多角形をトポロジー的なディスクに制限するが、隣接する辺同士が同一直線上に乗ることを許している。P の頂点を $V(P)$ で表し、P の境界を ∂P と表記する。ここで $V(P) \subset \partial P \subset P$ である。P の辺は ∂P の中の線分であり、辺の両端点は隣り合った頂点である。点 $p \in P$ が頂点 $v \in V(P)$ から**可視**であるとは、p から v への線分が P の中にあるときをいう。専門用語を適宜使うと、問題は次のように明記できる（図 9.3 を参照のこと）。

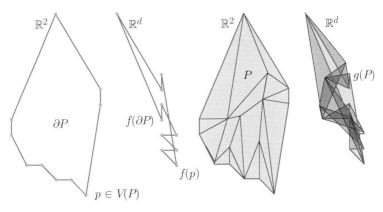

図 **9.3** 穴埋め問題の入力・出力と記法．

問題 9.2.2（穴埋め問題）

平面上の多角形 P と、境界写像 $f : \partial P \to \mathbb{R}^d$ が与えられたとき、$g(\partial P) = f(\partial P)$ となるような等長写像 $g : P \to \mathbb{R}^d$ を求めよ。

もし g が存在するなら、これを穴埋め問題の**解**と呼ぶ。P から $\mathbb{R}$ への写像は、無限の折りが求められるため、以下では $d \geq 2$ に限定する。

9.3 必要条件

この節では、**有効な**境界写像を定義して、多角形の境界が有限個の点で折られるとい

う弱い仮定のもとで，穴埋め問題の必要条件を与える．

定義 9.3.1（有効写像）

　与えられた多角形 P と境界の写像 $f : \partial P \to \mathbb{R}^d$ に対し，∂P が f のもとで拡張不能で，かつ P の隣接する頂点がどれも f のもとで臨界であるとき，f は**有効**であると定義する．

補題 9.3.2

　穴埋め問題のインスタンスで，入力多角形 P と境界写像 $f : \partial P \to \mathbb{R}^d$ が，有限個の境界上の点で直線ではないとする．このとき，f が有効でなければ，このインスタンスは解をもたない．

証明：　（同一直線上に並んだ辺に隣接する頂点が許されている）f のもとで，直線でない境界上の点を含むように $V(P)$ を修正し，f が $\partial P \setminus V(P)$ において直線となるようにする．ここで解 g が存在し，f は有効でないと仮定する．すると，2 点 $a, b \in \partial P$ が f のもとで拡張可能であるか，または 2 つの隣接する頂点 $u, v \in V(P)$ が非臨界であるかのいずれかである．前者の場合，$\{a, b\}$ は g のもとでも拡張可能であり，g は等長にはなれない．後者の場合，u から v への辺の上のある点 p に対して $f(p)$ が非直線となり，矛盾する． ∎

f の妥当性を判定するために，∂P のすべての点対の間の拡張可能性を調べるのは現実的ではない．代わりに，頂点集合が f のもとで拡張不能であり，かつ P の辺が合同な線分に射影されることを示せば十分である．

補題 9.3.3

　与えられた多角形 P と境界写像 $f : \partial P \to \mathbb{R}^d$ に対し，f が有効である必要十分条件は，$V(P)$ が f のもとで拡張不能で，かつ P の辺が f のもとで合同な線分に射影されることである．

証明：　もし f が有効なら，$V(P) \subset \partial P$ なので $V(P)$ は f のもとで拡張不能であり，辺は合同な線分に射影される．これは隣接する頂点が臨界で，辺の内部の点は端点とともに拡張不能であることによる．逆向きを証明するため，P の辺は合同な線分に射影され，隣接する頂点は臨界で，同じ辺の上の点対は拡張不能（実際には臨界）であるとする．異なる辺の上の点同士が f のもとで拡張不能であることを示すため，ある頂点 p と，頂点 u から v への辺の内部の点 q を考える．補題 9.2.1(a) より，任意の頂点 p に対して，$\{q, p\}$ は f のもとで拡張不能である．ここで u から v への辺に乗っていない点 $q' \in \partial P$ を考える．上記と同じ議論により，$\{q', u, v\}$ は f のもとで拡張不能であり，よって補題 9.2.1(a) より，$\{q, q'\}$ もまた拡張不能である． ∎

100　第 9 章　展開図の穴を埋める：固定された境界の折りからの等長写像

9.4 折り線

多角形の境界上のある頂点で，有効な境界の写像のもとで内部の角の大きさを減少させるには，その多角形の局所的な内部を，曲げたり折ったりしなければならない．簡単のため，ここではこうした頂点を満たすための単層折りによる解だけを考えるが，解を構成するにはこれだけで十分であることが，後ほどわかる．こうした折り目を**折り点**で作られる**折り線**と呼ぶ．

定義 9.4.1（折り点と折り線）

多角形 P と，有効な境界の写像 $f : \partial P \to \mathbb{R}^d$ と，f のもとで縮約可能な 2 つの頂点 $\{u, w\}$ に隣接する頂点 $v \in V(P)$ が与えられたとする．(P, f, v) における $p \in P$ が**折り点**であるとは，ある $q \in \mathbb{R}^d$（これを p の折り点像と呼ぶ）が存在して，$i \in \{u, v, w\}$ に対して $\|p - i\| = \|q - f(i)\|$ で，p が v から可視であるときをいう．また，(P, f, v) における折り点の極大な線分で，一方の端点が v で他方が ∂P に乗っているものを (P, f, v) の**折り線**と定義する．そして折り線の中の折り点に対する折り点像の集合で，折り線に合同なものを**折り線像**とする．

折り点は，三角形 $\triangle pvu$ と $\triangle pvw$ がそれぞれ等長性を保つ写像で三角形 $\triangle qf(v)f(u)$ と $\triangle qf(v)f(w)$ に射影される多角形の中の点に対応する．また，折り線は，u から v を通って w に至る境界について局所的な等長性を満たす P の単層折りに対応する．補題 9.4.2 は折り点を明示的に表現している（図 9.4 参照）．

補題 9.4.2

有効な境界写像 $f : \partial P \to \mathbb{R}^d$ をもつ多角形 P と，f のもとで縮約可能な 2 つの頂点 $\{u, w\}$ に隣接する頂点 v を考える．多角形 P の v における内角を $\theta = \angle uvw$，また $\phi = \angle f(u)f(v)f(w)$ とし，

$$
R = \left\{ p \in P \ \middle| \ \begin{array}{c} \angle pvu \subset \left\{ \dfrac{\theta - \phi}{2}, \dfrac{\theta + \phi}{2} \right\} \\ v \text{ からの可視点 } p \end{array} \right\},
$$

$$
S = \left\{ p \in P \ \middle| \ \begin{array}{c} \angle pvu \in \left[\dfrac{\theta - \phi}{2}, \dfrac{\theta + \phi}{2} \right] \\ v \text{ からの可視点 } p \end{array} \right\}
$$

とする．このとき (P, f, v) の曲げ点の集合は，$d = 2$ ならば R で，そうでなければ S である．

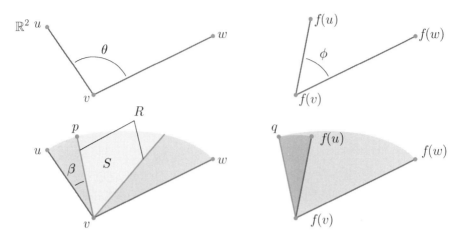

図 **9.4** 角 $\{\theta, \phi, \beta\}$. 点 $\{u, v, w, p, f(u), f(v), f(w), q\}$. 集合 $\{R, S\}$ に関する (P, f, v) の折り点. 上の図は境界の写像だけを示し, 下の図の塗りつぶしは, 局所的に条件を満たす内部の写像を示す.

証明：点 v から可視である点 $p \in P$ が (P, f, v) の曲げ点となるのは, 定義より, ある曲げ点の像 q に関して, 三角形 $\triangle pvu$ と $\triangle pvw$ が, それぞれ $\triangle qf(v)f(u)$ と $\triangle qf(v)f(w)$ に合同であるときに限る. ここで $\beta = \angle pvu$ とする. $d = 2$ のとき, $\triangle pvu$ と $\triangle pvw$ は同一平面上になければならない. このとき, v における両方の三角形の内角の和は θ になり, これらの差 $|(\theta - \beta) - \beta|$ の値は ϕ となるはずである. この条件は $\beta \in \left\{ \dfrac{\theta - \phi}{2}, \dfrac{\theta + \phi}{2} \right\}$ のときだけ満たされる. よって, $d = 2$ ならば, (P, f, v) の曲げ点の集合は R である.

$d > 2$ のときは, 三角形 $\triangle qf(v)f(u)$ と $\triangle qf(v)f(w)$ は, 必ずしも同一平面上にはない. f のもとで $\{u, w\}$ は縮約可能なので, $\phi \geq |\theta - 2\beta|$, $\dfrac{\theta - \phi}{2} \leq \beta \leq \dfrac{\theta + \phi}{2}$ であり, $P \setminus S$ の中の点は曲げ点にはなりえない. よって, あとは, それぞれの点 $p \in S$ に対して, 条件を満たす曲げ点の像 $q \in \mathbb{R}^d$ が存在することを示せばよい. 与えられた p について, q は頂点 v をもつ 2 つの超円錐の上になければならない. この超円錐の一方は, 内部の半角 β をもつ $f(v)$ から $f(u)$ への線分について対称で, 他方は内部の半角 $\theta - \beta$ をもつ $f(v)$ から $f(w)$ への線分について対称である. この 2 つの超円錐は, $(\theta - \beta) + \beta > \phi$ と $\phi \geq \max(\theta - \beta, \beta) - \min(\theta - \beta, \beta)$ なので, 共通部分 H は空ではない. 共通の頂点 v をもつ 2 つの超円錐の共通部分は, v から出る半直線の集合なので, H は $f(v)$ を中心とし, 半径 $\|p - v\|$ の $(d - 1)$ 次元球と共通部分をもつ. この共通部分の任意の点は, 任意の $p \in S$ の曲げ点の像の 3 つの制約を満たす. ∎

どんな $d > 2$ に対しても, (P, f, v) の曲げ点の集合は同じであるが, 曲げ点の像の集合は, 次元とともに増加する. 曲げ点の像の集合は, $f(v)$ から出る曲げ線の像からなる可展超平面である. 上記の $d = 2$ の場合は, 超円錐は単なる 2 本の半直線であり, 曲げ点の異なる線分になる. また $d = 3$ の場合は, 曲げ点の集合は標準的な円錐状の面になる. 一般の $\mathbb{R}^d$ に射影すると, 集合は 1 点から出る半直線による可展超平面となる.

9.5 分解点

曲げ線は，１本の折り線をもつ１つの頂点の周辺の境界条件を満たす．ここでは，境界の残りの部分と拡張不能のままであるような，頂点から最も遠い折り線の上の折り点を見つけたい．こうした点を**分解点**と呼ぼう．

定義 9.5.1（分解点）

有効な境界写像 $f : \partial P \to \mathbb{R}^d$ をもつ多角形 P と，頂点 v が与えられて，v は，v から可視で隣接しないすべての頂点とともに f のもとで縮約可能で，かつ f のもとで縮約可能な２頂点 $\{u, w\}$ に隣接するとする．このとき P と v が以下の条件を満たすとき，p を (P, f, v) の**分解点**，q を**分解点像**，x を**分解端点**と定義する．

1. p は (P, f, v) の曲げ点で，q がその曲げ点像であり，
2. $i \in V(P)$ に対して $||p - i|| \geq ||q - f(i)||$ であり，
3. ある $x \in V(P) \setminus \{u, v, w\}$ に対して $||p - x|| = ||q - f(x)||$ であり，
4. p が x から可視である．

補題 9.5.2

有効な境界写像 $f : \partial P \to \mathbb{R}^d$ をもつ多角形 P と，f のもとで縮約可能な２頂点 $\{u, w\}$ に隣接する頂点 v が与えられて，v が任意の可視で非隣接な頂点とともに f のもとで縮約可能であるとき，(P, f, v) のすべての曲げ線や像のペア (L, L_f) と $p \in L$，$q \in L_f$ に対して，分解点と，像と，端点の３つ組 (p, q, x) のいずれかが存在する．

証明：与えられた曲げ線と曲げ線像のペア (L, L_f) に対して (p, q, x) を構成する．まず $t \in [0, \ell]$ で $||p(t) - v|| = t$ としたときの $p(t)$ が L 上の一意的な点になるように L をパラメータ化する．ただしここで ℓ は L の長さとする．また $p(t)$ に対応する L_f 上の曲げ点像を $q(t)$ とする．任意の $t \in [0, \ell]$ と頂点 x に対して，$d(t, x) = ||p(t) - x|| - ||q(t) - f(x)||$ とする．すべての $x \in V(P)$ において $d(t, x) \geq 0$ を満たすもののうち，最大の $t \in (0, \ell]$ を t^* とし，ある $\varepsilon > 0$ に対して，すべての $\delta \in (0, \varepsilon]$ について $d(t^*, x) = 0$ と $d(t^* + \delta, i) < 0$ が成立する頂点 $x \in V(P) \setminus \{u, v, w\}$ の集合を X とする．もし $p(t^*)$ が可視であるような頂点 $x \in X$ が存在することを証明できれば，構成方法により，$p = p(t^*)$ は分割点であり，それに対する分割点像 $q = q(t^*)$ とともに，分割点の条件を満たす．

背理法で示すため，頂点 $x \in V(P)$ に対して，どんな $t \in (0, \ell](d(t, x) < 0)$ に対しても t^* が存在しないと仮定する．d は連続で，すべての $x \in V(P)$ について $d(0, x) \geq 0$ なので，f の

もとで v に臨界で，可視でない頂点 $x' \in V(P) \setminus \{u,v,w\}$ が存在し，ある $\varepsilon > 0$ に対して，すべての $\delta \in (0,\varepsilon]$ で $d(\delta, x') < 0$ となる．ここで x' は，$\angle uvw$ によって導出される無限に広がる扇型に含まれているかいないかのどちらかである．含まれている場合は，v から x' への線分は P のある辺 (a,b) と必ず交差し，補題 9.2.1(b) から，$\{a,b,x',v\}$ は f のもとで臨界である．ここで a も b も v から可視でないため，u と w は $\triangle abv$ に含まれていて，$\{u,v,w\}$ は臨界でなければならず，$\{u,w\}$ が f のもとで縮約可能であるということに矛盾する．一方 x' が C に含まれておらず，ある $\varepsilon > 0$ に対していつでも $\delta \in (0,\varepsilon]$ が成立するときは，$p(\delta)$ から x' への線分は (v,u) か (v,w) のいずれかと交差する．補題 9.2.1(b) より $d(\delta, x') \geq 0$ であり，これも矛盾であり，したがって t^* は存在する．

ここで，ある $x \in X$ から p が可視であることを証明する．背理法を使うため，p はどの $x \in X$ からも可視ではなく，それぞれの x について，p から x への線分上に，p に最も近い P の境界上の頂点 $c \in \partial P$ が存在すると仮定する．ここで，c は辺 (v,u) や (v,w) の真に内部の点にはなれない．なぜなら補題 9.2.1(b) が，ある ε に対して，どんな $d \in (0,\varepsilon]$ にも $\|p(t^* + \delta) - x\| = \|q(t^* + \delta) - f(x)\|$ であることを示していて，これに矛盾するからである．さらに，c は v にはなれない．さもないと，すべての $t \in [0,\ell]$ について $\|p(t) - x\| = \|q(t) - f(x)\|$ となってしまう．したがって c は他の辺 (a,b) と交差する（図 9.5）．すると，補題 9.2.1(b) より，$i \in \{a,b\}$ について $\|p - i\| = \|q - f(i)\|$ であり，補題 9.2.1(a) の対偶より，少なくともある 1 つの頂点 $i \in \{a,b\}$ に対して，ある $\varepsilon > 0$ が存在し，すべての $\delta \in (0,\varepsilon]$ に対して $\|p(t^* + \delta) - i\| < \|q(t^* + \delta) - f(i)\|$ が成立する．一般性を失うことなく $i = a$ と仮定する．$a \in X$ なので，p は a から可視ではない．p から a への線分で p に最も近い P の境界との交点を $d \in \partial P$ とする．すると，p が可視であるようなある頂点 y が三角形 $\triangle acp$ の内部に存在しなければならない．なぜなら，この三角形の内部に点 d から入り込んだ多角形の境界は，辺 (c,p) と交差することなく a に戻らなければならないからである．同様の議論で，$\{y,b\}$ の少

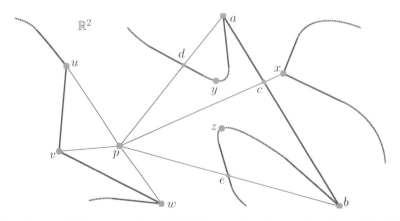

図 **9.5** p の可視性．$x \in X$ が v から可視でないならば，$\{a,b,y,z\} \in X$ の 1 つは可視である．

なくとも 1 つは X の内部の点であり，そして p が y から可視であることから，$b \in X$ である．上記の議論の (b, e, z) を (a, d, y) で置き換えると，$\{y, z\}$ のうちのどちらかは X に入る．しかし p は両方から可視であるので，矛盾である． ■

補題 9.5.3

多角形 P と有効な境界写像 $f : \partial P \to \mathbb{R}^d$ と，f のもとで可視で隣接しない頂点すべてと縮約可能な頂点 v と，f のもとで縮約可能な v に隣接する 2 つの頂点 $\{u, w\}$ が与えられたとき，分割点，分割点像，分割端点の 3 つ組 (P, f, v) が存在し，$O(d|V(P)|)$ 時間で特定できる．

証明: 補題 9.4.2 に従って，(P, f, v) における任意の曲げ線と曲げ線像のペアを選ぶと，補題 9.5.2 により，分割点，分割点像，分割端点の 3 つ組がすぐに特定できることがわかる．曲げ線と曲げ線像のペアの選択は $O(d)$ 時間で実行できる．分割点，分割点像，分割端点の 3 つ組の構成は，各頂点で d 次元の比較が必要なので，構成には合計 $O(d|V(P)|)$ 時間かかる． ■

9.6 分割

穴埋め問題の解全体を見つけるために，多角形を繰り返し半分に分割し，それぞれの部分解を再帰的に求めて，それをつなぎ合わせることにする．ここでとくに，それぞれの境界写像が以下を満たす 2 つの**分割多角形**からなる**分割**を見つけたい．

- 分割多角形は，もとの多角形をちょうどカバーする．
- 分割多角形は，互いの境界部分だけで共有部分をもつ．
- それぞれの分割関数は，分割多角形の境界をもとの関数と同じ次元空間に射影する．
- 多角形の境界のもとの境界写像は分割関数でも保存される．
- 分割多角形の共有部分は，両方の分割関数で同じところに射影される．
- 分割関数は有効である．

定義 9.6.1（有効な分割）

与えられた多角形 P と有効な境界写像 $f : \partial P \to \mathbb{R}^d$ に対して，(P_1, P_2, f_1, f_2) が以下の条件を満たすとき，これを (P, f) の**有効な分割**と定義する．

(1) P_1, P_2 は $P = P_1 \cup P_2$ を満たす多角形，

(2) $P_1 \cap P_2 = \partial P_1 \cap \partial P_2 = L \neq \emptyset$,

(3) $f_1 : \partial P_1 \to \mathbb{R}^d, f_2 : \partial P_2 \to \mathbb{R}^d$,

(4) $f(p) = \begin{cases} f_1(p) & p \in \partial P \cap \partial P_1 \\ f_2(p) & \text{それ以外,} \end{cases}$

(5) $p \in L$ に対して $f_1(p) = f_2(p)$,

(6) f_1, f_2 は有効.

9.7 アルゴリズム

定理 9.7.1

与えられた多角形 P と境界写像 $f : \partial P \to \mathbb{R}^d$ (ただし $d \geq 2$) が, 有限個の境界点において直線でないとき, $g(\partial P) = f(\partial P)$ を満たす等長変換 $g : P \to \mathbb{R}^d$ が存在する必要十分条件は, f が有効であることである. このとき 1 つの解を多項式時間で計算することができる.

この定理は, 補題 9.3.2 の必要条件が十分条件でもあることを意味している. 筆者らのアプローチは, P に繰り返し有効な分割を適用して, あとでもとどおりに組み合わせるという方法である. そのとき, 三角形でない多角形は, (P, f) が 2 つの性質を満たすようにしながら, より小さな異なるものに分割する. まず最初に, (P, f) はこれらのうちの少なくとも 1 つは満たすことを示す.

補題 9.7.2

すべての多角形 P (ただし $|V(P)| > 3$) と有効な境界写像 $f : \partial P \to \mathbb{R}^d$ に対して, (a) 2 つの隣接しない頂点 $\{u, v\}$ が f のもとで臨界で互いに可視であるか, (b) f のもとで縮約可能な 2 頂点 $\{u, w\}$ に隣接する頂点 $v \in V(P)$ が存在するか, あるいは (c) これらがどちらも存在するかのいずれかである.

証明: 背理法で証明するため, ある (P, f) が存在して, f のもとで臨界な隣接しないどの 2 頂点も互いに可視ではなく, f のもとで縮約可能な 2 頂点に隣接する頂点は存在しないものと仮定する. 後者の条件の対偶より, f のもとで臨界な 2 頂点 $\{u, w\}$ に隣接するであろう任意の頂点 v を考える. ここで $|V(P)| > 3$ で, u と v が隣接せず[†], 互いに可視ではないことから, 頂点 v から可視で $\triangle uvw$ の内部にこれらと異なる頂点 x が少なくとも 1 つは存在する. しかし x は f のもとで $\{u, v, w\}$ とともに拡張不能なので, $\{x, u, v, w\}$ は f のもとで臨界でなけ

---

† 訳注: 原文はこうなっているが, 「u と w が隣接せず」のタイプミスと思われる.

ればならず，これは矛盾である． ∎

補題 9.7.3

多角形 P と有効な境界写像 $f : \partial P \to \mathbb{R}^d$ で，f のもとで臨界な隣接しない頂点 $\{u, v\}$ を含み，かつ u は v から可視である場合を考える．ここで P の頂点 u から v で多角形 P_1 を作り，また P の頂点 v から u で多角形 P_2 を作る．また境界写像 $f_1 : \partial P_1 \to \mathbb{R}^d$ と $f_2 : \partial P_2 \to \mathbb{R}^d$ は，$x \in V(P_1)$ においては $f_1(x) = f(x)$ で，$x \in V(P_2)$ においては $f_2(x) = f(x)$ で，かつ f_1 と f_2 は P_1 と P_2 の辺を合同な線分に射影するとする．このとき (P_1, P_2, f_1, f_2) は有効な分割である．

証明：P_1 と P_2 は，P を u から v への線分 $L \subset P$ に沿って分割して作ったものなので，$P = P_1 \cup P_2$ と $L = P_1 \cap P_2 = \partial P_1 \cap \partial P_2$ は，有効な分割の性質 (1) と (2) を満たす．性質 (3) は定義により満たされる．性質 (4) が成立するのは，f が有効であること，$\{u, v\}$ が臨界であること，そして補題 9.2.1(a) より，L の点が ∂P_1 と ∂P_2 の点とともに拡張不能であることによる．性質 (5) は構成方法から成立する．最後に，性質 (6) が成立することは，f_1, f_2 が，構成方法より補題 9.3.3 の条件を満たすことによる． ∎

補題 9.7.4

多角形 P と有効な境界写像 $f : \partial P \to \mathbb{R}^d$ と f のもとですべての可視な隣接しない頂点と縮約可能な頂点 $v \in V(P)$ と，f のもとで縮約可能な v に隣接する 2 頂点 $\{u, w\}$ を考える．(P, f, v) の分割点，分割点像，分割端点を (p, q, x) とする．p と，P の v から x までの頂点から構成される多角形を P_1 とする．また p と，P の x から v までの頂点から構成される多角形を P_2 とする．境界写像関数 $f_1 : \partial P_1 \to \mathbb{R}^d$ と $f_2 : \partial P_2 \to \mathbb{R}^d$ を，$x \in V(P_1) \setminus p$ については $f_1(x) = f(x)$，$x \in V(P_2) \setminus p$ については $f_2(x) = f(x)$，$f_1(p) = f_2(p) = q$，かつ写像 f_1 と f_2 が P_1 と P_2 の辺を合同な線分に射影するように構成する．このとき (P_1, P_2, f_1, f_2) は有効な分割である．

証明：ここで P_1 と P_2 は，P に完全に含まれる 2 本の線分に沿って P を分割して構成されているので，$P = P_1 \cup P_2$ と $P_1 \cap P_2 = \partial P_1 \cap \partial P_2$ が成立し，有効な分割の性質 (1) と (2) を満たす．性質 (3) は定義より満たされる．性質 (4) が成立することは，(P, f) が有効であることと，分割点や分割点像の定義から $V(P_1)$ と $V(P_2)$ が f のもとで臨界な隣接頂点とともに拡張不能であることと，補題 9.2.1(a) より新しい線分の中の点が ∂P_1 と ∂P_2 の点とともに拡張不能であることによる．性質 (5) は構成方法から成立する．最後に性質 (6) の成立は，構成方法より f_1 と f_2 が補題 9.3.3 の条件を満たすことによる． ∎

次に，再帰法の基礎となる場合を確立しよう．具体的にいえば，三角形と，その境界についての有効な境界写像は，その内部に関する一意的な等長写像をもち，これが与えられた境界条件を満たす．

補題 9.7.5

$|V(P)| = 3$ である多角形 P と有効な境界写像 $f : \partial P \to \mathbb{R}^d$ が与えられたとき，$g(B) = f(B)$ を満たす一意的な等長写像 $g : P \to \mathbb{R}^d$ が存在する．

証明： f は有効なので，P の頂点は f のもとで臨界である．三角形 ∂P と $f(\partial P)$ は合同であり，したがってそれぞれの凸包は等長である．具体的には，P の頂点 $\{u, v, w\}$ が $P = \{p(a, b) = a(v - u) + b(w - u) + u \mid a, b \in [0, 1], a + b \leq 1\}$ とパラメータ化されるなら，

$$g(p(a, b) \in P) = a[f(v) - f(u)] + b[f(w) - f(u)] + f(u)$$

で定義されるアフィン写像 $g : P \to \mathbb{R}^d$ は $g(B) = f(B)$ を一意的に決める等長変換である． ∎

最後に，有効な分割の等長写像を組み合わせて，より大きな等長写像にできることを示す．

補題 9.7.6

多角形 P と有効な境界写像 $f : \partial P \to \mathbb{R}^d$ と有効な分割 (P_1, P_2, f_1, f_2) を考える．与えられた等長写像 $g_1 : P_1 \to \mathbb{R}^d$ と $g_2 : P_2 \to \mathbb{R}^d$ （ただし $g_1(\partial P_1) = f_1(\partial P_1)$ と $g_2(\partial P_2) = f_2(\partial P_2)$ とする）に対して，以下で定義される写像 $g : P \to \mathbb{R}^d$ も等長性をもち，かつ $g(\partial P) = f(\partial P)$ を満たす．

$$g(p \in P) = \begin{cases} g_1(p) & p \in P_1, \\ g_2(p) & \text{それ以外} \end{cases}$$

証明： まず，分割は有効なので $g(\partial P) = f(\partial P)$ である．2 点 $p, q \in P$ の間の線分の有限集合から構成される最短経路 K を考える．背理法のため，$g(K)$ が K と同じ長さでないと仮定する．K の中のすべての点は，有効な分割の性質 (1) より，P_1 か P_2 か，あるいはその両方に含まれている．K を線分の連結集合に分割し，それぞれの線分が P_1 か P_2 に真に含まれていて，かつ端点が $P_1 \cap P_2$ に含まれるようにする．g_1 も g_2 も等長性をもつので，これらの線分は g のもとで同じ長さのままである．さらに，隣接する線分の端点は有効な分割の定義から g_1 でも g_2 でも同じ場所に射影される．$g(K)$ の全長は区間の長さの合計なので，K と同じ長さになり，これは矛盾である． ∎

定理を証明する準備は整った．

証明：[定理 9.7.1 の証明] 補題 9.3.2 より，g が存在すれば f は有効である．有効な f には g が存在することを構成的に示そう．$|V(P)| > 3$ に対する分割 (P, f) は以下のとおり．もし (P, f) が f のもとで臨界で 2 つの隣接しない頂点 $\{u, v\}$ を含み，これらが互いに可視なら，補題 9.7.3 の構成方法で分割する（これを「手続き 1」とする）．それ以外の場合は，補題 9.7.4 の構成方法を使って分割し，その直後に分割されたそれぞれの多角形に手続き 1 を適用する（「手続き 2」とする）．ここで，補題 9.7.4 からの構成方法で生成された多角形はどちらも，f のもとで臨界で，隣接せず，そして互いに可視な 2 つの頂点，つまり $\{u, p\}$ と $\{w, p\}$ を含むことが保証されており，したがって手続き 1 で分割できることに注意する．分割された各多角形をそれぞれの内部の等長写像で再帰的に埋めていき，そしてこれらを補題 9.7.6 の構成方法を使って組み合わせて写像 $g : P \to \mathbb{R}^d$ を得る．分割はどれも有効なので，g は等長性をもち，$g(\partial P) = f(\partial P)$ を満たす．最後に再帰の基礎としての三角形の等長変換を補題 9.7.5 に従って構成する．

再帰の停止性を示すために，P が分割されて n_i 個の多角形 $\mathcal{P}_i = \{P_1, \ldots, P_{n_i}\}$ となった「状態 i」を考える．ポテンシャル関数 $\Phi_i = \sum_{P_j \in \mathcal{P}_i} (|V(P_j)| - 3)$（ただし $\Phi_0 = |V(P)| - 3$）を定義する．手続き 1 を使った多角形の分割だと，状態 $i+1$ では $\Phi_{i+1} = \Phi_i - 1$ に変化する．補題 9.7.3 は 2 頂点を追加し，多角形の数は 1 増加し，そして $2 - 3 = -1$ だからである．一方手続き 2 を使った多角形の分割でも $\Phi_{i+1} = \Phi_i - 1$ となる．補題 9.7.4 は 4 頂点を追加し，補題 9.7.3 は適用ごとに 2 頂点を追加し，多角形の数は 3 個増えるため，$4 + 2 \times 2 - 3 \times 3 = -1$ となる．補題 9.7.2 は，三角形でない任意の多角形に対して，どちらかの手続きがいつでも適用できることを保証している．$\Phi_i = 0$ となったときは，すべての多角形が三角形であり，それ以上分割できる多角形がなくなっている．よって，いずれかの手続きが Φ_0 回呼び出されたあと，反復は停止する．

入力された多角形の頂点の個数 $|V(P)|$ を n とする．アルゴリズムの開始時には，すべての臨界な頂点ペアを素朴な方法で $O(dn^2)$ 時間で特定することができる．それぞれの手続きの適用には高々 $O(dn)$ 時間かかり，どちらの手続きも，分割多角形の中の新しい臨界な頂点ペアの更新と維持は，余分なコストをかけずに行うことができる．各手続きは $O(n)$ 回を超えて呼び出されることはない．生成される三角形は線形個で，それぞれの g_i の構成にかかる時間は定数時間である．したがって全体の構成にかかる実行時間は $O(dn^2)$ 時間で，これは多項式時間である． ∎

9.8 応用

このアルゴリズムの考案に結びついた直感の多くの部分は，さまざまな 3 次元テセレーションの設計をしていた間に発展したもので，具体的には，「迷路折り紙」[Demaine et al. 11] や，個人的に委託されて，マサチューセッツ州ケンブリッジにあるレストラン Moksa のために折り紙シャンデリア（図 9.6）を設計したときに得たものである．このアルゴリズ

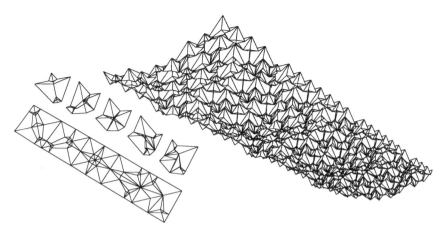

図 **9.6** 5 個の異なる正方形ユニットのタイリングによる，3 次元の抽象的なテセレーション．それぞれの角は 2 進数的に低（ロウ）な状態か高（ハイ）な状態である．個々のユニットは本章のアルゴリズムを用いて設計され，境界が共通で，連結されて 1 枚のシートによるテセレーションを形成している．

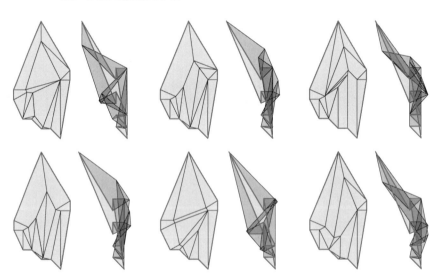

図 **9.7** MATLAB による $d = 2$ の実装によって見つけた，同じ多角形と境界写像の入力に対するさまざまな解．

ムのあるバージョンは，平坦折り $(d = 2)$ 用に 2010 年に MATLAB で実装された（図 9.7）．このアルゴリズムの 3 次元版の実装は今後の課題としておく．

9.9 まとめ

本章では，あらかじめ与えられた境界写像に矛盾しない等長写像を見つける，多項式時間で動作するアルゴリズムを提案した．このアルゴリズムは万能分子構成法から発想を得た．すなわち，入力多角形の外周をすべての辺から一定の割合で一度に埋め込む代わりに，本章のアルゴリズムは，各頂点を可能な限り連続になるように埋め込んでいる．この構成方法では，等長性をもつ可能な解をすべて見つけられるとは限らないものの，手続き2のそれぞれの適用に応じて，折り線や折り線像の選択肢が与えられることで，豊富な解集合を提供してくれる．$d = 2$ のときには2択で，$d > 2$ のときは選択肢の集合は無限である．このアルゴリズムの一般化は，頂点を分割点にすべての方法で埋め込むということではなく，頂点部分を，その頂点につながった2本以上の折り線について局所的に解くことでできる．筆者たちは，こうした柔軟性を付加することで，本章で示した手順と似た方法に従って，等長性をもつ解の解空間全体を構成できるようになるだろうと予想している．

本章で提案したアルゴリズムは，自己交差に対応していないため，見つけた等長変換に対して有効な重なり順序の存在が保証できないことを思い出そう．しかし，一般の入力に対して解空間は巨大になるため，もしかしたら解空間の中でアルゴリズムの決定を適切に行わせることで，自己交差のない解を構成できるかもしれない．また，提案したアルゴリズムは f として有限個の点における折りしか扱っていない．同様のアルゴリズムを，曲線折りの設計に用いることも考えられる．こうした問題は，どれも未解決問題である．

謝辞

この問題を紹介してくれた Barry Hayes と，有用な議論に参加してくれた Robert Lang と舘知宏に感謝する．E. Demaine は NSF ODISSEI grant EFRI-1240383 と NSF Expedition grant CCF-1138967 のサポートを受けている．

10
蜘蛛の巣条件を満たすタイリングによる敷石テセレーション

Robert J. Lang
山本陽平, 三谷純 [訳]

◆本章のアウトライン
本章では, テセレーション（平織り）の一種である「敷石テセレーション」に着目する. 著者が「敷石テセレーション」と名づけるのは, ベースとなるタイリングパターンに含まれる個々のタイルを縮小した形が, 折ったあとに表面に現れるようなテセレーションのことである. そのようなテセレーションを作ることができるタイリングパターンの条件を明らかにしている.

10.1 はじめに

　平織りとは, 幾何学的な折り紙の一種であり, 一枚の紙を切断せずに折り畳み, 折り目によってタイリングのパターンを作り出すものである. 多数の折り紙作家が, 多様な平織りのコンセプトを開発している[Resch 68, Huffman 76]. この分野では1970年代から80年代にかけて, 藤本修三が設計したパターンが強い影響を与えている[Fujimoto 82]. 桃谷好英も同時代に活動し, さまざまなパターンを発見した[Momotani 84]. 川崎らは, 88年に結晶折り紙の定義を発表したが, 今日ではこれも平織りに分類される[Kawasaki and Yoshida 88]. 西洋での平織りは, 1990年代にPaulo Taborda Barreto[Barreto 97]とChris K. Palmer[Palmer 97]によって開拓され, 2009年に発刊されたGjerdeによる著書[Gjerde 09]によって, さらに加速した. 今日では, 平織りは折り紙の中で最も活気のあるジャンルの1つである.

　現代の多くの平織りは, 格子をベースに設計されている. まず, 規則的な正方形の平面充填あるいは正六角形と正三角形の平面充填といった格子に折り目が付けられ, その頂点あるいは線上に平織りのパターンを幾何学的に割り当てていく. しかしながら, 格子を参照した折りでは実現できず, もととなるタイルパターンを計算によって設計しなければいけないような平織りも多くある. 計算に基づく平織りの技法は, 一般的でないもの, 複雑なもの, 非周期的なもの, あるいは完全に不規則なタイリングに基づいた, 美しいパターンを設計できる.

　最初期の一般的なタイリングを対象とした平織りの設計アルゴリズムとして, Batemanによって提案, 実装された縮小と回転のアルゴリズムが挙げられる[Bateman 02, Bateman 10]. この手法は, 平面グラフで表現されたタイリングをもとに設計を行う. タイリングを構

成する各多角形に対し，多角形ごとに定められた基準点を中心として，同じ係数で縮小と回転を行う．縮小・回転した各多角形の頂点を結ぶ折り線を追加することで，平坦折り可能な展開図が生成される．なお，ここでの平坦折り可能性は，自己交差の可能性を無視したものである．もちろん，実際の紙においては，自己交差を無視することができない．しかしながら，縮小と回転のアルゴリズムによる平織りは，回転の角度を自由に決定でき，自己交差をもたない展開図を見つけることができる．

縮小と回転のアルゴリズムの鍵となるのは，各タイルの縮小と回転の中心となる点の適切な選択である．すべてのタイリングパターンが，その適切な中心点をもつとは限らない．これまでに，LangとBatemanによって，双対グラフが非交差で，双対グラフの辺と，それに対応するもとのタイルの辺が直角に交わる場合に限って縮小と回転のアルゴリズムを適用できることが示されている[Lang and Bateman 11]．双対グラフともとのグラフへの埋め込みは，もともとJames Clerk Maxwellが研究しており，これをレシプロカル図と呼んだ[Kappraff 02, Maxwell 64]．マクスウェルの解析によると，レシプロカル図は，もとのグラフで表されるトラスネットワークにおける圧縮と張力を符号化したものである．双対グラフが非交差であるという条件は，レシプロカル図の各要素に張力が生じていることに等しく，このような条件を満たすネットワークを**蜘蛛の巣**と呼ぶ．したがって，この蜘蛛の巣条件を満たすタイリングである場合のみ，縮小と回転のアルゴリズムを用いて，タイリングから平織りを構築できる．その際，レシプロカル図の各頂点が，縮小と回転の中心となる．

縮小と回転のアルゴリズムで生成された平織りは，単純なねじり折りを敷き詰めたものとなる．このことは，藤本によって指摘されており，各種の平織りを通して広く見出されている[Fujimoto 82]．平織りで用いられている単純なねじり折りは，多角形が相互に重なり合う構造をもつ．いくつかの多角形は隣接するすべての多角形の上に位置し，それ以外の多角形は隣接するすべての多角形に全体または一部が覆われる場合がある．しかし多くの多角形は，隣接する多角形の一部を覆い，また，自身の一部が別の多角形に覆われる．

一方で，ある種の平織りは，可視な多角形が隣接するすべての多角形の上に位置し，不可視な多角形は，可視な多角形に完全に覆われるといった特徴をもつ．このような平織りは，折り畳まれた状態で隣接する可視な多角形が辺で接する必要がある．また，このような平織りは，歩道の敷石のように凹んだ線で区切られた多角形の集合に見えるため，**敷石テセレーション**と呼ばれる．敷石テセレーションは，平織りの分野で特別な魅力があり，多くの作品がすでに存在する[Gjerde 09]．しかしながら，既存の作品の多くは規則的な格子パターンを基本としている．

本章では，敷石テセレーションを，以下のように定義する．なお，展開図 P は，頂点，

折り線，面に分割されており，各要素は，折り畳まれた状態での位置および重なり順の情報をもっているものとする．

定義 10.1.1（敷石テセレーション）

敷石テセレーションは，以下の条件を満たす面の部分集合 F を含む，平坦折り可能な展開図 P である．

- 隙間なし：折り畳まれた状態において，F の面の閉包は単純かつ連結である[†]．
- 重複なし：折り畳まれた状態において，F に含まれる面の一部または全部を覆うような面が P 内に存在しない．

この定義の幅は非常に広く，敷石テセレーションの構築に用いる多くの設計方法に適用できる．本章では，格子に基づくか否かを問わず，敷石テセレーションを設計する際に使える一般的なアルゴリズムを提案する．また，縮小と回転に基づく平織りと同様に，タイリングは蜘蛛の巣条件を満たす必要があることを示す．縮小と回転に基づく平織りの，折り畳まれた造形は，隣接する多角形間の重なりのために，もととなる平面グラフと完全には一致しない．一方で，敷石テセレーションは，各タイルの境界がもととなる平面グラフを縮小したものに一致する．蜘蛛の巣条件を満たすすべてのタイリングから，自己交差しない展開図を生成できるとは限らないが，本章では自己交差のない解が存在する条件を示し，それに基づいて算出された展開図と，折った状態の例を紹介する．

10.2 蜘蛛の巣条件

敷石テセレーションについて述べる前に，まずねじり折りで構成される単純な平織りの構造を説明する．図 10.1 は，不規則な四角形を用いた平織りの展開図と折り畳んだ状態を示す．

図 10.1 (a) の展開図に示す灰色のベクトルは，平織りを構成する各プリーツに垂直で，その山折り線と谷折り線を結んでいる．これをプリーツベクトルと呼ぶ．黒色のベクトルは，隣り合うプリーツベクトルの先端と始点を結んでいる．これをクサビベクトルと呼ぶ．プリーツベクトルとクサビベクトルは閉ループを構成しているため，8 本のベクトルの合計は 0 である．

展開図を折り畳んだ状態（図 10.1 (b)）を確認すると，隣り合うクサビベクトルの先端と始点が接するようにして閉ループを構成している．そのため，クサビベクトルの合

[†] 直感的には，F の面はひとつながりで，穴がないということ．

114　第 10 章　蜘蛛の巣条件を満たすタイリングによる敷石テセレーション

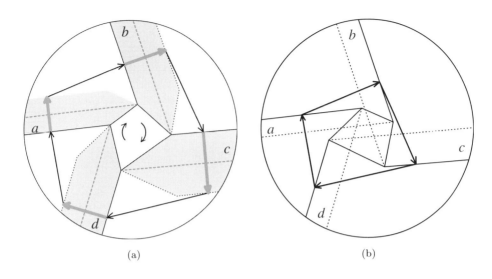

図 **10.1** 単純な平織り．(a) 展開図（実線：山折り，破線：谷折り，灰色の領域：折り畳んだ状態で不可視となる領域）．(b) 折り畳んだ状態．

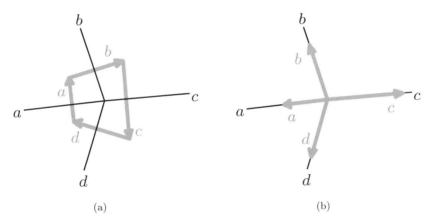

図 **10.2** (a) プリーツベクトルの合計が 0 となる例．(b) 90 度回転したプリーツベクトルを対応する辺に揃えた例．

計もまた 0 である．

　プリーツベクトルとクサビベクトルの合計が 0 であり，クサビベクトルの合計も 0 であるため，プリーツベクトルの合計も 0 となる．図 10.2 (a) は，隣り合うプリーツベクトルの先端と始点が接して閉ループを構成するように再配置したものである．

　図 10.2(a) で再配置したプリーツベクトルをそれぞれ 90 度回転させると，各ベクトルはもとのプリーツを構成する折り線に平行になる．これらのベクトルを，図 10.2(b)

のように始点が一致するように移動すると，また違った解釈ができる．図 10.2(b) を 4 本の辺が 1 つの頂点で交わるグラフとして捉えると，そのベクトルは各辺に沿ってかかる張力であるとみなせる．合計が 0 であるため，頂点におけるその 4 方向の張力は釣り合っている．グラフのこの状態を，機械的な蜘蛛の巣条件と呼ぶ．張力が働いた状態の蜘蛛の巣上の力が，ねじり折りを作るためのプリーツの幅（プリーツベクトルの長さ）に対応することがわかる．また，複数のプリーツを取り除いて複数のタイルの辺をマージする場合には，取り除かれるプリーツの幅が蜘蛛の巣条件を満たす必要があることもわかる．このように，蜘蛛の巣の特性を利用することで，異なるタイプの平織りも設計できる．

10.3 敷石の幾何

ねじり折りで構成される単純な平織りの展開図には，平行な辺に挟まれた不可視な領域が含まれる．図 10.1 中の灰色の領域は折ったあとに外から見ることができない．単純なねじり折りの平織りは，この不可視の領域がタイルの一部を覆うため，敷石テセレーションにはならない．しかし，折り畳み方を工夫することで，この不可視の領域を他の面で完全に覆うことができる．図 10.3(a) に示す単一のプリーツではなく，たとえば図 10.3(b) に示すような，2 つのプリーツを鏡面対称となるように接続して縁が一致するように折り畳むダブルプリーツによって，敷石テセレーションの定義を満たすことができる．

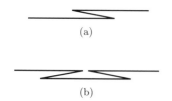

図 10.3 プリーツの側面．(a) シングルプリーツ（単純なねじり折りのプリーツ）．(b) ダブルプリーツ（敷石テセレーションのプリーツ）．

敷石テセレーションの展開図は，展開図の一部を切り取ることを許容するなら，非常に単純な手順で構築できる．まず，縮小と回転のアルゴリズムと同様に，与えられたタイリングの各タイルを，双対グラフの頂点を基準に縮小する（回転はしない）．縮小の前に接していたタイルの辺の端点をそれぞれ結ぶと，2 本の辺に挟まれる長方形の領域が得られる．この長方形の内側に，図 10.4 のような，領域を四等分するガイド線に沿ってダブルプリーツの折り線を配置する．そして，辺の端点を結ぶ線分に切り取り線を割り当て，切り取り線で囲まれる領域（縮小の前に接していた頂点を結んだ領域）を切り取る．

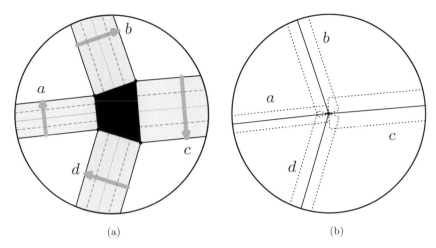

図 10.4 (a) 敷石テセレーションの構造．黒い領域は切り抜かれる．(b) (a) を折り畳んだ状態．点線は隠れて見えない折り線．

図 10.4 の展開図を折り畳むと，図中の白い領域のカドが 1 点で重なる．この事実は，各プリーツの幅に相当するベクトルが，閉じたループを構成する必要があることを示している．言い換えると，それらのベクトルの合計が 0 にならなければならない．そのため，単純な平織りと同様に，対象となるタイリングは蜘蛛の巣条件を満たす必要がある．

以上より，タイリングが蜘蛛の巣条件を満たすことは，そのタイリングから敷石テセレーションを作り出せることの必要十分条件である．レシプロカル図の辺の長さを求めることで，双対グラフの辺に沿った張力に比例する大きさをもつように，敷石テセレーションの各プリーツの幅を決定できる．実際は紙の一部を切り取れないため，各プリーツと連結でき平坦折り可能で自己交差をもたない構造を，その領域に割り当てることが課題となる．

また，ダブルプリーツの作成も課題となる．図 10.4 では，ダブルプリーツを構成する 2 つのプリーツの幅が 1:1 となるようにしたが，それは必須ではない．一方のプリーツの幅を，もう一方より明らかに大きくすることも可能である．

これらの課題が解決できれば，敷石テセレーションの展開図を自由に作成できる．本章では，与えられたタイリングから，美しい対称性をもつ，平坦折り可能な敷石テセレーションの展開図の作成方法を紹介する．

10.4 敷石の頂点の構築

理論上，ダブルプリーツの幅は，蜘蛛の巣条件を満たすのであれば，かなり自由に選ぶ

ことができる．縮小の前に接していた頂点を結んだ領域には，Ku と Demaine が提案する手法によって，平坦折り可能な展開図を割り当てることができる[Demaine and Ku 16]．この手法は，平坦に折り畳まれる前後の多角形の輪郭に対して，有限個の平坦折り可能な展開図を構築する．しかし，プリーツとの連結は保証されない．パターンが極めて不規則となるため審美的でないといった問題も抱えているため，敷石のテセレーションに用いることができない．

蜘蛛の巣条件を満たす多くのタイリングにおいて，双対グラフの各頂点を，対応するタイルに乗るように配置できる．このような双対グラフが存在するタイリングに限定すると，幾何学的で審美的な敷石テセレーションの構造を，コンピュータを用いて設計することが可能である．まず，各タイルを双対グラフの頂点を基準に縮小する．縮小前のタイルの辺は，縮小後に対応する 2 本の辺に平行でその間を通る．縮小前のタイルの頂点は，縮小後に対応する複数の頂点を結んだ領域の内側に位置する．その領域は，双対グラフの辺に囲まれる領域と相似である．この状態を図 10.5 に示す．

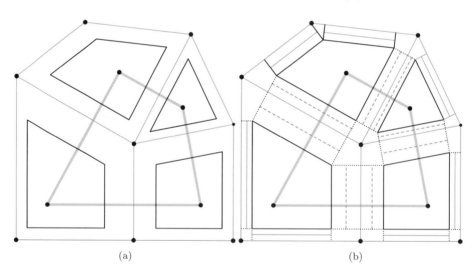

図 **10.5**　敷石テセレーションの頂点構造．(a) もともとのタイリング（細い黒線）は双対グラフ（太い灰色の線）の頂点に沿って縮小される．(b) (a) に谷折り線と，隣接するタイルの頂点を接続する点線を追記した様子．

縮小後のタイルの間にはダブルプリーツを挿入する．本章では，挿入するプリーツは，折り畳むと隣接する 2 枚のタイルの辺が対応する縮小前の辺で一致するようにする．プリーツの谷折り線は，山折り線（縮小したタイルの辺に位置する）と，縮小前の辺の間を二分するように配置される（図 10.5(b)）．

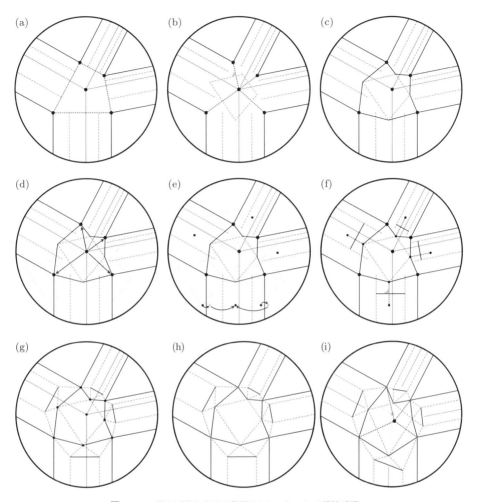

図 **10.6** 頂点近傍における敷石テセレーションの構築手順.

　縮小前に接していた頂点も同様に，折り畳んだあとには，その頂点に囲まれる領域内のどこかで再び一致しなければならない．本章では，対応する縮小前のタイルの頂点の位置で一致するようにする．

　これら2つの要素を選択すると，残りの展開図要素は幾何的な構築によって一意に定めることができる．例として，図 10.5 の構造を対象に，鏡映反転と平行移動のみを用いて，展開図を構築する流れを図 10.6 に示す．なお，一連の手続きは，一般的なコンピュータのイラスト作成ソフトで処理できる．

(a) 中央の多角形と，その近傍の山折り線および谷折り線を与える．

(b) 縮小したタイルの頂点ともとのタイルの頂点を結ぶ線分の垂直二等分線（図中央の点線の多角形）で囲まれる多角形を中央の多角形と呼び，その辺に谷折り線を割り当てる．

(c) 中央の多角形の各頂点と，縮小したタイルの頂点を結ぶ山折り線を引く．

(d) 中央の多角形を，その内側に位置する縮小前の頂点と縮小後の各タイルの頂点が一致するように複製する．図では中央の多角形が4つ複製されている．

(e) 中央の多角形の頂点を1つ選択し，その頂点に隣接する2つの縮小されたタイル，およびプリーツについて次の処理を行う．隣接する2つのタイル付近には，(d) によって中央の多角形が複製されている．選択した頂点に対応する頂点2つを，それぞれダブルプリーツの一方の山折り線と谷折り線で鏡映反転すると，プリーツ上で一致する．中央の多角形の各頂点に対して，この一致する点を取得する．

(f) (e) で取得した点と中央の多角形の隣接する頂点を結ぶ線分の垂直二等分線を山折り線とし，プリーツの2本の谷折り線との交点をその端点とする．

(g) (f) で構築した山折り線の端点から，中央の多角形の隣接する頂点および，隣接する縮小したタイルの頂点とを，それぞれ谷折り線で結ぶ．

(h) もとのタイリング要素を除くと，展開図が完成する．

以上の手続きで展開図が構築される．この構造をタイリングの頂点位置に埋め込むことで，敷石テセレーションの展開図が得られる．もとのタイリングの外周に位置する頂点に対しても，この手順を適用する．この展開図は，前川・川崎定理[†] を満たし，常に平坦折り可能である．

本章では，縮小したタイルの辺が折り畳み後に一致する場所，および縮小した頂点が折り畳み後に一致する位置として，縮小前のタイルの辺と頂点を使用したが，これは平坦折りの十分条件ではなく，展開図をより審美的にするための選択にすぎない．事実，辺が一致する場所は縮小後の2つの辺の間から任意に選択でき，頂点が一致する位置は，縮小後の頂点を結んでできる領域から任意に選択できる．図 10.6(i) は，一致する位置を変更して作図した展開図の例である．このようにして，局所的に平坦折り可能な展開図を構築できる一方，中央の多角形の辺が交差してしまい物理的に折り畳めない場合もある．

展開図の自己交差の可能性は本章では考慮していない．事実，縮小したタイルの頂点近傍の展開図では，大小大定理[††] を満たさない例が多く見られる[Hull 06]．このような自己交差の要因は，図 10.4 に見ることができる．プリーツの幅が大きく，収まるべき領

[†] 訳注：前川定理は第1章の定理 1.2.1 参照．
[††] 訳注：第1章の補題 1.3.1 参照．

域をはみ出るような場合，大小大定理を満たさなくなるためである．しかしながら，プリーツの重なり合う部分を折り返すことで，大小大定理を満たすよう容易に変形することができる．

10.5　議論

提案したアルゴリズムを Mathematica 上に実装し，任意の平面グラフを入力することで，その展開図と折り畳んだ状態を確認した．[Lang and Bateman 11] によって，縮小と回転のアルゴリズムを適用した例で用いられたものと同じ 3.4.6.4 のアルキメデスタイリング（頂点の周りに 1 枚の正三角形と 2 枚の正方形，1 枚の正六角形を敷き詰めたタイリング）を対象とした結果を図 10.7 に示す．また，折り畳んだ状態の写真を図 10.8 に示す．

これまでにも述べたように，提案アルゴリズムの対象となるタイリングは，次の条件を満たす必要がある．(a) 蜘蛛の巣条件を満たす．(b) 双対グラフの頂点は，対応するタイルの内側に含まれる．これらの条件を満たすタイリングには，正多角形や任意の鋭角三角形をタイルとする平面充填など，いくつか審美性の優れたものが含まれる．それらのタイリングでは，双対グラフの頂点は，各タイルの外心に等しくなる．任意の鋭角三角形の制限とは，その外心が三角形の内側に位置することである．もとのタイリングから双対グラフに変換する際，鈍角三角形が含まれていたとしても，双対グラフはもとのグラフに対して平行移動できるため，双対グラフをうまく移動して，各頂点をもとの多角形の内側にすることで，敷石テセレーションに変換できる．

敷石テセレーションの興味深い特性は，折り畳んだ造形がもとのタイリングを縮小した複製となることである．通常の縮小と回転のアルゴリズム造形のもつ，もとのタイルが互いにずれて折り畳まれる特性と対照的である．そのため，縮小と回転のアルゴリズムでは，折り畳まれた造形がもとのタイリングと大きく異なっている．敷石テセレーションは，折り畳まれた後の各タイルがもとのタイルを縮小コピーしたものとなっている．

これらの特性は，折り畳み操作によって，多角形の境界を新しい多角形の輪郭にマッピングすることで，どのような多角形であっても縮小できることを示している．

- Erten らが提案する手法 [Erten and Üngör 07] を用いて，多角形を鋭角三角形の集合に分割する．
- 内部に双対グラフを構築する．その頂点として三角形の外心を選択する．
- 各境界辺を二等分する箇所に頂点を配置し，その頂点と双対グラフの近隣の頂点を結ぶ辺を追加する．

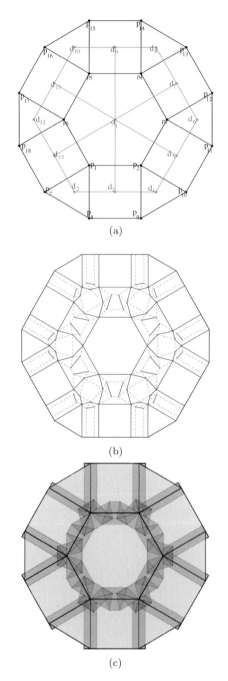

図 10.7 (a) もとのタイリングと双対図. (b) 出力された展開図. (c) 折り畳んだ状態.

122 第 10 章 蜘蛛の巣条件を満たすタイリングによる敷石テセレーション

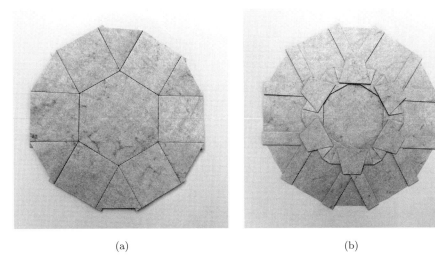

図 **10.8** (a) 図 10.7(b) を実際に折り畳んだ様子．(b) (a) の裏側．

- 追加した頂点ともとの多角形の頂点を結ぶ辺を追加する．

以上の操作の結果となる平面グラフは，もとの多角形をタイル状に分割したものとなる．その双対グラフが，鋭角三角形の頂点と辺で構成される．この平面グラフと双対グラフから敷石テセレーションを構築すると，そのプリーツはもとの多角形の辺に垂直に交わる．その結果，折り畳んだ形は図 10.9 のように，もとの多角形をそのまま縮小したような輪郭をもつ．

同様の自己縮小は本書第 11 章にて Demaine らも示している[Demaine et al. 16]．

筆者らのアルゴリズムは，蜘蛛の巣条件を満たすタイリングを要求しているが，その条件を満たさなくてもよい敷石テセレーションも存在する．たとえば Gjerde が示している例[Gjerde 09, p.91]では，タイル間にダブルプリーツを挿入する代わりに，山谷のペアが縮小されたタイルの頂点間で交差し，その頂点付近にねじり折りのような構造を挿入している（この例は，厳密には平坦ではないが，Resch によって平坦に折り畳まれたものも示されている[Resch 68]）．舘が開発した Origamizer は，3 次元のモデルを扱い，平坦に折り畳めないものも対象としているが[Tachi 09b]，折り畳んだ造形の表面をなめらかなタイルの集合とし，そのタイル間にそれ以外の紙を隠している点でコンセプトが共通しており，その内部の構造も非常に似ている．その結果，これらのデザインは，機能的あるいは審美的である．そして，同様の分野は今後も発見され探求される余地が残されている．

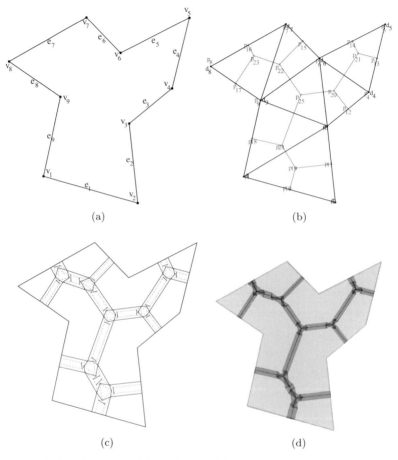

図 **10.9** 敷石のテセレーションを用いた多角形の縮小手順. (a) もとの多角形. (b) 三角形の集合による構築とその双対図. (c) 敷石のテセレーションの展開図. (d) 折り畳んだ様子.

11
面を好きな大きさに縮小する方法

Erik D. Demaine, Martin L. Demaine, Kayhan F. Qaiser
上原隆平 [訳]

◆本章のアウトライン
本章は，折り紙設計における「縮小」に注目した研究である．折り紙デザインにおいて，ある特定の領域を，そのままの形で縮小したいことがあるが，それに対するアルゴリズム的な技法を与えている．

11.1 はじめに

近年，折り紙は工学，科学，製造など，多くの応用分野に価値を見出されてきた．こうした分野へ応用される理由の1つとして，ある物体を小さく変形して保存や運搬ができ，場合によってはあとでもとの大きさに広げることができること（可展構造であること）がある．具体例としては，太陽電池パネルや折り畳み式の地図に応用されるミウラ折り[Miura 09]や，LangとLLNL（ローレンス・リバモア国立研究所）による望遠鏡の接眼レンズ[Heller 03]，エアバッグの折り畳み[Cromvik and Eriksson 09]，折り紙ステントグラフト[Kuribayashi et al. 06]が挙げられる．

本章では，こうした一般の問題の中の特別な場合を探求する．ここでの目標は，与えられた任意の多角形から，より小さな好きな形状を折るのではなく，自分自身の縮小コピーを折ることである（図11.1）．正確に言えば，与えられた多角形の面を，自分自身と相似で縮小率 $\lambda \in [1/3, 1]$ となるように，新しい種類のテセレーション折りで折る方法を示す．同じ折りを繰り返し適用すれば，理論的には，どんな形でも，いくらでも小さな相似形に折ることができる．

この問題は，特定の構成のための最も効率のよい折りを見つけることを目指す，より一般的な問題群の一部である．ここでは，迷路折り紙[Demaine et al. 11]で使われた方法と似た手法を用いる．問題を，単純化された部分ユニットに分割することで，より一般的な結果が得られる．本章の場合，部分ユニットは鋭角三角形であり，これはさらに3つの四角形に分割される．それぞれの四角形ユニットは独立に折られて，その後で併合されるが，併合のときにユニット間で矛盾が生じないことを示す．

それぞれの四角形ユニットの折りはLangとBatemenが定義した単純な平坦ねじり折りで，彼らが「多角形（いつでもというわけではないが，通常は正多角形）から放射状

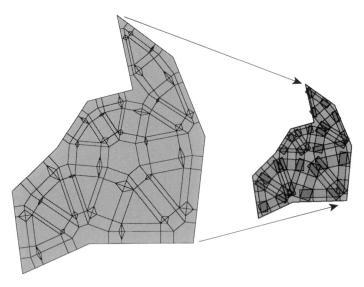

図 11.1 犬の横顔を半分の大きさに折る．（レンダリングには舘知宏のソフトウェア「Freeform Origami」http://www.tsg.ne.jp/TT/software/を使った．）

に広がる蛇腹折りによる構成」としているものである[Lang and Bateman 11]．その折り目によって折られた形は，面積がもとのものよりも減少し，内部の多角形は 0° から 180° の間の，ある角度分だけ回転する．折りは通常は内部の多角形の頂点の上でのヒンジ操作で行われる．それぞれの多角形は 180° 回転するため，単純なねじり折りの特別な場合と考えることができる．しかし，これらはねじるというよりはむしろ裏返しあるいは反転を 2 回行うとも考えられるため，この操作を**ダブルフリップ**と呼ぶことにしよう．

この折り方は，テセレーションを作る新しい方法を提供してくれる．テセレーション自身はかなり古いものであることを指摘しておくことには意味があるだろう．おおもとの由来は衣料のプリーツ折りであり，これはヨーロッパで 20 世紀あるいはそれよりも前から見られる．ねじり折りが日本で一般に知られるようになったのは，藤本修三が最初の折り紙のテセレーションの本を 1976 年に自費出版したことによる．また，ねじり折りは，動物といった典型的な対象を折るための新たな手法や，テセレーションに自然につながる魅力的で幾何学的な可能性を開く新たな折りの技法を提供した．すでに Ron Resch は，1966 年には 3 次元的なテセレーションのデザインで特許を取得している[Resch 68]．彼に続く David Huffman は曲線折りによる造形の先駆者となった[Huffman 76]．さらに現代になり，Chris K. Palmer[Palmer 97] と Eric Gjerde[Gjerde 09] はねじり折りとテセレーションの芸術としての可能性を探求している．この分野は，学術的，芸術的，そして実用的な面からの研究を待っている．

11.2 アルゴリズム

■ **概観**

高いレベルから見たアルゴリズムの概要は次のとおりである.

1. 面を鋭角三角形に分割する.
2. それぞれの三角形にボロノイ図を上描きし, さらに多角形を四角形に分割する.
3. それぞれの四角形にダブルフリップの折り目を付ける.
4. 四角形を併合して三角形にし, これらの三角形をさらに併合してもとの面にする.
5. 実際に折る.

■ **鋭角三角形分割**

アルゴリズムの出発点は, 面の鋭角三角形分割である (図 11.2 の左と中央). 多角形つまり多くの辺からなる面を, 単に三角形分割するのは簡単であるが, 鋭角三角形に分割するのは難問で, そのことは Martin Gardner によって知られるようになった ([Gardner 95, pp. 34, 39–42]). 面が n 辺からなる 1 つの多角形の場合は, 前原が $O(n)$ 個の鋭角三角形で十分であることを証明し[Maehara 02], この定数はのちに, Yuan が改善した[Yuan 05]. 一般の多角形面については, 鋭角三角形分割の存在性は Burago と Zalgaller[Burago and Zalgaller 60] が証明し, のちに Saraf[Saraf 09] が単純化した. 残念ながら, こうした結果は, 必要な三角形の個数について, よい上界を与えていない. さらに, どちらの結果も測地線による三角形分割しか与えておらず, そのため, 三角形分割の辺による最短路が多面体の辺と交差することが起こりうる. 幸いなことに, こうした測地線による三角形分割は, ここでの目的には十分であり, 概念的には, それぞれの三角形を独立に, それを縮小した形に折り, そして与えられた多面体の 3 次元幾何構造に

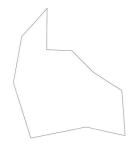 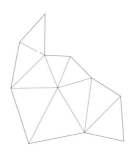 

図 **11.2** もとの形状 (左), 三角形分割 (中央), ボロノイ図 (右).

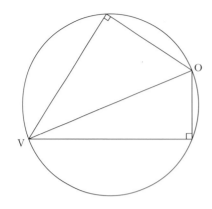

図 **11.3** 四角形が存在する空間.

合うように折り曲げることができる.

■ ボロノイ図

それぞれの三角形は，各辺の垂直二等分線を延長した線で 3 つの四角形に分割される．これは三角形分割を，ボロノイ図に沿って分割することに等しい（図 11.2 の右参照）．どれも鋭角三角形なので，外心は三角形の内部にある．これが面の鋭角三角形分割を必要とする理由である．

このステップで作られた四角形は，あとで折るときのユニットになる．この四角形の性質を，図 11.3 でいくつか指摘しておくことは有用だ．各四角形は 1 つの鈍角（頂点 O）と 1 つの鋭角（頂点 V）をもつ．残りの 2 頂点は直角だ．各四角形は O と V を結んだ直径をもつ円に内接する．これは残りの 2 つの角が直角であることと，タレスの定理による．さらに，各四角形は外心をもち，かつそれは OV の中点の上に乗っている．これは，それぞれの四角形は 2 つの直角三角形を斜辺でつないで作られているからである．

■ ダブルフリップ

ではダブルフリップの構成の概要から始めて，それがちゃんとした折りになるために必要な制約を示そう．一般のダブルフリップを導入する前に，四角形が正方形という特別な場合を考える．私たちのアルゴリズムでは，こうした場合は決して起こらないが，ここから一般の折りにつなげていく．図 11.4 に示したように，正方形に対する折りは，単に段折りを 2 回，互いに垂直になるように行うだけだ．濃い折り線が山折りで，薄い折り線が谷折りを示す．図 11.4 の折りは縮小率は $\lambda = 1/2$，つまり長さはどこも λ 倍になり，このとき段折りの長さは $\lambda/2$ である．ここで重要な点として，正方形と四角形は，単純な操作で互いに相手に変形できることを指摘しておく．

折り目を一般化する手順を図 11.5 に示した．まず四角形のコピーを外心を中心にして

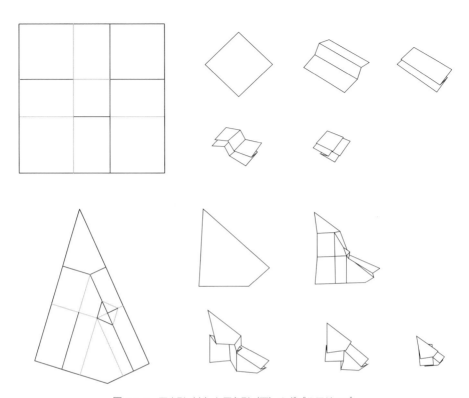

図 11.4 正方形（上）と四角形（下）のダブルフリップ．

λ/2 に縮小するところから始める．次に，内部の四角形の各頂点から，もとの辺に垂直に直線を下ろす．この直線に，段折りになるように，それぞれ山折りと谷折りを割り当てるが，このとき鋭角な頂点の部分の折りは山折りで，鈍角な頂点の部分は谷折りになるようにする．どんな場合も，前川定理を満たすように割り当てる方法が 2 つある．これで四角形は平坦に折れるはずである．しかし，これだけでは自己交差を起こしてしまう．整合性のとれた折りを保証するためには，もう一工夫が必要である．鈍角頂点の交差部分で，2 つの段折りが衝突することを避けるため，単純な反転折りを実行して，段折り同士が互いの内側に入り込むようにする．つまり線分 OV を線分 OV′ に対して反転し，長い山折り CM に交差する点まで伸ばす．この線を交点頂点 C の周囲に 3 回反転し，反転折りがきちんとできるように山折りと谷折りを適切に割り当てる．この反転折りは四角形の外に飛び出すので，内部の他のどのフラップともぶつかることはない．

このアルゴリズムで作られる反転折りが，すべての可能な四角形についてうまくいくこと，つまり，反転折りの頂点がどれもきちんと折り線に乗っていて，反転折りが四角形の境界の外側に伸びることはないことを簡単に示そう．1 回の段折りで四角形を縮小でき

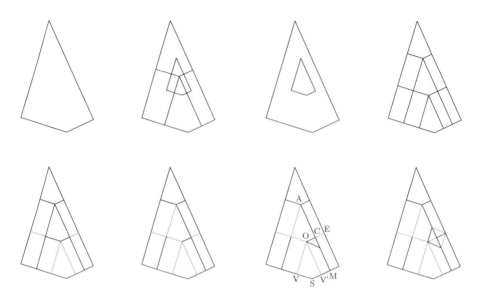

図 **11.5** 四角形に折り目を付けるアルゴリズムと反転折りの構成 ($\lambda = 1/3$).

る最小の比率は,もとの大きさの 1/3 である.ここでは,この最悪の縮小比率 $\lambda = 1/3$ を,反転折りの頂点,つまり OE に乗る 2 点と AM に乗る 2 点に対して使おう.構成方法から,最初の折り線の頂点は O であり,OC と CE が同じ長さなので,他方は E である.ここで OV を AC 側にぶつかるまで伸ばすと,反転折りに使う折り線が 1 つ得られる.この延長で,OV が必ず AC にぶつかるのは,AOV が一直線上にないことによる.これは AOS が一直線で,S と V が同じ頂点にはなりえないことから明らかである.最後の頂点がいつでも CM 上に乗ることは,CM が AC と同じ長さであることによる.

この反転折りの大きさは,四角形の鋭角の大きさが増加するにつれて減少し,正方形のときには消えてしまう.ここまでのアルゴリズムで,任意の四角形を縮小率 λ になるように平坦折りできる.しかし,内部の層が,縮小した四角形の外周の外側に飛び出してしまって,折られた形状が正しい形にならないかもしれない.こうした飛び出しは,細い四角形や偏った四角形で起こるが,反転折りを何度か適用することで解決できる.これを証明する助けとなる,囲い込みサンドイッチ補題を示そう.

補題 11.2.1

折り線に沿って平坦に折った面があったとき,一番上の層を t,一番下の層を b とする.層 t と b の間で反転折りをして,t と b の外周よりも外側に新たな層 m と m' がはみ出したとする.このとき必ず,有限回の反転折りで,m と m' の紙が t や b の外周の外側にはみ出さないようにできる.

したがって，仮にはみ出しが起こっても，反転折りを何度か繰り返せば，いつでもその形状の内部に折り戻すことができ，しかも新しい層は，古い層の間にあるため，自己交差は起こらない．実際問題，2 回より多くの反転折りが必要となることは，ほとんどない．図 11.6 に，いくつかの四角形にアルゴリズムを適用した例を示す．

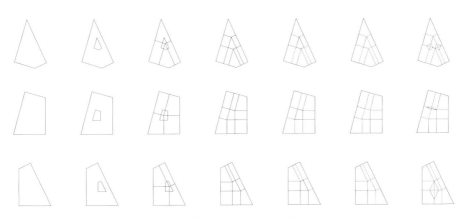

図 **11.6** 四角形を折るアルゴリズム ($\lambda = 1/2$)．

■ 併合

これまでのところ，任意の四角形を 1/3 から 1 の間の縮小率で縮められるのは明らかである．しかし，こうした折りが，四角形を併合したあとでも成立するかどうかを確かめることが残っている．併合をうまく実行するには，成立すべき条件が 2 つある．それぞれの四角形の段折りが同じ点で合致することと，その折りの向きが揃っていることである．始めの条件は構成方法より成立する．なぜなら，ある三角形から作られた 2 つの四角形は 1 辺を共有して，それぞれの内部四角形は四角形の外心に対して縮小されたからである．パリティ条件も，やはり構成方法より成立する．四角形の鈍角において，鈍角の頂点に近い 2 つの段折りは谷折りであり，遠い方は山折りである．したがって谷折りはいつでも三角形の中心に近いほうであり，山折りがそれを取り囲んでいる．そのためすべての鋭角三角形は縮小される（図 11.7 参照）．

すべての三角形の併合についても，同様の議論が成立する．2 つの三角形が 1 辺を共有するときは，内部の四角形がその外心について縮小されることから，互いの折り線が同じ点でぶつかるはずである．各辺ごとに，中心に近い 2 つの折り線が谷折りで，外側に 2 つの山折りがあるため，パリティも合致する．縮小率がちょうど 1/3 のときは，2 つの反転折りが，三角形の辺上の 1 点で互いに接することがある．こうした場合でも，モデルは平坦に折れる．

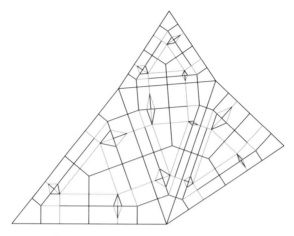

図 11.7 四角形を併合して完成した展開図.

　こうして，すべての鋭角三角形をもとの面に併合できる．面全体は，いまやもとの大きさの 1/3 から 1 の間の縮小率で折られている．これよりも小さい縮小率が必要なら，単純に，このアルゴリズムを縮小された面にまた適用して，さらに縮小すればよい．

謝辞

　Byoungkwon An の四角形を平坦に折る方法に対する助言と，Abigail Crawford McLellan のアルゴリズムが適用可能な段折りと，それによって実現される縮小率についての質問と，Ben Parker のテセレーション折りの方法に関する助言に感謝する．また Gabriella & Paul Rosenbaum Foundation の旅費のサポートに謝意を表する．本研究の一部は NSF ODISSEI grant EFRI-1240383 と NSF Expedition grant CCF-1138967 の補助を受けている．

12

曲線折りと直線面素の特徴づけ：
レンズテセレーションの設計と解析

E. D. Demaine, M. L. Demaine, D. A. Huffman, D. Koschitz, and T. Tachi

舘 知宏 [訳]

◆本章のアウトライン

本章では，曲線の折り線を使った折り紙を扱う．とくに，レンズテセレーションと呼ばれる，2つの凸な曲線からなるレンズを基本構造として繰り返して作られる一連の曲線折り紙について述べる．第3著者である Huffman はこのタイプの最初のデザインを 1992 年に発明し，そのとき折り線パターンのスケッチと，塩ビのモデル（図 12.1）を作っている．曲線のフィッティングをしてみると，初期デザインにおいては円弧を用いていたことが示唆される．本章では，なめらかな凸な曲線（つまり変曲点のない曲線）であればいかなる曲線でもよいことを示す．曲線折りの定性的な特性を用いて，直線面素の配置を特定し，折り線を加えることなく，実際に折り状態が存在するということを，微分幾何学を用いて証明する．

12.1　はじめに

　直線を用いた折り紙の解析と設計では，過去 20 年の間，その数学と計算の応用にめざましい成果が見られたが，一方で，曲線の折り線を用いた折り紙に関しては，同様の定理やアルゴリズムが不足している．

　この章では，曲線折り紙に関する，いくつかの基本的な道具（定義と定理）を開発する．ここでは，とくに，折り線パターンと直線面素[†]の関係を特徴づけ，直線面素で連結された折り線同士を関係づける．道具立ての一部は，異なる文脈ですでに開発されている（例：[Fuchs and Tabachnikov 99, Fuchs and Tabachnikov 07, Huffman 76]）が，これまでの研究では，なめらかさのレベル（C^1，C^2 など）に対する解析の厳密性が抜けており，非自明な仮定が含まれていた．これから証明する性質を大まかに表すと次のとおりである．

1. 折り線の間の領域は，折り線を結ぶ交差しない直線面素と平面領域からなる（この結果は [Demaine et al. 11] と同等である）．

2. 折り線の接触平面は，両側の曲面の接平面がそれぞれ一意に定義されるならば両接

[†] Rule Segment のこと．一般に母線とも呼ばれるが，厳密には母線は generatrix のことを指し，1 つの曲面においてとり方は一意ではないため避けることとする．

平面を二等分する.

3. 曲線折りに錐直線面素の頂点を含む場合（すなわち連続する直線面素が曲線上の点を共有する場合），曲線をなめらかな状態に保って折ることはできない．その曲線は，錐直線面素の頂点で屈折点[†]をもたざるをえない．
4. 折り線の凸側の直線面素の曲がり具合の山谷は折り線の山谷と同じであり，折り線の凹側の直線面素の曲がり具合の山谷は折り線の山谷と反対である．
5. 2つの折り線の凸側同士あるいは凹側同士が1つの直線面素でつながれた場合，この2つの折り線の山谷は等しい．一方の凸側ともう一方の凹側がつながれた場合，この2つの折り線の山谷は反対である．

さらに，これらの道具を使い，**レンズテセレーション**と呼ばれる一連のデザインを解析する．図 12.1 は，第3著者 (Huffman) が 1992 年に設計し折った作品の例と，そのデジタルモデルである．任意のなめらかな凸曲線に対してレンズテセレーションが図に

(a) レンズテセレーションの展開図，Huffman によるオリジナルの手描きスケッチ(1992).

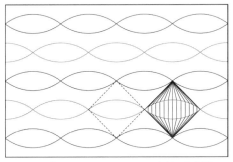
(b) レンズテセレーション．CAD を用いた作図.

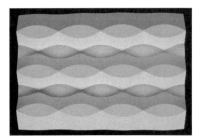
(c) Huffman のオリジナルの手折りのモデル．塩化ビニル(1992). 写真：Tony Grant

(d) 舘の Freeform Origami によるコンピュータシミュレーション 3D モデル.

図 **12.1** レンズテセレーション．1992 年版のオリジナル（左）とデジタル復元モデル（右）．

[†] 訳注：kink の訳．曲線折れ曲がりのことであるが，fold との混同を避けるため屈折点とした．

示す直線面素パターンに沿って3次元形状に折られることを証明する．また，このモデルは，直線面素パターンを変えることなく折ることができるという意味で，「剛体折り可能」であることも証明する．

　上に挙げた定性的な曲線折りの条件を使い，直線面素がどの2点を結ぶかを特定することで，レンズテセレーションの3次元形状が得られる．これらの条件によって，レンズテセレーションをそれぞれ独立した凧型のタイルに分割し，レンズ間を結ぶ直線面素は，タイルの頂点を頂点とする錐面をなすような配置となることが強制される．レンズの中の直線面素は自由である（レンズ全体がねじれるような直線面素配置も仮定できる）が，ここではテセレーション全体の繰り返しの対称性を考え，鉛直な直線面素群によって柱面をなすと仮定する．凧型が折られた立体形状はその境界の4辺周りにおける回転によって隙間なく充填することが可能である．タイル張りの対称性から，充填するときに隣り合うユニット間で面の法線が連続することも保証される．これは，レンズを規定している曲線が凸であればその種類によらない性質である．

　本章は次のような構成となっている．12.2節では2次元と3次元の曲線の基本的な表記を導入する．12.3節では折り線，折り線パターン（展開図），折り状態，直線面素線分，錐直線面素，紙の向き付け，面の法線を定義し，解析する．12.4節では，折り線の接触平面は2つの接平面を二等分するという，二等分の性質を証明し，この性質を用いることで，折り線に接する直線面素や長さ0の直線面素という扱いに困るケースが実際には起きないことを証明する．12.5節では，なめらかな折りを特徴づける．折り状態の折り線がC^1級であることはC^2級であることと同値であり，さらに錐直線面素の頂点が折り線に存在しないことと同値であることを示す．12.6節では折り線の折りと直線面素に直交する曲げについて，山折りと谷折りを定義し，それらの関係を示す．最後に12.7節では，これらの道具立てを使いレンズテセレーションを解析し，展開図が折れるための必要十分条件を証明する．

12.2　曲線

　本節では，2次元と3次元の曲線の標準的なパラメータ付けを定義し，展開状態と折り状態における折り線を記述するのに用いる．ここでは，3D（折り）状態と2D（展開）状態で，前者を大文字，後者を小文字として表記することとする．

■**2次元曲線**
　弧長パラメータによるC^2級の2次元曲線 $\mathbf{x} : (0, \ell) \to \mathbb{R}^2$ を考える．$s \in (0, \ell)$ について，sにおける（単位）**接線ベクトル**を

135

$$\mathbf{t}(s) = \frac{d\mathbf{x}(s)}{ds}$$

で定義する. **曲率**を

$$k(s) = \left\| \frac{d\mathbf{t}(s)}{ds} \right\|$$

と定義する. とくに, 曲率 $k(s)$ が非零であるとき, 曲線は s において**曲がっている**という. 曲線が曲がっているとき, s における（単位）**主法線ベクトル**を

$$\mathbf{n}(s) = \frac{d\mathbf{t}(s)}{ds} \bigg/ k(s)$$

と定義する. $s \in (0, \ell)$ で曲がっている曲線を,（条件を記すことなく）**曲がっている曲線**と呼ぶ.

曲線の s における**凹側**とは, $\mathbf{n}(s)$ と負の内積をもつ方向と定義し, 曲線の s における**凸側**とは, $\mathbf{n}(s)$ と正の内積をもつ方向と定義する.

■3 次元曲線

弧長パラメータによる C^2 級の 3 次元曲線 $\mathbf{X} : (0, \ell) \to \mathbb{R}^3$ および, パラメータ $s \in [0, \ell]$ によって定義される曲線状の点 $\mathbf{X}(s)$ について,（単位）**接線ベクトル**を

$$\mathbf{T}(s) = \frac{d\mathbf{X}(s)}{ds}$$

と定義し, **曲率**を

$$K(s) = \left\| \frac{d\mathbf{T}(s)}{ds} \right\|$$

と定義する. とくに, 曲率 $K(s)$ が非零であるとき, 曲線は s において**曲がっている**という（そして, $s \in (0, \ell)$ で曲がっている曲線を,（条件を記すことなく）**曲がっている曲線**と呼ぶ）. 曲線が s で曲がっているとき, s における（単位）**主法線ベクトル**を

$$\mathbf{N}(s) = \frac{d\mathbf{T}(s)}{ds} \bigg/ K(s)$$

と定義し, **単位従法線ベクトル**を

$$\mathbf{B}(s) = \mathbf{T}(s) \times \mathbf{N}(s)$$

と定義し, **捩率**を

$$\tau(s) = -\frac{d\mathbf{B}(s)}{ds} \cdot \mathbf{N}(s)$$

と定義する.

上記は, フレネ‐セレの公式を使って次のようにも表記される.

136　**第 12 章**　曲線折りと直線面素の特徴づけ：レンズテセレーションの設計と解析

$$
\begin{bmatrix}
0 & K(s) & 0 \\
-K(s) & 0 & \tau(s) \\
0 & -\tau(s) & 0
\end{bmatrix}
\cdot
\begin{bmatrix}
\mathbf{T}(s) \\
\mathbf{N}(s) \\
\mathbf{B}(s)
\end{bmatrix}
= \frac{d}{ds}
\begin{bmatrix}
\mathbf{T}(s) \\
\mathbf{N}(s) \\
\mathbf{B}(s)
\end{bmatrix}
$$

> **補題 12.2.1**
>
> 任意の曲がった C^2 級の 3 次元曲線 $\mathbf{X}(s)$ には，連続なフレネ標構 $(\mathbf{T}(s), \mathbf{N}(s), \mathbf{B}(s))$ および，曲率 $K(s)$ が存在する．

証明：$\mathbf{X}(s)$ は微分可能であるので，$\mathbf{T}(s)$ は存在する．$\mathbf{X}(s)$ は C^2 級であるから $K(s)$ は存在し連続である．曲線は曲がっているので，$K(s) \neq 0$ であり，$\mathbf{N}(s)$ は導出において 0 による除算が発生しないため，存在し連続である．$\mathbf{B}(s)$ を求める外積は存在し，連続である．$\mathbf{T}(s)$ および $\mathbf{N}(s)$ は標準化されていて非零であるので，互いに直交しており，それゆえ $\mathbf{B}(s)$ もこれらと直交する単位ベクトルである． ∎

2 次元曲線でも $\mathbf{B}(s)$ を除いて同じ補題が成立する．

> **系 12.2.2**
>
> 任意の曲がった C^2 級の 2 次元曲線 $\mathbf{x}(s)$ には，連続な標構 $(\mathbf{t}(s), \mathbf{n}(s))$ および曲率 $k(s)$ が存在する．

12.3 折り

次の定義は [Demaine et al. 11, Demaine and O'Rourke 07] によるものを用いている．

まず，2 次元（展開状態）にまつわる用語を導入する．1 枚の**紙**とは，$\mathbb{R}^2$ に埋め込まれた開領域である（開な 2-多様体（マニフォルド）である）．**折り線** $\mathbf{x}$ は紙に含まれる C^2 級の 2 次元曲線であり，自己交差しない（つまり同じ点を 2 度通らない）．**折り線上の点**とは折り線上の端部を除く点 $\mathbf{x}(s)$ である．折り線の端部は**頂点**と呼ぶ．**折り線パターン**（**展開図**）は共通の頂点上でのみ点を共有する折り線を集めたものである[†]．言い換えると，折り線パターンは平面グラフの埋め込みであり，その辺が折り線として埋め込まれたものである．この定義では，曲線に頂点を加えて再分割することで区分的に C^2 級の曲線をなす折り線も扱うことができる．ここでは「折り線」とは分割後の C^2 級のものを表す．**面**とは紙に含まれる折り線や頂点を含まない極大の開領域である．

次は，3 次元（折り状態）にまつわる用語である．折り線パターンの（**真の**）**折り状態**と

[†] 訳注：正確には，これに独立した頂点を加えたものを考える．

は，紙の3次元空間への区分的 C^2 級の等長埋め込みであり，面に含まれるすべての点で C^1 級であり，すべての折り線上の点と頂点においては C^1 級でないものである[†]．ここで，写像が**等長**であるとは，内在的等長のことであり弧長が写像によって保たれることをいい，区分的 C^2 級とは折り状態の像を分解すると，有限個の C^2 級開領域が，点あるいは C^2 級の曲線によって接続した形状となることをいう[††]．**折り状態の折り線，折り状態の頂点，折り状態の面，折り状態の紙**とは，それぞれ，折り線，頂点，面，紙全体の折りによる像を指す．ゆえに，折り状態の面は有限個の C^2 級の開領域を分解すると，**折り状態の半頂点**と呼ばれる点と**折り状態の半折り線**と呼ばれる C^2 級の曲線によって接続された形状となる[†††]．折り状態の折り線 $\mathbf{X}(s)$ はそれぞれ分解すると，有限個の C^2 級の曲線が C^1 級の点，**半屈折点**と C^1 級ではない点，**屈折点**で接続された形状となっている．（ここでいう C^1 級あるいは C^1 級でないとは，曲面ではなく曲線 $\mathbf{X}(s)$ の特徴の評価である．そもそも折り状態の折り線上の点で曲面（折られた紙）を評価すると，定義からそれらは C^1 級でない．）実のところは，半頂点は存在せず[Demaine et al. 11, Corollary 2]，半屈折点も存在しない（後述の系 12.6.4）．

補題 12.3.1

　曲がった折り線 $\mathbf{x}(s)$ が3次元曲線 $\mathbf{X}(s)$ に折れるとき，$\mathbf{X}(s)$ は線分を含まない（すなわち屈折点や半屈折点以外では曲がっている）．

証明：$\mathbf{X}(s)$ が $s \in [s_1, s_2]$ の区間で，線分であると仮定する．すると，$\mathbf{X}(s_1)$ から $\mathbf{X}(s_2)$ までの折られた紙上を測った最短距離は，この線分の長さ，すなわち $\mathbf{X}$ の $s \in [s_1, s_2]$ の区間の長さであり，それはすなわち等長性から $\mathbf{x}$ の $s \in [s_1, s_2]$ の区間の長さである．ところが，$\mathbf{x}(s)$ は曲がっているので，2次元の紙の上では，$\mathbf{x}(s_1)$ と $\mathbf{x}(s_2)$ を結ぶより短い経路が存在する．（そして，紙は開集合なのでこの経路は紙の境界に沿ったものではないため）これは矛盾である．■

■**可展面**

　折り状態の面は，折り目のない可展面としても知られている．**折り目のない**とは，C^1 級であることをいい，**可展**とはすべての点 p が平面領域と等長な近傍をもつことをいう．[Demaine et al. 11] による次の定理は折り目のない可展面の特徴を表している．

[†] 訳注：曲線折りの場合，折り線の端部（頂点として定義されている）が折り角 0 の C^1 級となる場合がある．

[††] 訳注：この点や曲線において，曲面は C^2 級でない．

[†††] そのため，半頂点と半折り線上では折り状態の面は C^1 級である（そうでなければそもそも頂点や折り線であって「面」の上にはない）が，C^2 級ではない．

138　**第 12 章**　曲線折りと直線面素の特徴づけ：レンズテセレーションの設計と解析

定理 12.3.2 ([Demaine et al. 11] の系 1~3)

　折り目のない可展面 M 上の内部点 p のうち，近傍が平面領域でない点はすべて唯一の直線面素 C_p に属する．直線面素の端点は M の境界に存在する．とくに，半折り線は直線面素の 1 つである．

系 12.3.3

　任意の折り状態の面は平面領域，および互いに交差せず端点が折り線または紙の境界上にある直線面素（半折り線を含む）からなる．

　折り状態の紙において，頂点，折り線上の点，近傍が平面領域である点を除くすべての点 p で計算される折り状態の面の直線面素 C_p のみを **（3 次元）直線面素** と呼ぶこととする．この定義ではとくに，（直線要素が一意に定義できない）平面領域の内部は直線面素を含まないものと考え，しかし平面領域の境界は直線面素と考える．結果として，すべての直線面素の近傍は平面ではないこととなる．

　折り状態の紙におけるすべての 3 次元直線面素について，折り状態の逆写像によって対応する 2 次元直線面素を定義できる．等長性により，2 次元直線面素も線分である．

　折り線上の点 $\mathbf{x}(s)$ における **錐直線面素** は，$\mathbf{x}(s)$ を始点とし，角度区間 $[\theta_1, \theta_2]$ を方向とし，正の長さで引かれる 2 次元直線面素の扇状の集まりとして定義される．

■向き付け

　紙の法線は，常に $\mathbf{e}_z$（$+z$ 方向の単位ベクトル）——これを**表側**と呼ぶ——となるように，xy 平面上に向き付けする．この向き付けは，2 次元折り線 $\mathbf{x} = \mathbf{x}(s)$ について，**左向き法線** $\hat{\mathbf{n}}(s) = \mathbf{e}_z \times \mathbf{t}(s)$ を定義する．ここで，$\mathbf{x}(s)$ は曲がっており，$\mathbf{n}(s)$ が定義されるものとすれば，$\hat{\mathbf{n}}(s) = \pm\mathbf{n}(s)$ が成立する．この符号は，左側か右側のどちらが曲線の凸側に対応するかを表す．さらに，$\mathbf{x}(s)$ に結ばれる 2 次元直線面素が**左側**にある（すなわち $\mathbf{x}(s)$ から引かれる直線面素のベクトルが $\hat{\mathbf{n}}(s)$ と正の内積をもつ）か，**右側**にある（すなわち $\mathbf{x}(s)$ から引かれる直線面素のベクトルが $\hat{\mathbf{n}}(s)$ と負の内積をもつ）か，を特徴づけることができる．（後述の補題 12.4.6 によれば，直線面素は折り線に接しないので，すべての母線は折り線の右側か左側にある．）

　さらに，**符号付きの曲率** $\hat{k}(s)$ を，$\hat{\mathbf{n}}(s)$ に符号を合わせた曲率として定義する．すなわち $\hat{k}(s)\hat{\mathbf{n}}(s) = k(s)\mathbf{n}(s)$ である．このように定義すると，$\hat{k}(s)$ は曲線が（表側から見て）左曲がりのとき正であり，右曲がりのとき負となる．

■直線面素の一意性

折り線上の点 $\mathbf{x}(s)$ は，$\mathbf{x}(s)$ の左側に結ばれる直線面素が 1 つしか存在しないとき，**左側直線面素が一意**であるといい，同様に**右側直線面素が一意**であることを定義する．さらに，左右両側の直線面素が一意のとき，単に**直線面素が一意**という．

系 12.3.3 により，点 $\mathbf{x}(s)$ は直線面素が一意でないとき（ここでは左側が一意でないとする），2 種類の原因がある．1 つは，$\mathbf{x}(s)$（の左側）において 1 つ以上の錐直線面素がある場合，もう 1 つは，3 次元空間中，$\mathbf{X}$ に結ばれた 1 つ以上の平面領域が存在する（この対応する領域が $\mathbf{x}(s)$ の左側に存在する，つまり $\hat{\mathbf{n}}(s)$ と正の内積をなす）場合である．

特別な場合として，直線面素が折り線と接している場合がある．最終的には，補題 12.4.6 によって，このような場合は起きないことを示すが，今のところは，このような場合においても曲面の法線が定義可能とする．この場合はさらに 2 種類の場合があり，接する直線面素が凸側にある場合と凹側にある場合である．これは，それぞれ図 12.2(c) と (d) に対応する．直線面素の 3 次元空間における方向ベクトルと面の法線ベクトルは，極限を考えることで定義可能である．凹なケース (d) では，折り線に対して同じ側の直線面素の極限を用い，凸なケース (c) では直線面素が面を二分するので，折り線を含まない側の曲面の直線面素の極限を考える．このようにして，曲面の法線ベクトルが定義可能となるので，次の証明ではとくにこれらのケースを特別扱いする必要はない．

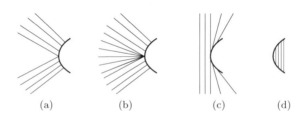

図 **12.2** 折り線上の点の直線面素が一意でないケースの可能性．

折り線上の点 $\mathbf{x}(s)$ が錐直線面素をもたないとき，$\mathbf{x}(s)$ を**コーンフリー**であると呼び，同様に**左側／右側にコーンフリー**な点を定義する．コーンフリーな点には，平面領域が接続されていても高々 1 つのみである．

補題 12.3.4

コーンフリーな点 $\mathbf{x}(s)$ は，それぞれの側に，高々 1 つの平面領域が接続している．

証明：図 12.3 を参照せよ．$\mathbf{x}(s)$ が 2 つの平面領域をもつ（ここでは左側とする）と仮定する．$\mathbf{x}(s)$ を中心に反時計回りに巡り，隣り合う 2 つの平面領域 R_1 および R_2 を選ぶ．系 12.3.3 に

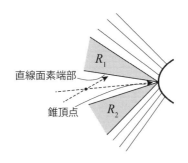

図 **12.3** 点に接続する 2 つの平面領域.

よって，$\mathbf{x}(s)$ を中心とした R_1 から R_2 までのくさび型は直線面素で覆われていなければならない．しかし，定理 12.3.2 によって，直線面素の端点は折り線上にあるから，R_1 あるいは R_2 にぶつかって終わることはできない．そのため，$\mathbf{x}(s)$ 周辺のくさび形を直線面素で覆うためには，$\mathbf{x}(s)$ で錐直線面素をもつ必要がある． ∎

■**曲線の法線方向**

3 次元上では，面の向き付けにより，C^1 級の曲面上の点はすべて表側の法線ベクトルを定義することができる[†]．左側がコーンフリーな折り線上の点 $\mathbf{X}(s)$ については，**左側曲面法線ベクトル $\mathbf{P}_L(s)$** をただ 1 つに定めることができる．まず，$\mathbf{X}(s)$ の左側に平面領域が存在する場合には，補題 12.3.4 により，それは 1 つのみである．この唯一の平面領域の表側法線ベクトルを $\mathbf{P}_L(s)$ として定義する．そうでなければ，$\mathbf{X}(s)$ は直線面素が一意であるため，$\mathbf{P}_L(s)$ をその面素に沿って一定の表側法線ベクトルと定義する．（先述のように，直線面素が長さ 0 の極限となるときも定義が可能である．）同様にして $\mathbf{X}(s)$ の右側がコーンフリーのとき**右側曲面法線ベクトル $\mathbf{P}_R(s)$** が定義される．

12.4 二等分の性質

この節では，コーンフリーな折り状態の曲がった折り線では，曲線の従法線ベクトルが左側および右側曲面法線ベクトルを二等分する，つまり，接触平面[††] が 2 つの曲面の接平面を二等分することを示す．二等分の性質の証明はいくつかのステップを経る必要があり，そこからはいくつかの有用な結論が得られる．

[†] たとえば点の周辺で無限小の三角形を作り，この三角形を，2 次元上で反時計回りの方向になるように 3 次元空間でたどり，その法線ベクトルを計算すればよい．
[††] 曲線の，ある点での接触平面とは，その点を通り従法線ベクトルに垂直な平面をいう．

■ C^2 級の場合

まず，C^2 級な折り線上の点については次の単純な補題によって証明できる．

─ 補題 12.4.1 ──────────

左側がコーンフリーな C^2 級の折り状態の折り線 $\mathbf{X}(s)$ について，

$$(K(s)\mathbf{N}(s)) \cdot (\mathbf{P}_L(s) \times \mathbf{T}(s)) = \hat{k}(s)$$

である．右側がコーンフリーな C^2 級の折り状態の折り線 $\mathbf{X}(s)$ について，

$$(K(s)\mathbf{N}(s)) \cdot (\mathbf{P}_R(s) \times \mathbf{T}(s)) = \hat{k}(s)$$

である．

証明：左側がコーンフリーな場合を証明する（右側がコーンフリーな場合も対称性から成り立つ）．式の左辺は $\mathbf{X}(s)$ の曲面 S_L 上の測地曲率と呼ばれ，等長変換によって不変である．2 次元の展開状態において，測地曲率は下記のとおりである．

$$(k(s)\mathbf{n}(s)) \cdot (\mathbf{e}_z \times \mathbf{t}(s)) = (k(s)\mathbf{n}(s)) \cdot \hat{\mathbf{n}}(s) = \hat{k}(s)$$

∎

─ 補題 12.4.2 ──────────

コーンフリーな C^2 級の折り状態の曲がった折り線 $\mathbf{X}(s)$ について $\mathbf{B}(s)$ は $\mathbf{P}_L(s)$ および $\mathbf{P}_R(s)$ を二等分する．とくに，$\mathbf{X}(s)$ 両側の曲面の接平面が接触平面となす角は等しい．

証明：コーンフリーな C^2 級の折り状態の折り線 $\mathbf{X}(s)$ は一意の左側と右側の曲面法線ベクトル $\mathbf{P}_L(s)$ および $\mathbf{P}_R(s)$ をもつ．補題 12.4.1 により，左側と右側の測地曲率は等しい：

$$(K(s)\mathbf{N}(s)) \cdot (\mathbf{P}_L(s) \times \mathbf{T}(s)) = (K(s)\mathbf{N}(s)) \cdot (\mathbf{P}_R(s) \times \mathbf{T}(s))$$

有限のスカラー値 $K(s)$ を消すと下記の三重積が残る．

$$\mathbf{N}(s) \cdot (\mathbf{P}_L(s) \times \mathbf{T}(s)) = \mathbf{N}(s) \cdot (\mathbf{P}_R(s) \times \mathbf{T}(s))$$

これは，下記と等価である．

$$\mathbf{P}_L(s) \cdot (\mathbf{T}(s) \times \mathbf{N}(s)) = \mathbf{P}_R(s) \cdot (\mathbf{T}(s) \times \mathbf{N}(s))$$

よって $\mathbf{B}(s) = \mathbf{T}(s) \times \mathbf{N}(s)$ が $\mathbf{P}_L(s)$ と $\mathbf{P}_R$ となす角は等しい．$\mathbf{B}$, $\mathbf{P}_L$ および $\mathbf{P}_R$ は $\mathbf{T}$ に垂直な同一平面に乗っているから $\mathbf{B}$ は $\mathbf{P}_L$ および $\mathbf{P}_R$ を二等分する．∎

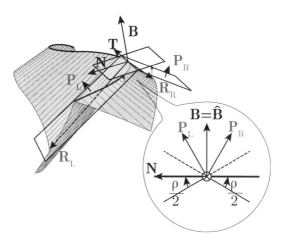

図 **12.4** 従法線ベクトル $\mathbf{B}$ は曲面の法線ベクトル $\mathbf{P}_L$ および $\mathbf{P}_R$ を二分する.

■ 表側フレネ標構

補題 12.4.2 により，C^2 級のコーンフリーな点 $\mathbf{X}(s)$ では，接触曲面の**表側法線ベクトル**が定義できる：$\hat{\mathbf{B}} = \pm \mathbf{B} = \pm \mathbf{T} \times \mathbf{N}$. ここで，符号は，$\hat{\mathbf{B}} \cdot \mathbf{P}_L = \hat{\mathbf{B}} \cdot \mathbf{P}_R > 0$ となるように定義される．つまり $\hat{\mathbf{B}}$ は一貫して面の表側を向いている．これに対して $\mathbf{B}$ の向きは，2次元曲線が局所的に左に曲がるか右に曲がるか（すなわち $k(s)$ の符号）に依存して変曲点（$k(s) = 0$ たる点）で反転してしまう．

より正確には，**表側フレネ標構**を $(\mathbf{T}(s), \hat{\mathbf{N}}(s), \hat{\mathbf{B}}(s))$ として定義して用いる．ここで，$\hat{\mathbf{N}}(s) = \hat{\mathbf{B}}(s) \times \mathbf{T}(s)$ である．

補題 12.4.3

半屈折点 $s = \tilde{s}$ においてコーンフリーな折り状態の曲がった折り線 $\mathbf{X}(s)$ を考える．表側フレネ標構は，正負両側からの極限が等しい：
$$\lim_{s \to \tilde{s}^+}(\mathbf{T}(s), \hat{\mathbf{N}}(s), \hat{\mathbf{B}}(s)) = \lim_{s \to \tilde{s}^-}(\mathbf{T}(s), \hat{\mathbf{N}}(s), \hat{\mathbf{B}}(s))$$
つまり，表側フレネ標構は半屈折点 $s = \tilde{s}$ において連続である．

証明：まず，$\mathbf{X}(s)$ は半屈折点 $s = \tilde{s}$ で C^1 級だから，$\mathbf{T}(\tilde{s})$ は連続である．

次に，補題 12.4.2 により，正負両側の極限において $\mathbf{B}(s)$ は $\mathbf{P}_L(s)$ と $\mathbf{P}_R(s)$ を二等分する．$s = \tilde{s}$ においてコーンフリーであるから，左側と右側曲面法線ベクトル $\mathbf{P}_L(s)$ と $\mathbf{P}_R(s)$ は $\tilde{s}$ で正負等しい極限をもち，$\mathbf{P}_L(\tilde{s})$ と $\mathbf{P}_R(\tilde{s})$ は連続である．そのため，$\mathbf{B}(\tilde{s}^+)$ および $\mathbf{B}(\tilde{s}^-)$ は $\mathbf{P}_L(\tilde{s})$ と $\mathbf{P}_R(\tilde{s})$ を二等分する同一直線上に存在し，$\hat{\mathbf{B}}(\tilde{s})$ は $\mathbf{P}_1(\tilde{s})$ と $\mathbf{P}_2(\tilde{s})$ に対して正の内積をもつ側として一意に定められる．これによって $\hat{\mathbf{B}}(s)$ は一意で連続である．

最後に，$\hat{\mathbf{N}}(s)$ は $\hat{\mathbf{B}}(s) \times \mathbf{T}(s)$ なので，やはり連続である．ゆえに $(\mathbf{T}(s), \hat{\mathbf{N}}(s), \hat{\mathbf{B}}(s))$ は

$s = \tilde{s}$ で連続である. ∎

C^2 級の点 $\mathbf{X}(s)$ で**符号付き曲率** $\hat{K}(s)$ を，$\hat{\mathbf{N}}(s)$ が符号を変えるときに符号が変わるように定義できる：$\hat{K}(s)\hat{\mathbf{N}}(s) = K(s)\mathbf{N}(s)$. 2 次元のときと同じく，$\hat{K}(s)$ は曲線が（紙の表面から見て）左曲がりのとき正であり，右曲がりのとき負である.

■一般の二等分の性質

補題 12.4.2 および補題 12.4.3 を組み合わせることで，C^2 級でない点でも成り立つより強力な二等分の性質が得られる.

系 12.4.4

コーンフリーな折り状態の曲がった折り線 $\mathbf{X}(s)$ について，$\hat{\mathbf{B}}(s)$ は $\mathbf{P}_L(s)$ および $\mathbf{P}_R(s)$ を二等分する. とくに，$\mathbf{X}(s)$ 両側の曲面の接平面が接触平面となす角は等しい.

■いくつかの帰結

二等分の性質を用いて，想定されうる奇妙な状況が実際には存在しないことを証明できる.

補題 12.4.5

s で曲がっている折り状態の折り線 $\mathbf{X}$ は，有限の長さの区間 $s \in (s-\varepsilon, s+\varepsilon)$ で平面領域と接続することはできない.

証明：もしこの状況が起きると仮定すると，曲線の接触平面はこの平面領域（左側にあると仮定する）と一致しなければならない. 系 12.4.4 により，右側の接平面も同一平面である. すると，折り状態の紙はこの折り目に沿って平面のままであることとなり，折り線上で曲面が C^1 級でないという定義に矛盾する. ∎

補題 12.4.6

直線面素は，コーンフリーな曲がった折り線上の（端部を除いた）点において，（2 次元においても 3 次元状態においても）折り線と接することはできない.

証明：直線面素が折り線と接すると仮定する（対称性から，左側とする）. もし直線面素が 2 次元折り線 $\mathbf{x}(s)$ と接するなら，3 次元状態でも $\mathbf{X}(s)$ と接するはずである. これには 2 つの場合が考えられる：(1) 左側曲面が折り線から生成される接線曲面である場合. (2) 折り線で切り取られた曲面の直線面素が点 $\mathbf{X}(s)$ 部分で接する場合.

144　**第 12 章**　曲線折りと直線面素の特徴づけ：レンズテセレーションの設計と解析

(1) の場合では，有限の区間が存在し，その区間では折り線が C^2 でありなおかつ接続される直線面素と接している．そのとき，この区間（s を含む）では，左側曲面の接平面はとりもなおさず，折り線の接触平面である．

(2) の場合は，$\mathbf{X}(s)$ における左側曲面法線ベクトル $\mathbf{P}_L(s)$ を考える．仮定から主接線ベクトル $\mathbf{T}$ は $\mathbf{X}(s)$ に接続する直線面素と平行である．対称性から，$\mathbf{T}$ は $\mathbf{X}(s)$ からの直線面素の方向と仮定する（もし逆ならば，$\mathbf{X}$ のパラメータ付けを逆転させて考えればよい）．直線面素に沿って曲面の法線方向は一定であるから，直線面素の方向に沿って，

$$\frac{d\mathbf{P}_L}{ds^+} = \mathbf{0}$$

を得る．$\mathbf{P}_L$ および $\mathbf{T}$ は互いに垂直であるから，$\frac{d}{ds^+}(\mathbf{P}_L \cdot \mathbf{T}) = 0$ であり，これは展開すると

$$\frac{d\mathbf{P}_L}{ds^+} \cdot \mathbf{T} + \mathbf{P}_L \cdot \frac{d\mathbf{T}}{ds^+} = 0$$

となる．つまり，$\mathbf{P}_L \cdot \frac{d\mathbf{T}}{ds^+} = 0$ を得る．曲がった折り線は折り状態において直線ではない（補題 12.3.1）ので，$\mathbf{N}$ は $\mathbf{P}_L$ と直交する．すなわち，やはり左側接平面は折り線の接触平面と一致する．

系 12.4.4 により，どちらの場合でも右側接平面はやはり接触平面と一致しなくてはならず，折られた紙は折り線の該当部分で平面状態である[†]．これは，折り線に沿って曲面は C^1 でないという定義と反する． ∎

折り線が C^2 の場合の補題 12.4.6 は，Fuchs と Tabachnikov による折り角と直線面素の方向の関係からも暗黙的に導かれている（[Fuchs and Tabachnikov 99, Fuchs and Tabachnikov 07]）．

系 12.4.7

s で曲がっていてコーンフリーな折り線 $\mathbf{X}$ について，点 $\mathbf{X}(s)$ は，$\mathbf{X}$ の左側と右側にそれぞれ有限の長さの直線面素をもつ．

証明：まず，補題 12.4.5 により $\mathbf{X}(s)$ はどちらも平面領域に囲まれていないため，系 12.3.3 によって $\mathbf{X}(s)$ は直線面素を左側と右側にもつ．さらに，この直線面素は長さ 0 の極限とはなり得ない．なぜなら，もしそのような場合を仮定すると直線面素が曲線と接することとなり，補題 12.4.6 と矛盾するからである． ∎

[†] 訳注：(2) の場合は 1 点で折り角が 0 となる．この点では法線ベクトルは定義できて C^1 級であるので，折り線が途切れた状態となるので折り線上の点にはない．一方で，折り線の端点で折り線と直線面素が接することは可能である．

─ 系 12.4.8 ─────────────────────────────

　C^1 級の曲がった閉じた折り線で囲まれる面において，面の境界曲線は折り状態において C^1 級ではない.

──

証明：系 12.3.3 による面の平面領域と直線面素の覆う領域への分割を考える．補題 12.4.5 により，直線面素の覆う領域の境界はすべて合わせると，面の境界を覆う．面内で平面領域はラミナ（非交差）な族を作るため，直線面素の覆う領域で 1 個のみ（あるいは面すべてが直線面素で覆われるときは 0 個）の平面と隣接するものが存在する．このような直線面素の覆う領域は，折り状態の面全体であるか，あるいは面の境界の一部と 1 つの直線面素（平面領域と接する）とで囲まれている．直線面素で覆われた領域をそれぞれの直線面素で分割して，境界をなす直線面素を含みうる側を捨てる操作を行うと，面の境界の一部と直線面素で囲まれた境界構造を保ったまま直線面素で覆われた領域を縮めることができる．このプロセスを極限まで行うと，最終的に面の境界に平行な直線面素が得られる．補題 12.4.6 により，この状態が可能となるのは面の境界のどこかが錐面素をもつ必要があり，定理 12.5.1 により，面の境界曲線が C^1 ではないこととなる． ∎

12.5　なめらかな折り状態

なめらかに折られた折り線とは，C^1 級である，すなわち屈折点をもたない折り状態の折り線である．下記の系 12.6.4 によりなめらかに折られた折り線はさらに C^2 級である，すなわち半屈折点ももたないことを証明する．折り線パターンの**なめらかな折り状態**とは，すべての折り線がなめらかに折られた折り状態のことである．この節では，なめらかな折り状態はコーンフリーであることとして特徴づけられることを示す．

─ 定理 12.5.1 ─────────────────────────

　もし折り状態の折り線 $\mathbf{X}$ が錐面素を点 $\mathbf{X}(s)$ においてもつならば，$\mathbf{X}$ は s において屈折している.

──

証明：対称性から $\mathbf{X}(s)$ が錐面素を左側にもつとし，錐面素が時計回りに直線面素ベクトル $\mathbf{R}_1$ から直線面素ベクトル $\mathbf{R}_2$ までの間に存在すると仮定する．展開状態の折り線 $\mathbf{x}$ は C^1 級であるから，接線ベクトル $\mathbf{t}$ が存在し，$\mathbf{x}(s)$ の左側とは，1 次のオーダーにおいて，時計回りに $-\mathbf{t}$ から $\mathbf{t}$ までの角度範囲のことである．そこで，$\mathbf{x}(s)$ の周りに，$-\mathbf{t}$, $\mathbf{r}_1$, $\mathbf{r}_2$, $\mathbf{t}$ という順で時計回りに現われることとなる．すなわち，下記の関係がある．

$$180° = \angle(-\mathbf{t}, \mathbf{t}) = \angle(-\mathbf{t}, \mathbf{r}_1) + \angle(\mathbf{r}_1, \mathbf{r}_2) + \angle(\mathbf{r}_2, \mathbf{t})$$

次に矛盾を導くために，$\mathbf{X}$ が s において C^1 級であると仮定する（図 12.5）．その場合接線

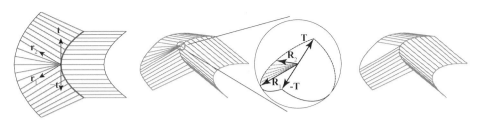

図 12.5 錐面素をもつ折り線上の点は 3 次元空間中で屈折している.

ベクトル $\mathbf{T}(s)$ が定義できる．球面上の三角不等式により，以下の関係がある．

$$180° = \angle(-\mathbf{T}, \mathbf{T}) \leq \angle(-\mathbf{T}, \mathbf{R}_1) + \angle(\mathbf{R}_1, \mathbf{R}_2) + \angle(\mathbf{R}_2, \mathbf{T})$$

等長性から，最後の 3 次元空間中での 3 つの角度は対応する 2 次元の角度よりも小さいか等しい必要がある．さらに，錐面素部分で曲面が曲がっていることから，$\angle(R_1, R_2) < \angle(\mathbf{r}_1, \mathbf{r}_2)$ である（そうでないなら，その部分は平面領域となる）．ゆえに，

$$\angle(-\mathbf{T}, \mathbf{R}_1) + \angle(\mathbf{R}_1, \mathbf{R}_2) + \angle(\mathbf{R}_2, \mathbf{T}) < \angle(-\mathbf{t}, \mathbf{r}_1) + \angle(\mathbf{r}_1, \mathbf{r}_2) + \angle(\mathbf{r}_2, \mathbf{t}) = 180°$$

となり，矛盾が得られる． ∎

次になめらかな折りの特徴づけをする．

系 12.5.2

折り状態の曲がった折り線 $\mathbf{X}$ は，$\mathbf{X}(s)$ で錐面素をもつときかつそのときにのみ，s において屈折している．

証明：定理 12.5.1 は十分条件を含意している．

必要条件を証明するにはコーンフリーな折り線上の点 $\mathbf{X}(s)$ を考える．2 次元では折り線の両側において，接線が $180° = \angle(-\mathbf{t}, \mathbf{t})$ の角度をなしている．この前向きの接線ベクトルと後ろ向きの接線ベクトルのなす角 $180°$ が，折りによって保たれていることを示し，よって折り線 $\mathbf{X}$ が連続的な接線ベクトルをもち，s において C^1 であると帰結する．

まず，$\mathbf{X}(s)$ において，左側に平面領域が接続されていないと仮定する．このとき，左側は，局所的に直線面素が一意であり，C^2 な曲面であり，補題 12.4.6 により直線面素は曲線に接しない．そのため，曲面を少しだけ折り線側に延長して，$\mathbf{X}(s)$ を含むようにすることができる．C^1 級の曲面では，測地的な（2 次元での）角度は，（3 次元における）ユークリッド角度と等しいから，折りによって前向きの接線ベクトルと後ろ向きの接線ベクトルの間の角度 $180°$ は保たれる．

次に，$\mathbf{X}(s)$ において，左側に平面領域が接続されていると仮定する．補題 12.3.4 より，その平面領域は 1 つだけであり，補題 12.4.5 よりこの平面領域は折り線から切り離されていて，その間は一意な直線面素によって占められている．この 3 つの曲面（2 つの直線面素の覆う領

域と平面領域）をそれぞれ少しずつ拡張して $\mathbf{X}(s)$ における評価をすると，この点で共通法線をもってなめらかに接するから，前向きと後ろ向き接線ベクトルの間の角度は，$\mathbf{X}(s)$ におけるこの3つの領域の角度の和である．前段落の議論により，一意な直線面素で覆われた2つの領域は角度を保ち，もちろん平面領域も（折りを含まないので）角度を保つ．つまり，やはり，折りによって前向きの接線ベクトルと後ろ向きの接線ベクトルの間の角度 $180°$ は保たれる． ∎

12.6 山と谷

■折り線

図12.4を参照せよ．なめらかに折られた（コーンフリーな）折り線 $\mathbf{X}$ について，$\mathbf{X}(s)$ における**折り角** $\rho \in (-180°, 180°)$ は，「$\cos \rho = \mathbf{P}_R \cdot \mathbf{P}_L$ かつ $\sin \rho = [(\mathbf{P}_R \times \mathbf{P}_L) \cdot \mathbf{T}]$」と定義される[†]．折り線は s で折り角が正ならば，すなわち $(\mathbf{P}_R \times \mathbf{P}_L) \cdot \mathbf{T} > 0$ ならば**谷**である．折り線は s で折り角が負ならば，すなわち $(\mathbf{P}_R \times \mathbf{P}_L) \cdot \mathbf{T} < 0$ ならば**山**である．

補題 12.6.1

なめらかに折られた曲がった折り線 $\mathbf{X}$ は連続的な折り角 $\rho \neq 0$ をもつ．

証明：系 12.5.2 により，この折り線はコーンフリーであるから，曲面法線ベクトル $\mathbf{P}_L(s)$ および $\mathbf{P}_R(s)$ は連続である．もし折り角 $\rho(s)$ が 0 であるなら，$\mathbf{P}_L(s) = \mathbf{P}_R(s)$ となり，折り線上の点 $\mathbf{X}(s)$ で紙が C^1 級でないという定義に反する． ∎

系 12.6.2

なめらかに折られた曲がった折り線 $\mathbf{X}$ は山折りか谷折りのままである．

証明：補題 12.6.1 により $\rho(s)$ は連続で非零である．中間値の定理から，$\rho(s)$ は符号を変えることができない． ∎

補題 12.6.3

なめらかに折られた曲がった折り線 $\mathbf{X}(s)$ について，

$$\hat{K}(s) \cos \left(\frac{1}{2} \rho(s) \right) = \hat{k}(s)$$

が成り立つ．とくに，折りによって曲率は増加する．$|\hat{k}(s)| < |\hat{K}(s)|$ すなわち $k(s) < K(s)$ である．

---
† 訳注：一般的な折り角の定義に沿って符号を直した．

148　**第 12 章** 曲線折りと直線面素の特徴づけ：レンズテセレーションの設計と解析

証明：図 12.4 に従い，

$$\cos\left(\frac{1}{2}\rho(s)\right) = \mathbf{P}_L(s) \cdot \hat{\mathbf{B}}(s)$$

である．$\hat{\mathbf{B}}(s)$ の定義より，この内積は下記の三重積である（補題 12.4.2 の証明と同様）．

$$\mathbf{P}_L(s) \cdot (\mathbf{T}(s) \times \hat{\mathbf{N}}(s)) = \hat{\mathbf{N}}(s) \cdot (\mathbf{P}_L(s) \times \mathbf{T}(s))$$

$\hat{K}(s)$ を掛けると，

$$(\hat{K}(s)\hat{\mathbf{N}}(s)) \cdot (\mathbf{P}_L(s) \times \mathbf{T}(s)) = (K(s)\mathbf{N}(s)) \cdot (\mathbf{P}_L(s) \times \mathbf{T}(s))$$

を得る．補題 12.4.1 により，この測地曲率は $\hat{k}(s)$ である． ∎

系 12.6.4

折り状態の折り線は半屈折点をもたず，それゆえ，なめらかに折られた折り線 $\mathbf{X}$ は C^2 級である．

証明：$\mathbf{X}(s)$ が $s = \tilde{s}$ において半屈折点をもつと仮定する．補題 12.6.3 を正と負からの極限に適用すると，

$$\lim_{s \to \tilde{s}^+} \hat{K}(s) = \frac{\hat{k}(s)}{\cos\left(\frac{1}{2}\rho\right)} = \lim_{s \to \tilde{s}^-} \hat{K}(s)$$

となり，すなわち符号付き曲率 $\hat{K}(s)$ は $s = \tilde{s}$ で連続である．補題 12.4.3 により，$\hat{\mathbf{N}}(s)$ は $s = \tilde{s}$ で連続である．それゆえ，$\dfrac{d^2\mathbf{X}(s)}{ds^2} = \hat{K}(s)\hat{\mathbf{N}}(s)$ も $s = \tilde{s}$ で連続であり，$\mathbf{X}(\tilde{s})$ は実際は半屈折点ではない． ∎

補題 12.6.5

なめらかに折られた折り線 $\mathbf{X}$ が谷折りであるための必要十分条件は $(\mathbf{P}_R \times \hat{\mathbf{B}}) \cdot \mathbf{T} > 0$ であり，山折りであるための必要十分条件は $(\mathbf{P}_R \times \hat{\mathbf{B}}) \cdot \mathbf{T} < 0$ である．

証明：図 12.4 を参照せよ．ベクトル $\mathbf{P}_L$，$\mathbf{P}_R$，$\hat{\mathbf{B}}$ は $\mathbf{T}$ と垂直であり，それゆえに $\mathbf{T}$ を法線とする同一平面上に存在する．$\mathbf{P}_L$ および $\mathbf{P}_R$ と正の内積をとるように $\hat{\mathbf{B}}$ を選ぶので，この 3 ベクトルは実際には半平面上に存在する．折り角はこの平面上で $\rho = \angle(\mathbf{P}_R, \mathbf{P}_L)$ と表せる．ここで，$\angle$ はベクトル同士の凸な角（劣角）を絶対値として，符号法線ベクトル $\mathbf{T}$ に対して反時計回りのとき正，時計回りのとき負とする．

系 12.4.4 により $\mathbf{P}_L \cdot \mathbf{B} = \mathbf{P}_R \cdot \mathbf{B}$ であり，$\mathbf{P}_L \cdot \hat{\mathbf{B}} = \mathbf{P}_R \cdot \hat{\mathbf{B}}$ である．それゆえ，$\cos\angle(\mathbf{P}_L, \hat{\mathbf{B}}) = \cos\angle(\mathbf{P}_R, \hat{\mathbf{B}})$，すなわち $|\angle(\mathbf{P}_L, \hat{\mathbf{B}})| = |\angle(\mathbf{P}_R, \hat{\mathbf{B}})|$ である．

もし $\angle(\mathbf{P}_L, \hat{\mathbf{B}}) = \angle(\mathbf{P}_R, \hat{\mathbf{B}})$ であれば，$\mathbf{P}_L = \mathbf{P}_R$ であり，$\mathbf{X}$ が折り線であるという仮定に

149

反する．ゆえに，$\angle(\mathbf{P}_R, \hat{\mathbf{B}}) = \angle(\hat{\mathbf{B}}, \mathbf{P}_L) = \pm(1/2)\angle(\mathbf{P}_R, \mathbf{P}_L)$ である．$|\angle(\mathbf{P}_R, \hat{\mathbf{B}})| < 90°$ であるから，実際には $\angle(\mathbf{P}_R, \hat{\mathbf{B}}) = \angle(\hat{\mathbf{B}}, \mathbf{P}_L) = (1/2)\angle(\mathbf{P}_R, \mathbf{P}_L)$，すなわち $\hat{\mathbf{B}}$ は $\angle(\mathbf{P}_R, \mathbf{P}_L)$ の劣角を二分する．よって，$\hat{\mathbf{B}}$ は $\mathbf{P}_L$ と $\mathbf{P}_R$ の間に存在し，半平面内に存在する．それゆえ，外積 $\mathbf{P}_R \times \mathbf{P}_L$, $\mathbf{P}_R \times \hat{\mathbf{B}}$, $\hat{\mathbf{B}} \times \mathbf{P}_L$ はすべて同方向平行であり，$\mathbf{T}$ との内積の符号は等しい． ∎

■ 直線面素

直線面素についても，紙を山，谷に曲げるかを定義することができる（図 12.6）．直線面素の端点を除いた点 $\mathbf{Y}$ が，直線面素の方向ベクトル $\mathbf{R}$ と表側曲面法線ベクトル $\mathbf{P}$ をもつと考える．このとき，$\mathbf{Y}$ において接線ベクトルを $\mathbf{Q} = \mathbf{R} \times \mathbf{P}$，主法線ベクトルを $\mathbf{P}$，従法線ベクトル $\mathbf{R}$ とする，局所的なダルブー標構を構築する．これを主曲率標構と呼ぶ．この標構から，$\mathbf{Y}(0) = \mathbf{Y}$ であり，曲面の主曲率方向に沿った，弧長パラメータによる3次元曲線 $\mathbf{Y}(t)$ を定義することができる．

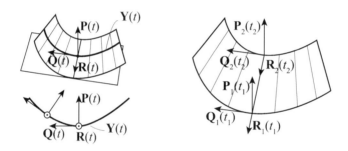

図 12.6　山谷曲げの定義に用いるための面内の点における標構の定義．

まず，曲面が $\mathbf{Y}(t)$ において C^2 級である場合を考える．曲面は $\mathbf{Y}(t)$ において，曲率ベクトル $\dfrac{d^2\mathbf{Y}(t)}{dt^2} = \dfrac{d\mathbf{Q}(t)}{dt}$ が表側（$\mathbf{P}(t)$ と正の内積をなすとき）にあるとき**谷に曲がる**という．$\dfrac{d\mathbf{Q}(t)}{dt} \cdot \mathbf{P}(t) < 0$ のとき，**山に曲がる**という．とくに $t = 0$ において，ある直線面素が $\mathbf{Y}$ において山あるいは谷に曲がるという．

もし $\mathbf{Y}(t)$ で C^2 級でなければ，直線面素は半折り線であり，この半折り線で C^2 級の2つの曲面をつなげている（図 12.7）．このとき，両方の曲面が谷に曲がっているか一方の曲面が谷に曲がりもう一方が平面であるとき，$\mathbf{Y}(t)$ において谷に曲がっているという．同様に両方の曲面が山に曲がっているか一方の曲面が山に曲がりもう一方が平面であるとき，$\mathbf{Y}(t)$ において山に曲がっているという．変曲点では，山谷の符号付けは存

図 **12.7** 半折り線における山と谷の定義.

在しない[†].

補題 12.6.6

折り目のない可展面は，同一の直線面素上（端部を除く）で同じ山谷方向に曲がっている．

証明：まず，曲面が C^2 級の場合を考える．2 点 $\mathbf{Y}_1$ および $\mathbf{Y}_2$ が同一の直線面素上にあり，それぞれの主曲率標構を $(\mathbf{Q}_i(t_i), \mathbf{R}_i(t_i), \mathbf{P}_i(t_i))$ とする．$\mathbf{Y}_1(t_1)$ と $\mathbf{Y}_2(t_2)$ が同一直線面素上に乗るように，t_2 を t_1 の関数として選ぶと，この標構は実は同じベクトルを表す．すなわち，$\mathbf{R}_1(t_1) = \mathbf{R}_2(t_2)$ は共通の直線面素ベクトルであり，$\mathbf{P}_1(t_1) = \mathbf{P}_2(t_2)$ は共通の表側法線ベクトルであり，$\mathbf{Q}_1(t_1) = \mathbf{Q}_2(t_2)$ は前 2 つの外積である．曲面は $\mathbf{Y}_1$，$\mathbf{Y}_2$ 近傍で C^2 級であるから，$\dfrac{dt_2}{dt_1} > 0$ であり，

$$\frac{d\mathbf{Q}_2(t_2)}{dt_2} \cdot \mathbf{P} = \frac{d\mathbf{Q}_1(t_1)}{dt_2} \cdot \mathbf{P} = \frac{dt_2}{dt_1}\frac{d\mathbf{Q}_1(t_1)}{dt_1} \cdot \mathbf{P}$$

である．よって，曲面は同一方向に曲がっている．

次に曲面が C^2 級でない場合を考える．すなわち，対象の直線面素が C^2 級の曲面 S^+ および S^- の間の半折り線である場合である．上記の議論から，曲面が C^2 級の部分において，変曲点は $\dfrac{d\mathbf{Q}(t)}{dt} \cdot \mathbf{P} = 0$ が成立する直線面素上にある．また，曲面が C^2 級でない部分は，直線面素上にある．それゆえに，もし曲面 S^- が $\lim_{t \to t_1^-} \mathbf{Y}_1(t)$ と $\lim_{t \to t_2^-} \mathbf{Y}_2(t_2)$ とで異なる方向に曲がっていたとすると，$\mathbf{Y}_1$ と $\mathbf{Y}_2$ とを結ぶ経路は直線面素を横切る必要がある．しかし，直線面素は交差しないので，S^+ および S^- はそれぞれ曲げ方向が保たれる．それゆえ，半折り線における山谷付けも，その線分に沿って保たれる． ∎

補題 12.6.6 により，直線面素の曲げ方向を定義できる．すなわち，直線面素がそれぞれ山あるいは谷に曲がっていることを，その直線面素内の端部を除く点で山あるいは谷に曲がっていることによって定義する．さらに，標構は共通しているので，直線面素の主曲率標構 $(\mathbf{Q}, \mathbf{R}, \mathbf{P})$ を，直線面素上の端部を除く点における主曲率標構で定義する．

■**折り線と直線面素**

次に，折り線と直線面素の山谷の関係について考える．

---
† 訳注：曲率が 0 の部分では，半折り線と同様に扱い，山谷付けを行う．

まず，なめらかに折られた，曲がった折り線 $\mathbf{X}$ を考え，その左右の曲面における**面素ベクトル** $\mathbf{R}_L$ および $\mathbf{R}_R$ を，曲面 S_L および S_R の $\mathbf{X}$ を通る直線面素に沿った単位ベクトルと定義する．（もし，$\mathbf{X}$ に接続する平面領域がある場合は，面素ベクトルは一意ではない．）左側面素ベクトル $\mathbf{R}_L$ は $\mathbf{P}_L$ に垂直な平面上に存在する．ゆえに，面素ベクトルは

$$\mathbf{R}_L = (\cos\theta_L)\mathbf{T} + (\sin\theta_L)(\mathbf{P}_L \times \mathbf{T})$$

と表せる．この θ_L を直線面素の**左側面素角**と呼ぶ．面素角は補題 12.4.6 により 0 ではない．この面素角は内在的[†]であるから，2 次元における面素ベクトルは $\mathbf{r}_L = (\cos\theta_L)\mathbf{t} + (\sin\theta_L)\hat{\mathbf{b}}$ と表せる．左側面素ベクトルの向きは左向きに選ぶ．すなわち $\mathbf{r}_L \cdot \hat{\mathbf{b}} > 0$ であるから，θ_L は正である．同様にして，右側曲面の面素ベクトル $\mathbf{R}_R$ は**右側面素角** θ_R を使って，$\mathbf{R}_R = (\cos\theta_R)\mathbf{T} - (\sin\theta_R)(\mathbf{P}_R \times \mathbf{T})$ と表される．右側面素ベクトルの向きは右向きに選ばれるので，$\theta_R > 0$ である．

補題 12.6.7

面素が一意ななめらかに折られた折り線 $\mathbf{X}$ が，その両側に C^2 級の曲面（すなわち半折り線を含まない曲面）をもつときを考える．$\mathbf{X}$ の左側の直線面素において曲面が谷に曲がる必要十分条件は，$\mathbf{N} \cdot \mathbf{P}_L > 0$ である．同様に，右側の曲面が山に曲がる必要十分条件は $\mathbf{N} \cdot \mathbf{P}_R > 0$ である．

証明：主曲率方向の弧長 t でパラメータ付けされた，直線面素の主曲率標構 $(\mathbf{Q}(t), \mathbf{R}(t), \mathbf{P}(t))$ を考える．そして，このパラメータ t に対応する直線面素における，折り線上の点 $\mathbf{X}(s)$ と折り線に沿った弧長パラメータ $s = s(t)$ を考える．曲面は直線面素の周辺で C^2 級であるため $\frac{ds}{dt} > 0$ である．左側を考えるので，$\mathbf{P}_L(s) = \mathbf{P}(t)$ とする．θ を $\mathbf{R}(t)$ と $\mathbf{T}(s)$ のなす角とする．すなわち $\mathbf{T}(s) = \sin\theta\mathbf{Q}(t) + \cos\theta\mathbf{R}(t)$ とする．補題 12.4.6 により $0 < \theta < \pi$ であり，次を得る．

$$\mathbf{Q} = (\csc\theta)\mathbf{T} - (\cot\theta)\mathbf{R} \tag{12.1}$$

曲面がこの直線面素で谷折りに曲がっていると仮定する．すなわち，

$$V(t) = \frac{d\mathbf{Q}(t)}{dt} \cdot \mathbf{P}(t) > 0 \tag{12.2}$$

とする．ベクトル $\mathbf{Q}$ と $\mathbf{P}$ が垂直であること，すなわち $\mathbf{Q}(t) \cdot \mathbf{P}(t) = 0$ を用いて，その微分により下記を得る．

$$\frac{d\mathbf{Q}}{dt} \cdot \mathbf{P} + \mathbf{Q} \cdot \frac{d\mathbf{P}}{dt} = 0$$

よって，

[†] 訳注：（面に沿った）距離にのみ依存し，埋め込みの仕方（折り状態）に依存しないということ．

$$V(t) = -\mathbf{Q} \cdot \frac{d\mathbf{P}}{dt}$$

$$= -\Big((\csc\theta)\mathbf{T} - (\cot\theta)\mathbf{R}\Big) \cdot \frac{d\mathbf{P}}{dt}$$

$$= -(\csc\theta)\mathbf{T} \cdot \frac{d\mathbf{P}}{dt}$$

である．ここで，式 (12.1) を用いた．ベクトル $\mathbf{T}$ および $\mathbf{P}$ の直交性より

$$\mathbf{T} \cdot \frac{d\mathbf{P}}{dt} = \frac{d\mathbf{T}}{dt} \cdot \mathbf{P}$$

を得る．よって，

$$V(t) = (\csc\theta)\frac{d\mathbf{T}(s)}{dt} \cdot \mathbf{P}(t)$$

$$= (\csc\theta)\frac{ds}{dt}\frac{d\mathbf{T}(s)}{ds} \cdot \mathbf{P}(t)$$

$$= (\csc\theta)\frac{ds}{dt}K(s)\mathbf{N}(s) \cdot \mathbf{P}_L(s)$$

となる．$\csc\theta > 0$ であり，$\dfrac{ds}{dt} > 0$ であり $K(s) > 0$ であるから，式 (12.2) は $\mathbf{N}(s) \cdot \mathbf{P}_L(s) > 0$ と同値である． ∎

次に，面素ベクトルが一意でないことを許し，曲面が C^2 級でないことを許すより強い命題を述べる．

系 12.6.8

なめらかに折られた折り線 $\mathbf{X}$ を考える．$\mathbf{X}$ の左側の直線面素において曲面が谷に曲がる必要十分条件は $\mathbf{N} \cdot \mathbf{P}_L > 0$ である．同様に，右側の曲面が山に曲がる必要十分条件は $\mathbf{N} \cdot \mathbf{P}_R > 0$ である．

証明：$\mathbf{X}(\bar{s})$ における直線面素を考える．定理 12.5.1 により，折り線はコーンフリーである．そのため，直線面素は，(1) 2 つの C^2 級の線織面の間にあるか，(2) 平面と C^2 級の線織面との間にあるかのどちらかである．

まず (1) の場合を考える．2 つの曲面を S^- および S^+ とする．錐直線面素がないから，S^- および S^+ は局所的に，曲線 $\mathbf{X}(s)$ のそれぞれ $s < \bar{s}$ および $s > \bar{s}$ の部分から出発する一意な直線面素によって作られている．そのとき，

$$\lim_{s \to \bar{s}^-} \mathbf{N}(s) \cdot \mathbf{P}_L(s) = \lim_{s \to \bar{s}^+} \mathbf{N}(s) \cdot \mathbf{P}_L(s) = \mathbf{N}(s) \cdot \mathbf{P}_L(s)$$

であり，$\mathbf{N}(s) \cdot \mathbf{P}_L(s) > 0$ であるとき，かつそのときにのみ，曲面 S^- および S^+ はどちらも谷折りに曲がる．

次に，(2) の場合を考える．対称性より，S^- が平坦で S^+ が C^2 級の線織面とする．そのとき，S^+ は局所的に，$\mathbf{X}(s)$ の $s > \bar{s}$ の部分から出発する一意な直線面素によって作られている．ゆえに，S^+，そして件の直線面素は，$\mathbf{N}(s) \cdot \mathbf{P}_L(s) > 0$ であるとき，かつそのときにの

み，谷折りに曲がる． ∎

定理 12.6.9

なめらかに折られた，曲線折り線 $\mathbf{X}$ を考える．$\mathbf{X}(\tilde{s})$ の凸側に端点をもつ直線面素は，折り線と同じ山谷付けをもち，$\mathbf{X}(\tilde{s})$ の凹側に端点をもつ直線面素は，折り線と反対の山谷付けをもつ．

証明：対称性から，紙の左側が凸であると考える（$\hat{k}(s) < 0$）．また，折り線は谷折りだと考える．すなわち，$(\hat{\mathbf{B}} \times \mathbf{P}_L) \cdot \mathbf{T} = (\mathbf{P}_L \times \mathbf{B}) \cdot \mathbf{T} > 0$ である．そのとき，接触曲面の表側法線は $\hat{\mathbf{B}} = -\mathbf{B}$ であり，それゆえ $\hat{\mathbf{N}} = -\mathbf{N}$ である．

ここで，

$$(\mathbf{P}_L \times \mathbf{B}) \cdot \mathbf{T} = (\mathbf{P}_L \times (\mathbf{T} \times \mathbf{N})) \cdot \mathbf{T}$$
$$= (\mathbf{T}(\mathbf{P}_L \cdot \mathbf{N}) - \mathbf{N}(\mathbf{P}_L \cdot \mathbf{T})) \cdot \mathbf{T} > 0$$

である．$\mathbf{P}_L \cdot \mathbf{T} = 0$ より，上記第 2 項は消える．それゆえ，$\mathbf{P}_L \cdot \mathbf{N} > 0$ であり，左側が谷に曲がっている． ∎

■直線面素でつながった折り線

ここで，直線面素でつながった 2 つの折り線を考える．定理 12.6.9 により，次が得られる．

系 12.6.10

直線面素でつながった 2 つのなめらかに折られた曲線折り線を考える．もし直線面素が両方の折り線の凹側，あるいは両方の折り線の凸側にあるならば，2 つの折り線の山谷付けは等しい．もし直線面素が一方の折り線の凹側かつ，もう一方の折り線の凸側にあるならば，2 つの折り線の山谷付けは反対である．

12.7 レンズテセレーション

この節では，これまでの節で得られた定性的な特徴づけを使って，レンズテセレーションの一般化版の直線面素を再構築する．

最初に，図 12.8 に描くように，**レンズテセレーション** を，$\ell(0) = \ell(1) = 0$ であるような，凸な C^2 級関数 $\ell : [0, 1] \to [0, \infty)$，水平オフセット $u \in [0, 1)$ および鉛直オフセット $v \in (0, \infty)$ を用いて，下記の折り線がなすものとして定義する．

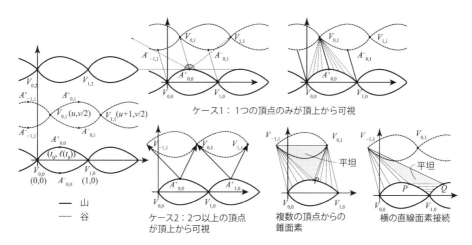

図 12.8　レンズテセレーションの直線面素の条件.

1. 山折り線 $\gamma_{i,2j}^{\pm} = \{(t+i, \pm\ell(t)+jv) \mid t \in [0,1]\}$ $(i,j \in \mathbb{Z})$
2. 谷折り線 $\gamma_{i,2j+1}^{\pm} = \{(1-t+i+u, \pm\ell(1-t)+(j+1/2)v)\} \mid t \in [0,1]\}$ $(i,j \in \mathbb{Z})$

頂点を，$V_{i,2j}=(i,jv)$ および $V_{i,2j+1}=(i+u,(j+1/2)v)$ をなす点とする．それぞれの頂点には4つの折り線がつながっている．

$\ell(t)$ は凸なので，単一の最大値 $\ell(t^*)$ を，ある点 $t=t^*$ にてもつ．$\gamma_{i,k}^{\pm}$ の頂上 $A_{i,k}$ を $t=t^*$ における点，すなわち $A_{i,2j}^{\pm}=(t^*+i, \pm\ell(t^*)+jv)$ および $A_{i,2j+1}^{\pm}=(1-t^*+i+u, \pm\ell(1-t^*)+(j+1/2)v)$ とする．

■ 必要条件

折り線上の点 $\mathbf{x}(s)$ を考える．折り線パターン（頂点または折り線）上の点 $\mathbf{y}$ は，$\mathbf{x}(s)$ から $\mathbf{x}$ の左方向（右方向）に可視であるとは，向き付きの線分 $\overrightarrow{\mathbf{x}(s)\mathbf{y}}$ が，$\mathbf{x}(s)$ の左方向（右方向）にあり，折り線パターンと共有点をもたないことをいう．もし，$\mathbf{x}(s)$ と $\mathbf{y}$ が直線面素の端点であるなら，当然互いに可視である必要がある．

定理 12.7.1

レンズテセレーションがなめらかに折ることができるためには，頂点 $V_{i,1}$ が，折り線 $\gamma_{0,0}^+$ のすべての点から凸方向に可視である必要がある．

証明：図 12.8 を参照せよ．系 12.4.7 より，$A_{0,0}^+$ から $\gamma_{0,0}^+$ の凸側に伸びる直線面素が存在する．この直線面素の反対側の端点 B は $A_{0,0}^+$ から $\gamma_{0,0}^+$ の凸方向に可視でなくてはならない．$A_{0,0}^+$ における $\gamma_{0,0}^+$ の接線は水平だから，可視である点 B は $\gamma_{i,1}^-$ および $V_{i,1}$ （ただし $i \in \mathbb{Z}$

155

の和集合上に存在しなくてはならない．系 12.6.10 により，B は谷折り線 $\gamma_{i,1}^-$ の相対的内部[†]
に存在することはできない．なぜならば，もし相対的内部にあったなら，この直線面素は山谷
の異なる折り線の凸側同士を結ぶこととなり矛盾するからである．それゆえ，B は，頂点 $V_{i,1}$
のいずれか（ただし $i \in \mathbb{Z}$）でなくてはならない．

　まず，$V_{n,1}$ のみが $A_{0,0}^+$ から $\gamma_{0,0}^+$ の凸方向に可視である場合を考える．そのとき，$A_{0,0}^+ V_{n,1}$
は直線面素でなくてはならない．対称性から，$V_{1,0} A_{n,1}^-$ も直線面素である．$\gamma_{0,0}^+$ の $A_{0,0}^+$ から
$V_{0,1}$ までの間の 1 点を考える．この点は，系 12.4.7 により，$\gamma_{0,0}^+$ の正の方向に直線面素をも
つ．この直線面素は，既存の直線面素 $A_{0,0}^+ V_{n,1}$ および $V_{1,0} A_{n,1}^-$ とは交わることはできない
ので，反対側端点は，$V_{n,1}$，$A_{n,1}^-$ もしくは曲線 $\gamma_{n,1}^-$ の $V_{n,1}$ と $A_{n,1}^-$ の間になくてはならな
い．系 12.6.10 により，実際に可能な直線面素は $V_{n,1}$ を頂点とする錐のみである．同様にして，
$\gamma_{0,0}^+$ 上の $V_{0,0}$ と $A_{0,0}^+$ の間の点から発せられる直線面素は，$V_{n,1}$ を反対側端点としなくては
ならない．それゆえ，$V_{n,1}$ は折り線 $\gamma_{0,0}^+$ 上のすべての点から凸方向に可視である必要がある．

　次に，2 つ以上の頂点 $V_{i,1}$ が頂上 $A_{0,0}^+$ から $\gamma_{0,0}^+$ の凸方向に可視である場合を考える．矛
盾を導くため，曲線 $\gamma_{0,0}^+$ 上のすべての点から可視な共通の頂点が存在しないものとする．前述
のケースと同様に，頂上 $A_{0,0}^+$ といくつかあるうちの 1 つの頂点 $V_{n,1}$ の間に直線面素が存在す
る．しかし上述の仮定より，$\gamma_{0,0}^+$ 上の別の点からは $V_{n,1}$ が可視でないと考える．なお，対称
性からこの点は $A_{0,0}^+$ の右側に存在するものと考える．$\gamma_{0,0}^+$ 上の点を $A_{0,0}^+$ から右にたどった
とき，この点から発せられる直線面素の反対側端点は $V_{n,1}$ から別の点へ遷移する瞬間がある．
遷移する反対側端点の候補は，(a) $m > n$ なる別の頂点 $V_{m,1}$，あるいは，(b) 1 つ横にある折
り線 $\gamma_{1,0}^+$ 上の点であり，この遷移点 P は $\gamma_{0,0}^+$ の相対的内部に存在する（図 12.8 を見よ）．

　この遷移点 P における直線面素は，2 つ以上存在することとなる．定理 12.5.1 により P は
錐の頂点ではないので，この 2 つの直線面素の間には平面領域が張られている．具体的には，
(a) の場合には，三角形 $PV_{n,1}V_{m,1}$ は平坦であり，なおかつ $\gamma_{n,1}^-$ をすべて含むこととなる．
これは，$\gamma_{n,1}^-$ において，折り線が折れているという事実（すなわち折り線 $\gamma_{n,1}^-$ において C^1 で
ないこと）と反する．(b) の場合には Q を $\gamma_{1,0}^+$ 上の端点とおけば，三角形 $PQV_{n,1}$ は平坦で
ある．この三角形は，折り線 $\gamma_{n,1}^-$ と交差することはできない．交差するならば，折り線 $\gamma_{n,1}^-$
が折れているとの事実に反するからである．とくに，曲線 $\gamma_{n,1}^-$ は線分 $V_{n,1}V_{0,1}$（三角形領域
から始まる）と交わらない．ここで，$\gamma_{1,0}^+$ は $\gamma_{n,1}^-$ を $180°$ 回転させて，$V_{n,1}$ を $V_{0,1}$ に重ねた
ものであるから，対称性から曲線 $\gamma_{1,0}^+$ も同じ線分 $V_{n,1}V_{0,1}$ に交わることができない．それゆ
え，この線分は線分 $V_{n,1}V_{0,0}$ と同様に端点が互いに可視である線分である．レンズは凸である
から，$V_{n,1}$ は $\gamma_{1,0}^+$ のすべての点から可視である．すなわち，曲線 $\gamma_{0,0}^+$ から可視な共通の頂点
が存在することとなり，仮定と反する．　∎

■存在および十分条件

　最後に定理 12.7.1 の条件は，十分条件でもあることを証明する．

[†] 訳注：曲線の端部を除いた点の集合のこと．

> **定理 12.7.2**
>
> レンズテセレーションは，折り線 $\gamma_{0,0}^+$ 上のすべての点から凸方向に可視である頂点 $V_{i,1}$ が存在すれば，なめらかに折ることができる．

証明：まず単一の「ガジェット」$(i,j)=(0,0)$ を構築する．図 12.9 を参照せよ．u に適当な整数を足すことで，頂上 $A_{0,0}^+$ から可視な頂点を $V_{0,1}$ とすることができる．2 次元においては，このガジェットは直線面素でできた四辺形で囲まれた凧型をしており，四辺形の頂点座標は，$V_{0,0}=(0,0)$，$V_{0,-1}=\left(u,-\frac{1}{2}v\right)$，$V_{1,0}=(1,0)$，$V_{0,1}=\left(u,\frac{1}{2}v\right)$ である．この凧型モジュールは，折り線によって上部の翼の U，真ん中のレンズ M，下部の翼 L の 3 つの部分に分けられる．ここで M の直線面素は y 軸に平行であると考える．すなわち，M のすべての直線面素は t をパラメータとして，$(t, \ell(t))$–$(t, -\ell(t))$ として表せる．（この仮定が成り立たない折り状態は存在するかもしれないが，ここでは十分性を証明するのに少なくとも 1 つの折り状態を作ることを目的としている．）さらに，同じパラメータ t を用いて，U は $V_{0,1}$–$(t,\ell(t))$ 間の錐直線面素で構成され，L は $V_{0,-1}$–$(t,-\ell(t))$ 間の錐直線面素で構成される．

M の折り状態 $f(M)$ は平行な直線面素によって柱面となる．折られた形状においても，直線面素が y 軸と平行となり，$\overrightarrow{f(V_{0,0})f(V_{1,0})}$ が x 軸の正の方向を向くように配向する．そのとき，$f(M)$ の xz 平面への直投影は 1 つの曲線であり，これを γ とするなら，M 上の t における直線面素は曲線上の点 $\gamma(t)$ に対応する．このとき t は曲線 γ の弧長パラメータとなる．

さらに，折り状態は $\overrightarrow{f(V_{0,0})f(V_{1,0})}$ を通り，xz 平面に平行な平面に対して鏡映対称であるものと仮定する．$f(V_{0,-1})$ と $f(V_{0,1})$ の間の距離は v^* で表す．ここで $0<v^*<v$ である．v^* が v に十分に近ければ，与えられた v^* をもつ正しい折り状態が存在することを示す．

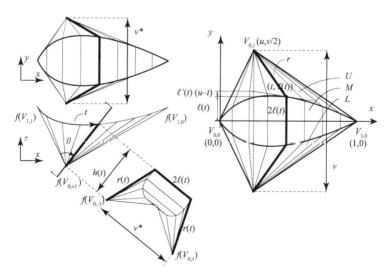

図 **12.9** 凧型モジュール構造．

パラメータ t における，U, M, L の直線面素とその折り状態を考える．このとき，対称性の仮定から，この3つの線分は平面上のポリラインを構成し，このポリラインに線分 $f(V_{0,-1})$–$f(V_{0,1})$ を加えると下底の長さが v^* で上底の長さが $2\ell(t)$ の等脚台形をなす．等脚台形の脚の長さは，U と L の直線面素の長さであり，これは展開図から，$r(t) = \sqrt{(u-t)^2 + (v/2 - \ell(t))^2}$ と計算される．$0 < v^* < v \le 2\ell(t) + 2r(t)$ であるため，このような台形は存在する．台形の高さ $h(t)$ は次のように得られる．

$$h(t) = \sqrt{(v - v^*)\left(\frac{v + v^*}{4} - \ell(t)\right) + (t - u)^2}$$

次に，この台形の xz 平面への投影を考える．投影は線分であり，その端点は，$V_{0,1}$ の投影と $\gamma(t)$ であり，この長さは $h(t)$ である．下記の2つの補題を用いて γ を解く．∎

補題 12.7.3

弧長でパラメータ化された展開図上の折り線 $\mathbf{x}(s)$ が，片側に一意な直線面素をもちそれらが共通の点 $\mathbf{a}$ を通るとき，埋め込み $\mathbf{f}$ が正しい折り状態であるための必要十分条件は，折り状態の折り線 $\mathbf{X} = \mathbf{f} \circ \mathbf{x}$ がやはり弧長でパラメータ化されており，かつ直線面素 $\mathbf{a}$–$\mathbf{x}(s)$ が直線面素 $\mathbf{A}$–$\mathbf{X}(s)$ と等長となることである．ただし，$\mathbf{A} = \mathbf{f} \circ \mathbf{a}$ である．

証明：必要条件は自明であるから，十分性を証明する．写された折り線は，弧長 s でパラメータ化され，すなわち $\left\|\dfrac{d\mathbf{X}(s)}{ds}\right\| = \left\|\dfrac{d\mathbf{x}(s)}{ds}\right\| = 1$ であり，また，直線面素の長さ $L(s)$ は折り状態とその前とで等しい．すなわち $L(s) = \|\mathbf{x}(s) - \mathbf{a}\| = \|\mathbf{X}(s) - \mathbf{A}\|$ である．錐の頂点から平面における曲線に向かう直線面素の単位ベクトルを $\mathbf{r}(s)$ とする．すなわち，$\mathbf{r}(s) = (\mathbf{x}(s) - \mathbf{a})/L(s)$ とする．同様に，写された状態での単位直線面素ベクトルを $\mathbf{R}(s) = (\mathbf{X}(s) - \mathbf{A})/L(s)$ とする．弧長 s と半径 ℓ を用いた座標系を考える．

折り線と点で張られる錐部分はどの点においても一意に面素付けされているので，(s, ℓ) は錐の上の点を一意に表す．平面上での点 (s, ℓ) は $\mathbf{a} + \ell\mathbf{r}(s)$ に対応し，$\mathbf{A} + \ell\mathbf{R}(s)$ に写される．t を弧長として，$(s(t), \ell(t))$ で表されるような C^1 級の任意の平面曲線 $\mathbf{y}(t)$ を考え，この写された状態 $\mathbf{Y}(t)$ と等長となることを証明する．ここで，$\mathbf{y}(t) = \mathbf{a} + \ell(t)\mathbf{r}(s(t))$ の全微分は下記のとおりである．

$$\frac{d\mathbf{y}}{dt} = \frac{\partial\mathbf{y}}{\partial s}\frac{ds}{dt} + \frac{\partial\mathbf{y}}{\partial \ell}\frac{d\ell}{dt} = \ell\frac{d\mathbf{r}}{ds}\frac{ds}{dt} + \mathbf{r}\frac{d\ell}{dt}$$

ここで，自分自身との内積をとると

$$\left\|\frac{d\mathbf{y}}{dt}\right\|^2 = \ell^2\left\|\frac{d\mathbf{r}}{ds}\right\|^2\left(\frac{ds}{dt}\right)^2 + 2\ell\frac{d\mathbf{r}}{ds} \cdot \mathbf{r}\left(\frac{ds}{dt}\right)\left(\frac{d\ell}{dt}\right) + \|\mathbf{r}\|^2\left(\frac{d\ell}{dt}\right)^2$$

$$= \ell^2\left\|\frac{d\mathbf{r}}{ds}\right\|^2\left(\frac{ds}{dt}\right)^2 + \left(\frac{d\ell}{dt}\right)^2$$

となる．ただしここで，$\mathbf{r} \cdot \mathbf{r} = 1$ および $2\dfrac{d\mathbf{r}}{ds} \cdot \mathbf{r} = \dfrac{d}{ds}(\mathbf{r} \cdot \mathbf{r}) = 0$ を用いた．

$L(s)\mathbf{r}(s) = \mathbf{x}(s) - \mathbf{a}$ であるから，微分すると下記を得る．

$$L\frac{d\mathbf{r}}{ds} + \frac{dL}{ds}\mathbf{r} = \frac{d\mathbf{x}}{ds}$$

自身との内積をとると

$$L^2\left\|\frac{d\mathbf{r}}{ds}\right\|^2 + \left(\frac{dL}{ds}\right)^2 = \left\|\frac{d\mathbf{x}}{ds}\right\|^2 = 1$$

となる．ここでもまた $\dfrac{d\mathbf{r}}{ds} \cdot \mathbf{r} = 0$ および $\mathbf{r} \cdot \mathbf{r} = 1$ を用いた．それゆえ，

$$\left\|\frac{d\mathbf{y}}{dt}\right\|^2 = \frac{\ell^2}{L^2}\left(1 - \left(\frac{dL}{ds}\right)^2\right)\left(\frac{ds}{dt}\right)^2 + \left(\frac{d\ell}{dt}\right)^2$$

である．写された曲線 $\mathbf{Y}(t)$ は $\mathbf{Y}(t) = \mathbf{A} + \ell(t)\mathbf{R}(s(t))$ で定義される．そこで，

$$\left\|\frac{d\mathbf{Y}}{dt}\right\|^2 = \frac{\ell^2}{L^2}\left(1 - \left(\frac{dL}{ds}\right)^2\right)\left(\frac{ds}{dt}\right)^2 + \left(\frac{d\ell}{dt}\right)^2$$

となる．同様に，$\mathbf{R} \cdot \mathbf{R} = 1$，$\dfrac{d\mathbf{R}}{ds} \cdot \mathbf{R} = 0$，および $\left\|\dfrac{d\mathbf{X}}{ds}\right\|^2 = 1$ を用いた．ゆえに，$\left\|\dfrac{d\mathbf{y}}{dt}\right\|^2 = \left\|\dfrac{d\mathbf{Y}}{dt}\right\|^2 = 1$ であり，この写像は（内在的に）等長である． ∎

柱面に対しても同様の論法が成り立つ．

補題 12.7.4

弧長でパラメータ化された展開図上の折り線 $\mathbf{x}(s)$ が，片側に一意で，$\mathbf{r}$ に平行な直線面素をもち，$\mathbf{r}$ が $\mathbf{c}$ に直交するとき，埋め込み $\mathbf{f}$ が正しい折り状態であるための必要十分条件は，折り状態の折り線 $\mathbf{X} = \mathbf{f} \circ \mathbf{x}$ がやはり弧長でパラメータ化されており，$\mathbf{x}(s)$ から $\mathbf{c}$ に垂直な直線面素が，$\mathbf{X}(s)$ から平面曲線 $\mathbf{C}$ に垂直に引かれた直線面素に等長写像されることである．ただし，$\mathbf{C} = \mathbf{f} \circ \mathbf{c}$ である．

証明：必要条件は自明であるから，十分性を証明する．写された折り線は，弧長 s でパラメータ化され，すなわち $\left\|\dfrac{d\mathbf{X}(s)}{ds}\right\| = \left\|\dfrac{d\mathbf{x}(s)}{ds}\right\| = 1$ であり，また，直線面素の長さ $L(s)$ は折り状態とその前とで等しい．すなわち $L(s) = \|\mathbf{x}(s) - \mathbf{c}(s)\| = \|\mathbf{X}(s) - \mathbf{C}(s)\|$ である．$\mathbf{c}(s)$ から $\mathbf{x}(s)$ への直線面素の単位ベクトルを $\mathbf{r}(s)$ とする．すなわち，$\mathbf{x}(s) = \mathbf{c}(s) + L(s)\mathbf{r}$ とする．同様に，写された状態での単位直線面素ベクトルを $\mathbf{X}(s) = \mathbf{C}(s) + L(s)\mathbf{R}$ とする．弧長 s と直線面素に沿った長さ ℓ を用いた座標系を考える．

折り線と曲線で張られる部分はどの点においても一意に面素付けされているので，(s, ℓ) は柱面の上の点を一意に表す．平面上での点 (s, ℓ) は $\mathbf{c}(s) + \ell\mathbf{r}$ に対応し，$\mathbf{C}(s) + \ell\mathbf{R}$ に写され

159

る. t を弧長として, $(s(t), \ell(t))$ で表されるような C^1 級の任意の平面曲線 $\mathbf{y}(t)$ を考え, この写された状態 $\mathbf{Y}(t)$ と等長となることを証明する. ここで, $\mathbf{y}(t) = \mathbf{c}(t) + \ell(t)\mathbf{r}$ の全微分は下記のとおりである.

$$\frac{d\mathbf{y}}{dt} = \frac{\partial \mathbf{y}}{\partial s}\frac{ds}{dt} + \frac{\partial \mathbf{y}}{\partial \ell}\frac{d\ell}{dt} = \frac{d\mathbf{c}}{ds}\frac{ds}{dt} + \mathbf{r}\frac{d\ell}{dt}$$

このとき,

$$\left\|\frac{d\mathbf{y}}{dt}\right\|^2 = \left\|\frac{d\mathbf{c}}{ds}\right\|^2\left(\frac{ds}{dt}\right)^2 + 2\frac{d\mathbf{c}}{ds}\cdot\mathbf{r}\left(\frac{ds}{dt}\right)\left(\frac{d\ell}{dt}\right) + \|\mathbf{r}\|^2\left(\frac{d\ell}{dt}\right)^2$$
$$= \left\|\frac{d\mathbf{c}}{ds}\right\|^2\left(\frac{ds}{dt}\right)^2 + \left(\frac{d\ell}{dt}\right)^2$$

ここで, $\mathbf{r}\cdot\mathbf{r} = 1$ および $\dfrac{d\mathbf{c}(s)}{ds}\cdot\mathbf{r} = 0$ を用いた. 次に $L(s)\mathbf{r} + \mathbf{c}(s) = \mathbf{x}(s)$ を微分して

$$\frac{d\mathbf{c}}{ds} + \frac{dL}{ds}\mathbf{r} = \frac{d\mathbf{x}}{ds}$$

を得る. 内積により,

$$\left\|\frac{d\mathbf{c}}{ds}\right\|^2 + \left(\frac{dL}{ds}\right)^2 = \left\|\frac{d\mathbf{x}}{ds}\right\|^2 = 1$$

を得る. ここでは再度 $\dfrac{d\mathbf{c}}{ds}\cdot\mathbf{r} = 0$ および $\mathbf{r}\cdot\mathbf{r} = 1$ を用いた. それゆえ

$$\left\|\frac{d\mathbf{y}}{dt}\right\|^2 = \left(1 - \left(\frac{dL}{ds}\right)^2\right)\left(\frac{ds}{dt}\right)^2 + \left(\frac{d\ell}{dt}\right)^2$$

である. 3 次元に写された曲線 $\mathbf{Y}(t)$ は $\mathbf{Y}(t) = \mathbf{C}(s) + \ell(t)\mathbf{R}$ で定義されるので,

$$\left\|\frac{d\mathbf{Y}}{dt}\right\|^2 = \left(1 - \left(\frac{dL}{ds}\right)^2\right)\left(\frac{ds}{dt}\right)^2 + \left(\frac{d\ell}{dt}\right)^2$$

となる. ここで, 同様に $\mathbf{R}\cdot\mathbf{R} = 1$, $\dfrac{d\mathbf{C}}{ds}\cdot\mathbf{R} = 0$ および $\left\|\dfrac{d\mathbf{X}}{ds}\right\|^2 = 1$ を用いた. それゆえに, $\left\|\dfrac{d\mathbf{y}}{dt}\right\|^2 = \left\|\dfrac{d\mathbf{Y}}{dt}\right\|^2 = 1$ であり, 写像は内在的等長である. ∎

　補題 12.7.3 および 12.7.4 より, 折り状態の存在を示すには, 折られた状態において, $V_{0,1}$ と $f(\gamma(t))$ の距離が常に $r(t)$ であり, xz 平面からの距離が常に $\ell(t)$ となるように折り線の折り状態 $f(\gamma)$ を構築すればよい. 曲線の $\gamma(t)$ の xz 平面への投影を見ると, 上記の構築は極座標 $(\theta(t), h(t))$ $(\theta \in \mathbb{R})$ で表される曲線が (i) 弧長が t であり, (ii) $\theta(t)$ が単調な関数 (自己交差を防ぐため) となるように構築することと同値である. 条件 (i) により下記の微分方程式を得る.

$$1 = h^2\left(\frac{d\theta(t)}{dt}\right)^2 + h'(t)^2$$

条件 (ii) は $0 < \dfrac{d\theta(t)}{dt}$ および $h(t) > 0$ を与えるので，微分方程式は

$$\frac{d\theta(t)}{dt} = \frac{1}{h(t)}\sqrt{1 - \left(\frac{dh(t)}{dt}\right)^2}$$

となり，$t \in (0,1)$ で $\left(\dfrac{dh(t)}{dt}\right)^2 \leq 1$ であるとき，かつそのときにのみ，解

$$\theta(t) = \int_0^t \frac{1}{h(t)}\sqrt{1 - \left(\frac{dh(t)}{dt}\right)^2}\, dt$$

を得る．条件 (ii) と合わせて，解の存在条件は $\left(\dfrac{dh(t)}{dt}\right)^2 < 1$ であり，

$$\left(\frac{dh(t)}{dt}\right)^2 = \frac{\left[(t-u) - \frac{1}{2}(v-v^*)\ell'(t)\right]^2}{(t-u)^2 + (v-v^*)\left[\frac{1}{4}(v+v^*) - \ell(t)\right]} < 1$$

であり，これは，

$$-\frac{1}{4}(v-v^*)\left[1 + \left(\frac{d\ell(t)}{dt}\right)^2\right] + \left[\frac{1}{2}v - \left(\ell(t) + \frac{d\ell(t)}{dt}(u-t)\right)\right] > 0$$

と同値である．$\ell(t) + \dfrac{d\ell(t)}{dt}(u-t)$ は t における $\gamma_{0,0}^+$ の接線と $V_{0,1}$ を通る鉛直線との交点の y 座標を表すから，$\dfrac{v}{2} - \left(\ell(t) + \dfrac{d\ell(t)}{dt}(u-t)\right)$ は常に正である．さらに，$1 + \left(\dfrac{d\ell(t)}{dt}\right)^2$ も正であるから，条件は，

$$v - v^* < \frac{4\left[\dfrac{v}{2} - \left(\ell(t) + \dfrac{d\ell(t)}{dt}(u-t)\right)\right]}{1 + \left(\dfrac{d\ell(t)}{dt}\right)^2}$$

となる．$v_{\lim}^* < v$ を

$$v - v_{\lim}^* = 4\left[\frac{v}{2} - \left(\ell(t) + \frac{d\ell(t)}{dt}(u-t)\right)\right] \bigg/ \left[1 + \left(\frac{d\ell(t)}{dt}\right)^2\right]$$

と定義すれば，$v^* \in (v_{\lim}^*, v)$ に対応する連続解が存在する．

　凧型ガジェット 1 つが折れたので，次に，ガジェットをタイリングし，全体の折り線パターンの折り状態を得る．ここで，配向済みの折り状態のモジュールは，小さい折り

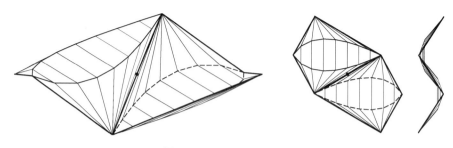

図 12.10 凧型構造の接続.

角においては xy 平面への投影が凧型となることを用いる.

配向済みの折り状態のモジュールを，その境界エッジの中点で反転させ，表と裏の法線方向を反転させたものを考える（図 12.10）．xy 平面への直投影で考えると，この反転は凧型の辺の中点周りの 180° 回転に対応するので，平面をテセレーションすることができる．それゆえ，とくにモジュールのコピー同士が交差することもない．

それぞれの境界エッジはこの 3 次元中の反転によって自分自身に写されるので，このテセレーションは 3 次元空間上でも隙間がない．さらに境界エッジは直線面素上にあるため，それぞれのエッジ上で表面の法線方向は一定である．この表面の法線方向は反転操作で反転し，さらに表裏を反転するため，結局，もとのベクトルに戻るので，2 つのモジュールの対応する点の法線方向が合致する．それゆえ，モジュール間で共有される境界エッジは折り目がない状態である．さらに，この連続なテセレーションが実際に切れ目のない 1 枚の紙からできていることをいうためには，同じタイリング操作を展開図上でも行えばよい．つまり，展開したモジュールは凧型であり，折り状態と同じ接続関係および内在的幾何をもった状態で平面をタイリングする．それゆえ，平面全体は，タイリングされた折り状態に折ることができる． ∎

12.8 まとめ

曲線折り紙の一般理論を得ることにはまだほど遠い．しかし，この研究で構築した道具立ては，より多くの曲線折り紙の設計と解析を可能にし，今後の曲線折り紙の数学理論の礎として機能するものと期待している．

謝辞

E. D. Demaine および M. L. Demaine は NSF ODISSEI grant EFRI-1240383 および NSF Expedition grant CCF-1138967 の支援を受けている．D. Koschitz は本研究を MIT で行った．舘知宏は JST さきがけプログラムの支援を受けている．

第 3 著者の成果へのアクセスと Huffman の名前で本研究を続けることを許諾いただいた Huffman 氏のご家族に感謝する．

13
ねじり折りテセレーションの新しい表記法

Thomas R. Crain
加藤優弥, 三谷純 [訳]

◆本章のアウトライン
本章は, ねじり折りを記述するための新しい理論を提案している. 格子（グリッド）上でのねじり折りを考え, ねじり折りを構成するユニットや, それらの相互関係を正確に説明するための命名法を提案する. この命名法を用いて, ねじり折りテセレーションの 2 つの例について議論する.

13.1　はじめに

　ねじり折りテセレーションに関する問題の研究が進む中で, それを説明し考えるための用語は存在しないか, 曖昧で不正確であることが明らかになってきている. たとえば, "square twist" という用語は実際には無数の多様な "square twist" に対して使われている. ねじり折りユニット 1 つひとつとそれらの相互関係を示すために, 展開図を用いることもできる[Gjerde 09]. しかし, 常に図を描かなければならず, 展開図そのものを数値解析に利用することは簡単ではない. そのため, ねじり折りユニットやそれらの関係を説明するための言語が必要とされている.

　ねじり折りテセレーションでは, ねじり折りがすべて紙の片面にあるか, または両面にあるかによってパターンの変化が起きる. また, ねじり折りの中心に多角形を作り出すために用いられる山折りと谷折りの組合せによって, ねじり折りユニットは異なるものになる. 本章で述べる手法の範囲は, ねじり折りユニットがすべて紙の同じ面にあり, ねじり折りの中心に位置する多角形の辺がすべて山折りであるものに限定される.

　本章では, ねじり折りユニットやそれらの相互関係を正確に説明するための命名法を提案する. 通常, ねじり折りテセレーションは格子状に折り畳まれるため, この命名法では格子単位で大きさや間隔を表す. 命名法の導入後, それらを用いた 2 つの例について議論する.

13.2　ねじり折りユニット

　通常, ねじり折りの設計では, 最初に正方形または三角形の格子状に折り線の入った

163

紙を使用する．多角形の頂点は格子上の点と一致するように折る．一般的には，多角形の辺は格子上の線に必ずしも重ならない．多角形の辺を折り出した後に，多角形は平面になるようにねじられる．ねじり折りの結果，多角形の各頂点から紙の端または別の多角形の頂点まで伸びるプリーツが生成される．プリーツの幅は折り込まれた具体的なユニットの種類に依存する．

■ ユニットのパラメータ

ねじり折りユニットを考えるにあたって，種類，サイズ，プリーツの幅，ねじり方向という 4 つのパラメータが存在する．最初の 3 つのパラメータを表すため，英数字の記号 U_PN を構成する．U がユニットの種類，P がプリーツの幅，N がユニット数（ユニットの大きさ）を表す．下付き文字の P を省略すると，プリーツの幅が 1 であることを示す．

ねじり方向（時計回りまたは反時計回り）は，最初のユニットがある向きにねじられるとそれ以降のすべてのユニットのねじり方向が決まってしまう（接続する 2 つのユニットはねじり方向が逆向きになる）ため，ほとんど不必要なパラメータである．通常，最初の多角形のねじり方向は多角形がどのように格子上に配置されているかで決まるが，どちらの方向へもねじることができる多角形もある．しかし，ねじり方向は鏡像のパターンに構成できるという点で，プロジェクト全体のデザインに大きな影響を与えるため，ねじり方向を示すことが望まれる場合には，反時計回りをプラス記号 (+) で，時計回りをマイナス記号 (−) で示すものとする．

■ 三角格子ユニット

三角格子とともに用いられる最も一般的な多角形は，正六角形 (H)，正三角形 (T)，菱形 (R) である．図 13.1 の上側は異なる大きさのユニット展開図を示している．いずれも P = 1 である．ユニット数（ユニットの大きさ）は次のように決定される．多角形の頂点が格子点に乗るようにして，可能な限り小さい多角形をもつユニットの展開図を描く．その際，この展開図が平らに折れるかどうかは関係ない．この最小のユニットのユニット数は 0 である．H0 は平らに折ることができるが，T0 と R0 はできない．ユニット数 1 の展開図は，図 13.1 を参照して，この多角形の次に小さいユニットを描くことで得られる．三角格子上では，隣接する 2 つの三角形が菱形を作ることから，ユニット数 1 は菱形の長いほうの対角線が基準となることに注意する．これらすべてのユニット数 1 のユニットの展開図は平らに折ることができる．T1 と R1 の裏側は閉じていて，H1 の裏側は開いている．三角格子上で，ユニット数をどのように決めるかを，図 13.1 （下）で六角形を例に示す．ユニット数を決めるためには，ユニットの多角形の辺が，いくつの菱形を横切るか数える．図 13.1 の下側の 2 つの多角形は H2 ユニットであり，それぞ

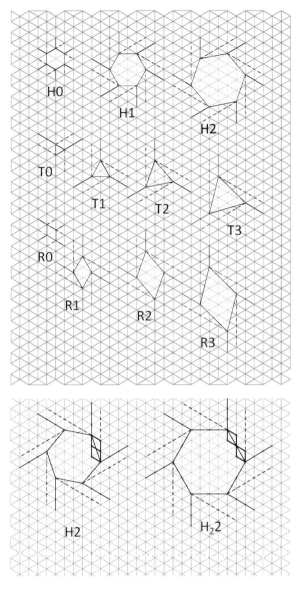

図 13.1 三角格子上の一般的なユニット（上），ユニット数決定の例（下）．

れプリーツ幅が異なる．ユニット数は辺の長さに相等し，同じユニット数と添え字（プリーツ幅）をもつねじり折りユニットは同じ長さの辺をもつことがわかる．

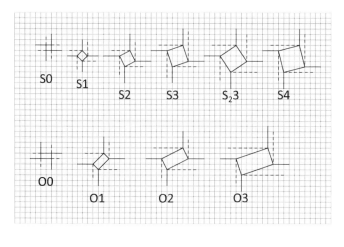

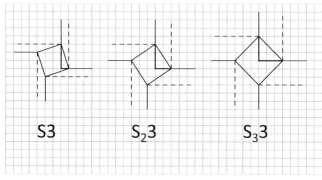

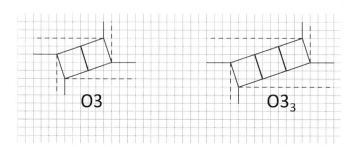

図 **13.2** 正方格子上の一般的なユニット（上），ユニット数決定の例（中段），長辺のプリーツの幅の計算（下）．

■ **正方格子ユニット**

　正方格子とともに用いられる最も一般的な多角形は，正方形 (S) と長方形 (O) である．図 13.2 の上側にそれらの例をいくつか示す．ユニット数を定める際に，長方形は正方形の集まりであると考えるとよい．正方格子多角形に関して，ユニット数は次のように決

定される．ユニット数が0の展開図は，可能な限り小さい多角形をもつユニットの展開図を描くことで得られる．その際，多角形の頂点が格子点に乗るようにする．三角格子ユニットのときと同様に，多角形が平らに折れるかどうかは関係ない．S0もO0も平らに折ることはできない．S1の展開図は，この多角形の次に小さいユニットを描くことで得られる．O1は，S1を2つ結合させる．S1は平らに折ることができるが，O1はできない．正方形または長方形ユニットのユニット数を決定する方法を，図13.2（中段）で説明する．正方形や長方形のユニット数を得るために，斜辺が正方形の辺や長方形の短辺に重なるような直角三角形を構成する．その直角三角形の斜辺以外の長辺の格子単位がその多角形のユニット数である．構成された直角三角形が二等辺である場合は，どちらの辺の長さでも構わない．短辺の格子単位がプリーツの幅であることに注意する．構成された直角三角形が二等辺である場合，ユニット数とプリーツの幅は同じである．三角格子上のユニットのときと同様に，添え字(P)はP > 1の場合にのみ記述する．

　長方形の長辺のプリーツ幅はさらに議論が必要である．ねじり折りの長方形は，正方形が結合したものだと考える（図13.2（下）を参照）．長方形のユニット数は，平らに折る前にその長方形が含む可能性のある隣接した正方形のユニット数の最大値を示す．標準長方形は，隣接する2つの正方形で構成される．標準長方形でないものは，隣接する正方形の数を示す添え字を付加することで表す（例：$O3_3$）．長辺のプリーツ幅P_Lは，隣接する正方形A，短辺のプリーツ幅P_Sを定め，$P_L = AP_S$を計算して求める．

■ユニットの相互関係

　ねじり折りの設計で，最初のユニットが配置されると，プリーツが多角形の各頂点から紙の端まで伸びる．次の多角形が配置されると，もとの多角形から伸びるプリーツの1つが新しい多角形の頂点で終了し，プリーツがフラップになる（図13.8参照）．結合している多角形の頂点間の距離は，格子単位で表されるユニット間隔Iである．I ≥ 1の場合は台形のフラップを形成し，I = 0の場合は三角形のフラップを形成する．多角形が他の多角形と結合するたびにフラップが形成される．

■要約

　ここまで，基本的なねじり折りユニットを導入し，ユニット数，プリーツ幅を定める方法を議論してきた．4つのパラメータにユニット間隔を加え，本章の主題であるねじり折りテセレーションを定義する5つのパラメータを導入した．これらのパラメータを表13.1に示す．

プリーツの幅	P
ユニット間隔	I
ユニットの種類	H, T, R, S, O, etc.
ユニット数	N
ねじり方向	+, −

表 **13.1** ねじり折りテセレーションのパラメータ．

13.3 パターンの解析

ねじり折りテセレーションのパターンを解析し，そのパターンを拡張して異なるバリエーションを発見することが，新しい命名法を開発することの動機である．まず，その対象となったパターンは，藤本[Fujimoto 76]によって提案された，3.6.3.6 テセレーションである．それはバスケット状の美しい織りパターンを生成する．このパターンの作者によるオリジナル版を図 13.3（左）に示す．3.6.3.6 テセレーションは，三角形と六角形で構成され，さまざまな大きさのねじり折りユニットを用いて，異なる効果を達成できる．織りの間隔が広く，三角形の形が見て取れるような，藤本のテセレーションに類似したパターンを生成することが望まれた．さまざまな組合せによる試行の失敗の後，まだ試していない組合せの列挙を試みたが，その段になって，ユニットのさまざまな大きさを表現するための用語がないという問題が生じた．その後，命名法が開発され，それまでの試行が列挙され，図 13.3（右）に示すような，望んでいた組合せが発見された．

図 **13.3** バスケットの美しい折り込みパターン．オリジナルパターン（左），所望のパターン（右）．

そして，バスケット織りのパターンを生成する他の組合せが存在するかが検討された．さまざまな組合せが試行され，成功したものも失敗したものもあった．成功した組合せが十分に発見されると，あるパターンが現れた．このパターンは無数の組合せがバスケット織りを生成することを明らかにした．実際には，これらの組合せのほんの少数だけが折り込み可能である．表 13.2 に，バスケット織りパターンを生成する六角形 (H)，三角形 (T)，プリーツ幅 (P)，ユニット間隔 (I) のさまざまな組合せに関する関係規則を示す．表 13.2 の結果はねじり折りテセレーションのパターンを解析する新しい命名法の有効性を示す一例である．

	P:	正の整数				
	I:	(P の倍数) > 0				
	H:	(P の倍数) $\geq$ I				
	T:	$H - I + P$				
P1,I1:	H1,T1	P2,I2:	H2,T2	P3,I3:	H3,T3	$\rightarrow$
	H2,T2		H4,T4		H6,T6	$\rightarrow$
	H3,T3		H6,T6		H9,T9	$\rightarrow$
	…,…		…,…		…,…	
P1,I2:	H2,T1	P2,I4:	H4,T2	P3,I6:	H6,T3	$\rightarrow$
	H3,T2		H6,T4		H9,T6	$\rightarrow$
	H4,T3		H8,T6		H12,T9	$\rightarrow$
	…,…		…,…		…,…	
P1,I3:	H3,T1	P2,I6:	H6,T2	P3,I9:	H9,T3	$\rightarrow$
	H4,T2		H8,T4		H12,T6	$\rightarrow$
	H5,T3		H10,T6		H15,T9	$\rightarrow$
	…,…		…,…		…,…	
						$\rightarrow$
↓ ↓ ↓		↓ ↓ ↓		↓ ↓ ↓		$\rightarrow$
						↓ ↓

表 **13.2** バスケット折り込みのパターンを折るための関係規則．この表の各セルは，どこまでも右と下に拡張できる．

13.4 構造式

ねじり折りテセレーションには，基本的な設計要素がある．これを繰り返し折り，相互に連結させ，所望するデザインを生成する．この基本的な設計要素は分子と呼ばれる．化学において分子が構造式によってどう表されているかを参考に，こういった構造式がねじり折りテセレーションに対してどのように適用できるかを検討した．構造式がすべてのパラメータの情報を含み，ねじり折りテセレーションを織る方法の基本知識を理解できれば，パターンやそれに付随するテキストなしにねじり折りテセレーションが再現

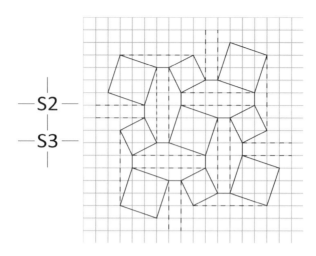

図 13.4 構造式と正方格子上の簡単なパターンを示す展開図.

可能となるはずである.

■ 構造式の解釈

図 13.4 から図 13.7 は，それらが示す展開図に対応する構造式を示している．これまでに議論したように，3 つのパラメータ（ユニットの種類，ユニットの大きさ，プリーツの幅）を基本記号として表す．構造式は，この基本記号にユニット間隔（すなわち，ユニット同士の距離を表す格子単位数）を示す線を追加しただけである．ある多角形ユニットにはそれぞれの数だけ線を接続できる箇所がある．単線は隣接する多角形の頂点間に 1 格子単位の間隔があることを示し（I = 1），2 重線は 2 格子単位の間隔があることを示す（I = 2）．ここで，文字がついている棒に注目する．菱形（R）の場合，鋭角頂点（a）との接続と，鈍角頂点（o）との接続を文字によって区別する．長方形（O）の場合，短辺（s）の頂点との接続と長辺の頂点との接続（すなわち，台形フラップを形成する際，短辺または長辺が関与する接続）を区別する．I > 2 の場合，多重の線を使用することもあるが，I の値を示すために数字を付加することもある．I = 0 の場合，線に 0 が付加される．

図 13.4 は 2 つの異なる大きさの正方形ユニットを使用するパターンを示す．この構造式では（他のすべての構造式も同様であるが），特定の種類の頂点の接続が 1 つしか示されていない．この場合，同じ種類の頂点はすべて同様になることを意味する．このパターンは S2 と S3 を用いている．それぞれの S2 の頂点は S3 の頂点と接続し，そのユニット間隔は格子単位 1 である（I = 1）．それぞれの S3 の頂点も S2 の頂点に接続する．

図 13.5 はバスケット織りを作り出す 3.6.3.6 テセレーションのバリエーションを示す．このパターンはとくに，H2 と T2 を用いる．六角形ユニットの 6 個の頂点はそれぞれ，三角形ユニットの頂点と接続する．同様に，三角形ユニットの頂点はそれぞれ，六角形ユニットと接続する．

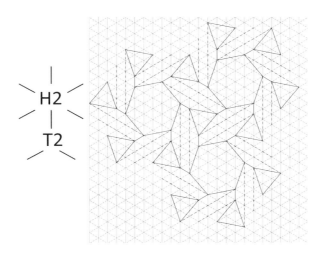

図 **13.5**　構造式と三角格子上の簡単なパターンを示す展開図.

　図 13.6 はもう少し複雑である．このパターンは H2, R1, T1 という 3 つの異なる多角形を用いる．このパターンでは，菱形ユニットのすべての鋭角頂点が六角形ユニットの頂点に接続し，すべての鈍角頂点が三角形ユニットに接続する．六角形ユニットのすべての頂点は菱形ユニットの鋭角頂点に接続し，三角形ユニットのすべての頂点は菱形ユニットの鈍角頂点に接続する．

　図 13.7 はさらに複雑さを増す．このパターンは P = 1 である O3 の長方形と P = 2 である S_23 の正方形を用いる．標準長方形の場合，短辺が P = 1 なら長辺は P = 2 であった．このパターンでは，横方向の接続は I = 1 であり，縦方向への接続は I = 2 である．また，長方形ユニットの短辺の頂点は他の長方形ユニットと接続する．さらに，長方形ユニットの 1 つの長辺の頂点は正方形ユニットと接続し，もう 1 つの長辺の頂点は別の長方形ユニットの長辺の頂点に接続する．正方形ユニットは，対角に位置する 1 対の頂点は長方形ユニットの長辺の頂点に接続し，それに直交する 1 対の頂点は別の正方形ユニットと接続する．

　構造式の解釈はそれほど難しくないことがわかる．この解釈方法とねじり折りテセレーションの基本知識によって，与えられた構造式のパターンを折ることは比較的簡単なはずである．

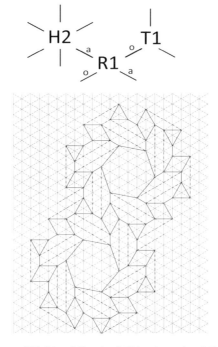

図 13.6 構造式と三角格子上の複雑なパターンを示す展開図.

13.5 ねじり折りテセレーションの基本

　パターンを折るときは，通常，最も頂点の多い多角形ユニットから始めるのが簡単である．紙をつまみ，最初の多角形の辺を形成する折り目を作る．次に，最初の多角形をねじるように折り，配置する．設計にもよるが，これは通常，紙の中央付近にある．最初のねじり折りユニットが完成すると，そのユニットの頂点それぞれから紙の端に向かってプリーツが伸びる．

　次の多角形が折られ，配置されると，もとの多角形から伸びるプリーツの 1 つが新しい多角形の頂点で終了し，台形のフラップができる（この議論では $I \geq 1$ を仮定する）．台形フラップはその後のねじり折りの適切な向きを決定するための重要な目印となる．図 13.8 からわかるように，台形フラップは 3 つの山折りと 1 つの谷折りを含む 4 つの折り目からなる．2 つの山折りは接続している多角形それぞれの 1 辺であり，3 つ目の山折りはユニット間を結び，ユニット間隔 (I) の長さである．この 3 つの山折りで台形フラップの 2 つの鈍角が定まる．谷折りは，台形フラップの長いほうの底とみなすことができる．谷折りのどちらかの端で，台形フラップの鋭角が形成される．すでに述べた

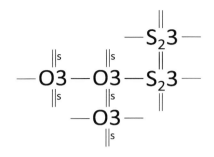

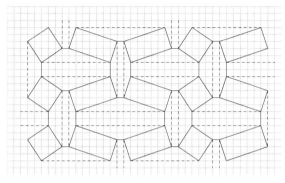

図 **13.7** 構造式と正方格子上の複雑なパターンを示す展開図.

ように，多角形が接続されるたび，フラップが形成される．図 13.8 の多角形の頂点それぞれを見ると，台形フラップを簡単に確認できる．

次のねじり折りを行うには，すでに配置された多角形の頂点から，必要な数の格子単位の間隔をカウントし，次の多角形を折り始める．新しい多角形の最初の折り目を作る

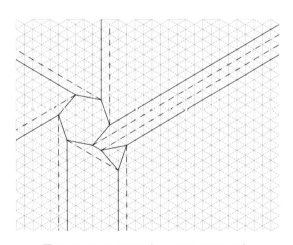

図 **13.8** ねじり折りのプリーツと台形フラップ.

と，台形が完成する．このことは多角形が適切な向きであることを保証する．次いで，紙をつまみ，新しい多角形の残りの辺を完成させる．それぞれのねじり折りは隣接する多角形のねじり方向と反対方向にねじられることに注意し，新しい多角形をねじり，配置する．新しい多角形がねじられ，配置されると，その多角形の頂点から紙の端まで伸びる新しいプリーツが形成される．

紙をつまむ，折り目を付ける，ねじり折るという順で作業を行う．最終的に，ねじり折りの実行によって形成されたプリーツが既存のねじり折りのプリーツと交差する．既存のプリーツが平らに折られていることを確認し，既存のプリーツが存在しないかのように新しいプリーツを折る．必要であれば，交差するプリーツを展開する．

この基本的な情報を参考にすれば，構造式をねじり折りテセレーションのパターンに変換できる．

13.6 まとめ

本章では，最も一般的なねじり折りユニットについてのみ議論した．この少数のねじり折りユニットから，数多くの設計が開発できる[Crain 15]．この命名法で記述されたルールを用いて，他のねじり折りユニットに対する記号や名前を開発できる．

3.6.3.6 テセレーションの無数のバリエーションの中に，バスケット織りのパターンを生成する無数の組合せが存在することは，非常に驚くべき，喜ぶべきことである．しかし，それは命名法によって可能になった解析のほんの一例にすぎない．他の用途には，パターンの最終的な大きさ，あるパターンで消費される紙の量，他のパターンのバリエーションとの関係規則を決定することが考えられる．

おそらく，新しいパターンを設計する最適な方法は，紙になぐり書きしたり，展開図を描くことである．しかし，一旦パターンが生成された後では，構造式を用いることがパターンを他者と共有するのに最適な方法であるだろう．少なくとも今では，本章の焦点であったパターンの分類とねじり折りユニットを議論するための言語が存在するようになった．もう少し研究を進めれば，現在の表記法を拡張して，紙の両側にねじり折りユニットが存在するパターンのバリエーションや中央に位置する多角形の辺が山折りと谷折りで構成されるねじり折りユニットの種類を含めることが可能になるだろう．

14

長方形から均一に厚いシートを織る方法

Eli Davis, Erik D. Demaine, Martin L. Demaine, Jennifer Ramseyer

谷口智子, 上原隆平 [訳]

◆本章のアウトライン

本章では, 紙を「折る」というよりは, 紙を「織る」ことに主眼をおいている. 折った紙をユニット折り紙のように織ることで, 分厚いシートを作る方法を提案している.

14.1 はじめに

多くの子どもは紙の帯を織ってシートを作る方法を知っていて, そのシートには均一な厚さがある. しかし, この単純な織りで作れるシートの大きさには, もとの帯の長さによる限界がある. このシートはまた, まとめておくために何らかのロック機構を必要とする. テープや, 一様な折りでない端がなければ, 帯はバラバラにほどけてしまう.

これに対して, 本章では有限長の帯を均一な厚さの無限のシートに織り合わせる方法を示す. さらに, ここでのシートはきちんと絡んでいて, 折り目が折り畳まれたままと仮定すれば, 帯はほどけることはない. 形式的にいえば, 折り畳まれた構成要素は, (各構成要素を剛体物体と捉えると) 剛体運動によって一斉にほどけることはない. その一方, ここで示す織り方は, 子どもの織り方よりも多くの層を必要とする.

表 14.1 は, 本章で示すさまざまなシート織りアルゴリズムで必要となる層の数をまとめたものである. (縦横比が 2 より大きい) 細長い長方形の帯では, 出来上がる無限のシートの厚さは 8 層である. (縦横比が 2 以下の) 正方形に近い長方形の帯では, 無限のシートの厚さは 16 層である. 特別な大きさ 1×5 の長方形の場合には, わずか 5 層の厚さを達成できる. さらに広く, 「帯」が長方形以外の形状の場合についても研究する. 平面を敷き詰めてタイル張りできる任意の多角形について, タイルの現れる向きが有限のときには, 厚さが 18 層となる無限のシートを織って作る方法を示す. また, 厚さがわずか 4 層のシートに織り込める特殊な非凸多角形も示そう.

さらに難しい目標は, 均一の厚さに絡んだ有限のシートを形成することだが, そこでは境界部分の条件が問題となり始める. 無限の構造の一部を適用するだけでは, シートの端が不揃いになり, 厚さを一定に保ちながらシートを絡めるのは難しいとわかる. 本章では, これらの問題に対する解決策として, 均一な厚さで絡む, 有限なシートを織る方法を示す. ただしこの方法では, 厚みは 2 倍になり, これは特定のテセレーションに

多角形の形	層の数		節
	無限シート	有限シート	
大きさ $1 \times > 2$ の長方形	8	16	14.2
大きさ $1 \times \leq 2$ の長方形	16	32	14.2
平行六角形	16 または 32	32 または 64	14.2
大きさ 1×5 の長方形	5	10	14.3
タイル張り可能な多角形	18*	36*	14.4
特殊な多角形	4	8	14.5

* ある種のタイリングにのみ適用可能.

表 **14.1** 絡んだシートに関する結果. 紙の形状および無限と有限の織り方が帰結する層の数.

ついてしか有効ではない. 表 14.1 の「層の数」の列を参照のこと.

14.2 一般的な長方形

与えられた大きさ $1 \times > 2$ の長方形[†]について, 8 層で絡んだ無限の織りの方法を示そう. 図 14.1 を参照してもらいたい. まず, 長方形の 2 つの短辺を真ん中に折る. 次に, 折られたフラップを互いに交互に組み合わせて, 長方形で無限長の帯を形成する. フラップの組合せにより, 長方形は, 絡んだ 1 次元配置の中に押し込まれる. それぞれのユニットには実質的に 2 層分の厚さがあり, 各ユニットを別のユニットと組み合わせるので, ここまでで 4 層となる. 最後に, これら 4 層の無限長の帯を通常の方法で交差織りにすると, 全体は 8 層になる. 各ユニットは少なくとも幅と同じだけの長さをもつので, この交差織りは, 帯がバラバラになるのを防ぎ, 2 次元での構造は絡んだままに

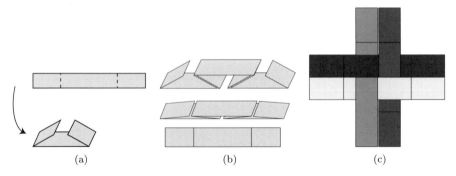

図 **14.1** 一般的な長方形の織り方の構成. (a) 1 つのユニットの形成. (b) ユニットを帯状に編んで平らにする様子. (c) 帯の織り合わせ.

[†] 訳注:本章では,「大きさが $1 \times > 2$ の長方形」と書いたときには, 短辺と長辺の長さの比率 $1 : x$ が $x > 2$ を満たすものを指し,「大きさが $1 \times \leq 2$ の長方形」と書いたときには, 短辺と長辺の長さの比率 $1 : x$ が $1 \leq x \leq 2$ を満たすものを指すものとする.

なる．

この方法は，他の形状に拡張することもできる．

大きさが $1\times \leq 2$ である長方形に関しては，短辺に沿って半分に折り畳めばよい．この操作によって織りの厚さは倍になるが，細長い長方形の場合に帰着できる．結果的に厚みは 16 層になる．（先に示した構成を直接，たとえば正方形に適用しようとすると，無限長の 1 次元の帯を作るところまでは同様にできるが，交差織りで，ユニットを垂直方向にずらすと帯がバラバラになることを防げない．）

六角形で，各辺が対辺と同じ長さで平行であり，かつ向かい合う辺のペアのうち，2 つのペアの辺の長さが同じであるものを**平行六角形**と定義する．正確な定義は [de Villiers 12] を参照のこと．こうした平行六角形は，図 14.2 のように長方形に折り畳める．結果的に得られる織りは，長方形の織りの 2 倍となる．つまり，折って得られる長方形の大きさが $1\times > 2$ のときは 16 層で，そうでない場合は 32 層である．

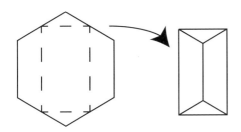

図 **14.2** 平行六角形を長方形に折る．

14.3 大きさが 1×5 の長方形

特定の大きさの長方形に関しては，より薄い織り方になる特別な方法が存在する．大きさが 1×5 の長方形を考えてみる．図 14.3 に示すように，わずか 5 層の絡んだ無限の織り方が達成できる．

まず，帯の両端を中心に折る代わりに，帯を 5 つの部分に分け，フラップを 1/5 と 4/5 の印に沿って折る．これらの折りの結果，両端の 1/3 は厚さが 2 層，中央の 1/3 は厚さが 1 層となる．

先と同様に，これらのユニットを無限長の絡んだ 1 次元の帯に織り合わせる．この帯では，厚さが 1 と 4 の正方形が交互に並んでいる．

最後に，帯を織り合わせて，帯を水平にも垂直にも絡まるように織る．帯を織り合わせる際には，1 つの帯の 4 層厚の部分が直交する帯の 1 層厚の部分と重なるように配置する．こうした対応づけは，水平方向の帯で 1 層と 4 層の市松模様を形成するように配列して，それを補間する形で垂直な帯で市松模様を作って重ねて配置すればうまくいく．

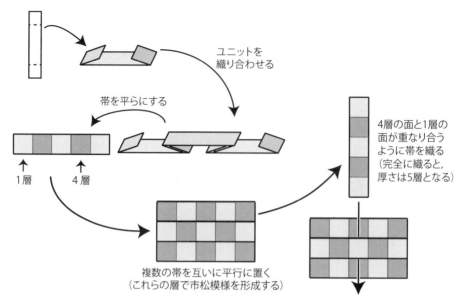

図 **14.3** 大きさ 1×5 の長方形からの絡んだ無限の織り.

したがって，この織り方では，均一な 5 層の厚さとなる．

14.4 タイリング可能な形状

　平面をタイル張りできる任意の多角形（凸でも非凸でも）に関して，図 14.4 に示す方法で，18 層未満の織りが生成できる．この方法は，複数を組み合わせて平面をタイル張りできるような多角形の有限集合に関してもうまくいく．ただし，タイリングに関する仮定が 1 つ必要で，それぞれのタイルの向きが有限通りでなければならない．非周期的なタイリングの中には，この性質をもたないものもあり [Radin 94, Sadun 98]．その場合，この構成方法は適用できない．

　まず，与えられたタイリングから始めて，それを複製し，2 つのタイリングを積み重ねて，一方を相対的に平行移動させて，タイリングの辺同士が正の長さで重ならないようにする．（タイリングの辺同士が点で重なることは構わない．）こうした平行移動は，どんなタイリングに対しても，次の方法で見つけることができる．タイリングの各多角形に関して，**最小特定距離**を，辺と，それに隣り合わない辺との間の最短距離と定義し，さらにタイリング全体の最小特定距離を，すべてのタイルの多角形の最小特定距離の最小値と定義する．（タイリングのタイルの形状の種類は有限であった．）次に，この最小特定距離の半分だけ，多角形のどの辺とも平行でない方向に平行移動させる．（このような

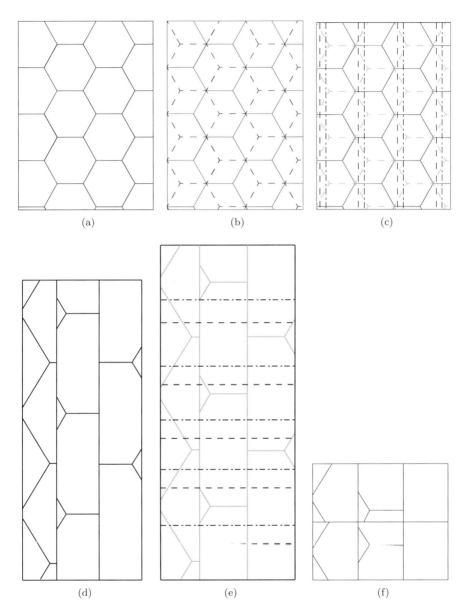

図 **14.4** 六角形を無限に敷き詰めた平面の織り方. (a) 六角形をタイル張りした平面, (b) 六角形を敷き詰めた平面を 2 枚積み重ねたもの(破線は下の形状を示す), (c) 垂直方向に段折り, (d) 垂直な段折り後の様子, (e) 水平方向に段折り, (f) 水平な段折り後の完成した織り方.

方向は，タイルの種類が有限で，かつ各タイルの辺の本数が有限であることから，必ず存在する．）

　ここで，任意の 2 辺 e と f について，e の並進先 e' が f と重ならないことを示そう．辺 e と平行でない正の量を平行移動させたので，e はそれ自身の並進 e' とは交差しない．平行移動の距離は最小特定距離よりも小さいため，e と f が隣接していない場合は，e' と f は交差もしなければ重なることもない．最後に，e と f が隣接している場合は，これらは平行ではなく，したがって，並進した e' は f とせいぜい 1 点でしか交差できない．

　次に，すべてのタイルを絡み合わせるために，重ね合わせたシートを，たくさんの平行線に沿って段折りしよう．任意の 2 つの重なり合うタイル，つまり平行移動していないタイル s と平行移動したタイル t' について，交点 $s \cap t'$ を計算する．ここで平行移動の距離は最小特定距離よりも小さいので，平行移動前のタイル s と t は隣接しているか，重なっているかのどちらかである．またタイルの種類・タイルの方向・隣接しうる頂点のペアの数は有限であるため，タイルの交点も有限個である．そこでタイルの交点ごとに，段折りの方向に射影した長さを測り，その中の最小値を計算する．この最小値の長さの間隔になるような 2 つの段折りを（4 本の折り線で）シートに一様に実施すると，平行移動とは独立に，タイルの各交点は，1 つの段折りに完全に巻き込まれる．この段折りで層の数は 3 倍になるため，ここまでで $6 = 2 \cdot 3$ 層になる．

　今度は，こうした段折りが，段折りの向きに沿った 1 次元の移動以外の移動をすべて防ぐことを証明する．重なり合うタイルのどのペアに対しても，段折りで互いに移動を制限しているが，この関係はタイルの間の「絡み」に関する無限の 2 部グラフを形成する．このグラフの連結性を証明する必要がある．もとのタイリングの頂点 v と，その並進 v' を考え，v に隣接する平行移動前のタイルの集合と，v' に隣接する平行移動後のタイルの集合をそれぞれ T と T' とする．特定距離よりも小さい平行移動なので，平行移動したタイル $t' \in T'$ の中には v に重なるものがあり，したがって段折りは，こうした t' とすべてのタイル $s \in T$ を絡み合わせる．同様に，平行移動していないタイル $q \in T$ には v' と重なるものがあり，したがって，段折りによって q はすべての $r' \in T'$ と絡み合う．とくに t と t' が絡み，さらに q と q' が絡むので，推移性により，$T \cup T'$ の中のタイルはすべて互いに絡み合う．推移性を繰り返し適用すれば，両方のタイリングのすべてのタイルが絡み合うことになる．

　最後にシート全体を，最初の方向とは垂直方向に，同じ方法でもう 1 度段折りにする．結果的に，すべてのタイルは完全に絡み合い，2 つの直交方向に同時に移動できなくなる．完成した織り方は，$18 = 6 \cdot 3$ 層の厚さである．

14.5 特殊な多角形

綿密に設計した多角形を使用すれば，もっと少ない層数を達成できる．具体的に，本章ではわずか4層で織る形状を示そう．図14.5（左）に示す折りから始めるが，これは一部は2層で，残りは1層である．このユニットと，そのコピーを絡み合わせると，図14.5（右）の織りが得られる．しかし，この織りは，厚みが均一ではないため，紙を追加する必要がある．折り畳み全体が4層の厚さになるまで紙を追加すると，最終的には図14.6に示す展開図（および外形）になる．一度この多角形を折り畳めば，角の部分を使って他のユニットの角部分と絡めることができ，4層の厚さをもつ織りを作ることが

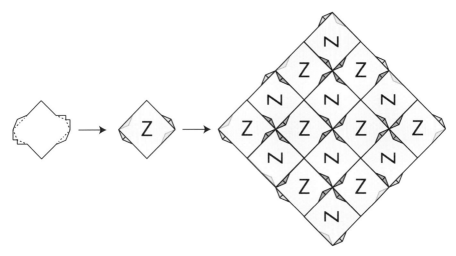

図 **14.5** 2層のユニットを織って得られる，厚さが不均一なシート（色の薄い領域は1層の厚さで，濃い領域は2層の厚さである）．ここでは，各ピースがどう回転するかを示すために，（ピースと同様，180°回転対称形である）文字「Z」を書いておいた．

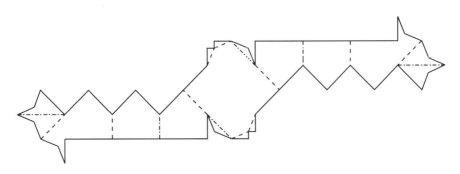

図 **14.6** 最終的なユニット．4層厚で均一に織れるように余分な紙を付け加えてある．

できる．

14.6 有限で絡むシート

無限で絡んだシートから有限で絡んだシートを作る方法は，タイリングをシートとしてではなく，両端の閉じた管として扱うことによって得られる．このアプローチが機能するためには，タイル張りの境界を，図 14.7(a) に示したトポロジー的あるいは幾何的な結合条件を満たす境界をもつ（概ね長方形である）スーパータイルに，切り出すことが可能でなければならない．対応する文字同士は，均一な数の層に織れるよう，相補的に合致しなければならない．アイデアとしては，まずスーパータイルを垂直方向に半分に折り，（同じ向きの）C 同士を合わせて，C の境界線同士を連続したタイリングと同じように結合し，次に反対に向きづけられた A の境界同士を互いに合わせて（一方は折りによって反転して）結合し，B 同士も同様の結合を行えばよい．なおスーパータイルは，長方形のレンガ状のタイリングで平面を敷き詰める必要はない．

図 14.7(b) に一例として六角形タイリングを示す．図示された凹凸長方形は有効なスー

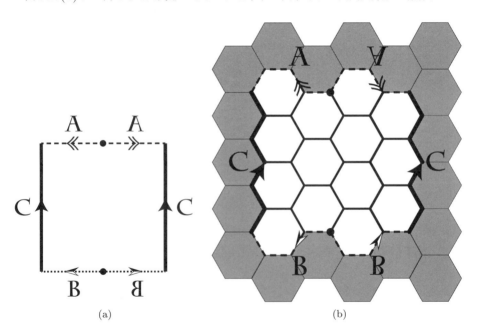

図 **14.7** 無限の織りから有限の織りを作る．(a) スーパータイルに必要な対応関係で境界をラベル付けしたトポロジー的なディスク．(b) タイリングの中に見られるスーパータイルの例．

パータイルであり，同じパリティをもつなら，これ以外の任意の凹凸長方形も同様である．スーパータイルを有限のシートに折り畳むには，まず，同じ文字に対応する境界同士を接着する．そして，その結果を，もとのタイルの形状を敷き詰めた，1つの（二重被覆した）タイリングとして扱い，次のように 14.4 節のタイリングの方法を適用する．まず，タイリングのコピーの（トポロジー的な球面上での）内側と外側をずらし，そして2つのコピーを重ね合わせて段折りすることで，互いに絡むようにする．スーパータイルをうまく均等に分割するように段折りの幅を選べば，無限の段折りの集合が，有限の段折りの集合になる．

全体として，織りの層の数は倍増する．長方形・平行六角形・特殊な多角形で始める場合は，こうした一般的なタイリングの織り方ではなく，14.2 節・14.3 節・14.5 節の方法を使うこともできる．

14.7 ドル紙幣の折り

以上のシート織り手法の応用例の1つが——そもそもそのためにこの手法を開発したのだが——ドル紙幣で絡んだシートを織ることである．ガラス吹き工は，自分自身が火傷することなく熱いガラスに効果的に触れられるように，新聞紙を折り畳んだ「ホットパッド」を使用する．筆者らは，芸術プロジェクトの一環として，ガラスを成形するため，新聞紙の代わりにドル紙幣を織ったシートを使用するのは興味深いだろうと思った．焦げたドル紙幣は「うなる金」[†] と題名を付けられた1つの作品として，ガラスのそばに展示されることになる．

ガラス吹き用ホットパッドを均一に適切に厚くすることは重要である．薄すぎるパッドは使用者を火傷させる一方，厚すぎるパッドは使用者の触感を損ねすぎてしまう．私たちの当初のデザインは，Jed Ela の折り紙財布[Ela 04]に基づくものだった．しかし彼の折り紙財布は，厚みが均一ではないため，自分たちで独自のデザインを作った．

従来の子どもの織り方は，パッドとして使用するにはあまりにも薄すぎ，しかも簡単にずれてバラバラになってしまうため，私たちは最初に，14.2 節で示した8層を織る方法を他の織りに先駆けて開発した．そしてガラスの熱を処理するのに十分な厚みをもつパッドが必要だったため，以下に示す16層の絡む織り方を考案した．まず図 14.8 に示すように，長方形の2つの短辺を真ん中に折る．次に短辺の上にかぶせるように，長辺を真ん中に折る．長辺を広げて，これらのユニットを長い帯状に組み合わせる．帯に沿ってすべての長辺を中心に向けて折り畳み，長く絡んだ帯を作る．これらの帯をいくつか

---

† 訳注：原文では *Money to Burn* で，「燃やす金」は「（焚き付けに使うほど）あり余る金」という意味．

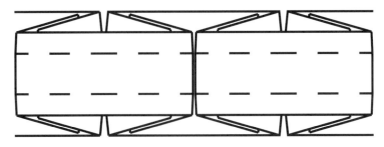

図 14.8 ドル紙幣の帯を作るところを上から見た様子（破線に沿って山折りにすると絡む）．

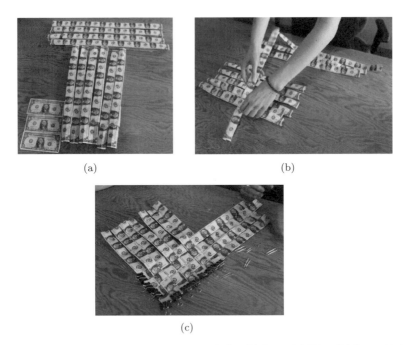

図 14.9 ドル紙幣の帯を織り合わせる．(a) ドル紙幣の帯を作る．(b) 最初の帯を織る．(c) 部分的に完成されたシート．

作り，図 14.9 のようにシート状に織り合わせる．この方法全体は，図 14.1 で示した一般的な長方形の織り方と同じであるが，帯の厚みが 2 倍になっている点が違う．それぞれの帯の厚みは 8 層であり，織られると 16 層となる．そして 14.6 節の管状にする方法を使って，32 層の有限の絡んだシートを形成した．

しかし，どの織り方でも，帯と帯の間に小さな隙間ができる．数学モデルでは，こうした隙間は「無限小」の点として片づけられてしまうが，物理モデルでは，紙の厚さによって，わずかながらも目立つ隙間が生じることがある．ガラス吹きに使うと，こうし

た穴を熱い蒸気が通過して，使用者が火傷してしまう．そのため，私たちは，最後の織りの内側にドル紙幣を追加で 8 層分（およそ 24 から 30 ドル相当）敷き詰めた．

最終的な紙幣パッドを図 14.10 に示すが，これは 40 層の厚さがあり，140 から 146 枚のドル紙幣が入っている．

図 **14.10**　ドル紙幣で織り終えたシート．

14.8　まとめ

任意の可能な形状から，絡んだ無限（あるいは有限）のシートを作成する一般的な方法があるかどうかというのは，興味深い未解決問題である．

Barry Hayes との次の論文では，適切な形状の紙については，2 層の織りが可能であることを証明している．

謝辞
　Barry Hayes との有用な議論に感謝する．
　本研究の一部は NSF ODISSEI grant EFRI-1240383 と NSF Expedition grant CCF-1138967 の補助を受けている．

185

15
多角形パッキングに基づく折り紙設計のためのグラフ用紙

Robert J. Lang and Roger C. Alperin

谷口智子・上原隆平 [訳]

◆本章のアウトライン

折り紙を正確に設計するための手法として，ボックス・プリーツや六角プリーツなどの「規則的な紙」を利用する方法が知られている．本書ではこれらを拡張し，「折り紙グラフ用紙」を導入して議論する．そして新しい「折り紙グラフ用紙」のバリエーションを提案し，こうした概念が展開図の設計において有用であることを示す．

15.1　はじめに

　折り紙は，20 世紀半ばに復興を遂げたが，それは 1990 年代初期に Lang や目黒が考案した**サークル・リバー法**† といった設計技法 [Meguro 92, Lang 94] を含む，折り紙構造の設計に対する新技術が開花のきっかけとなっており，その後，数年間をかけて定式化されてきた [Lang 96, Lang 97b]．サークル・リバー法は，**単軸基本形**，つまり折り紙形状の射影が特定の辺重み付き木構造をもつ形を折るのに向いている．

　サークル・リバー法は強力であるが，欠点もある．一般に，紙の上の多数の折り線の位置を決める方法は，計算された展開図に従って骨を折って測定し，線を付けるしかない．さらに，折り線同士の間の角度が極めて小さくなることがあり，結果として得られる「薄片」面は美的に魅力に欠け，正確に折るのも困難である．これらの（そしておそらくこのほかの）理由から，好きなように円の半径と川幅を選び，純粋にサークル・リバー法だけで設計された作品は，折り紙界では比較的まれである．

　この問題に対する 1 つの解決策は，**ボックス・プリーツ**として知られている設計技法のたぐいであり，正方格子上で設計を行う方法である．折り紙におけるボックス・プリーツは，単軸基本形理論や円分子のパッキングの開発よりも以前から存在している．数ある中でも，たとえば Mooser, Elias, Hulme による作品は，1950 年代と 1960 年代に多くのボックス・プリーツ技術の実例を示した（そして，この時期は折り紙という文脈の中でこの用語が生み出されたときでもある）．ボックス・プリーツと単軸基本形理論との形式的な関係性は，**多角形パッキング**と呼ばれる一連の設計技法の発展の中で Lang が描き出した [Lang 11]．この技法では，円や曲線状の川をパッキングする代わりに，多角

---

　† 訳注：原文で circle-river 法となっているため，直訳したが，目黒が考案した方法自体は領域円分子法と呼ばれている．また，ディスクパッキングなどと呼ばれることもある．

形と多角形の川をパッキングするが，コーナーの角度，多角形の辺の長さ，川幅に制限を加えて固定された値にすることにより，得られる展開図の振舞いのよさを保証できる．

多角形パックされた単軸基本形設計は，折り目の 3 つの族を含んでいる．まず，**丁つがい折り目**があり，折り紙の基本形の中では個々のフラップになる領域を形成する．折り畳まれた形状では，丁つがい折り目は基本形の軸に対して垂線になる．次に，**軸沿い**や**軸平行**な折り目（まとめて**軸的折り目**と呼ぼう）があり，これは基本形の軸を形成する（後者は軸に平行な）折り目である[†]．3 つ目は**稜線折り目**であり，これは丁つがい折り目や軸的折り目をつなぐ．多角形パッキングによる折り紙設計では，稜線折り目は丁つがい折り目の**直線骨格**として構成される．

直線骨格 [Aicholzer and Aurenhammer 96] は，計算幾何の分野の他の文脈でもときどき現れる構造であるが，とりわけ，折りに関連した問題，**一刀切り**（OSC: one-straight-cut）問題に現れる [Demaine et al. 98]．単軸基本形設計と OSC の間にはいくつかのつながりがあり，それを用いた 2 つの解法アルゴリズムが発表されている．1 つは Bern, Demaine, Hayes によるもの [Bern et al. 98] で，本章では OSC-DP と呼ぶことにするが，問題を解くために，ディスクパッキングというサークル・リバー設計法と似た方法を用いている（実際，このアルゴリズムの後の版 [Bern et al. 02] では，単軸折り紙設計 [Lang 96] の**ガセット分子**というパターンを使用している）．もう 1 つは Demaine, Demaine, Lubiw によるもの [Demaine et al. 98] で，折り目を構成するアルゴリズムの最初のステップとして直線骨格を使っている．こちらの方法は OSC-SS と呼ぶことにしよう．典型的には，OSC-DP は OSC-SS よりも複雑な展開図を出力するが，後者のほうが美的には望ましい結果を出力し，その一方で OSC-SS の構成方法では病的な状態に陥ってしまうパターンが存在する．これはいわゆる**無限バウンド**であり，ある折り目の族では，Demaine, Demaine, Lubiw も [Demaine and O'Rourke 07] で指摘するとおり，構成されるパターンが数学的な意味で密になる．

無限バウンドは，多角形パッキングによる折り紙設計でも起こる可能性はある（一方サークル・リバー設計では，その可能性はない）．ある種の多角形パッキングについては，軸沿い折り目のネットワークが密になる可能性がある．しかし，こうした状況を避ける単純な戦略はあり，すべての丁つがい折り目を最初に規則的な格子，たとえば（ボックス・プリーツ加工と同様の）正方格子上に置けばよい．もとのパッキングのすべての丁つがい折り目を正方格子上に置くことをよしとするならば，構成において，すべての可能な多角形パッキングや木に対して，稜線折り目や軸的折り目が有限個にとどまること

[†] 訳注：原文では軸そのものを構成する折り目を axial，軸に平行であるが軸そのものではない折り目を axial-parallel，それらをまとめて axial-like としている．本章ではそれぞれ，軸沿い，軸平行，軸的とした．

が保証される（ただし木の辺の長さは，正方格子によって定義される整数の倍数に量子化される必要がある）．

多角形パッキングを使った単軸基本形用の設計アルゴリズムは，丁つがい折り目を正方格子に限定した，**単軸ボックス・プリーツ (UBP)** である．すべてを多角形と多角形的な川に量子化すると，丁つがい折り目は正方格子上に位置することとなり，展開図が有限になることが保証される．さらに，下にある格子の規則性により，鉛筆や方眼紙よりも複雑なものは何も使わずに，折り紙基本形を設計することが可能になる——計算はほとんど，あるいはまったく必要ない．そして下にある格子の要所となる点がすべてあれば，下の格子やその部分集合の線に沿って，紙に前もって折り目を付けておくことで，こうした基本形を折ることも可能である．

こうした理由から，現代の折り紙作家の中には，非常に複雑な作品の設計を求めて，単軸ボックス・プリーツ（またはその亜種）に戻ってきた者も多い．しかし，UBP にも自身の限界がないわけではない．正方形は円ほど効率的に充填できないため，UBP に基づく設計では，理論的限界にはるか遠く及ばない効率でしか作れない．さらに，展開図は，さまざまな幅広い角度を含むものと比べると，いささか，面白みに欠ける．

[Lang 11] で，本章の筆者である Lang は単軸六角プリーツ (UHP) の概念を導入したが，これは正方格子ではなく，三角格子の上で作業して単軸基本形を設計するというものだ．六角プリーツは，より効率のよい設計への可能性を提供し（六角形のパッキングは，正方形のパッキングよりも効率がよい），丁つがい線の主要な角度として3つの異なる方向を混ぜて使えることから，通常のボックス・プリーツよりも（潜在的に）より多様な展開図へとつながっていく．ボックス・プリーツと同様，六角プリーツでは，ほとんどあるいはまったく計算することなく，グラフ用紙に設計図を描くことができる——この場合のグラフ用紙は，おなじみの六方格子で，正三角形からなる[†]．

ボックス・プリーツや六角プリーツの存在と，こうしたものを有効にしてくれるグラフ用紙から，次のような自然な疑問が生まれる．単軸基本形設計に応用できるグラフ用紙はほかにもあるだろうか．この疑問が本章の動機だ．この研究では，**折り紙グラフ用紙**を追い求める．直線からなるパターンで，幅広い多角形パッキング設計に使うことができて，丁つがい線はこうしたグラフ用紙の上の線に制限され，このグラフ用紙の上に描くことができるすべての単軸基本形の可能な展開図は，有限の範囲で計量的に平坦折り可能[††]な展開図となるようなものだ．

[†] 訳注：日本ではこうした「方眼紙」以外の用紙はまとめて「斜眼紙」という名前で売られている．本章では，正方格子は方眼紙，正三角格子は斜眼紙，それらをまとめた一般のものは「グラフ用紙」としている．

[††] あるパターンが**計量的に**平坦折り可能であるとは，そのパターンが平坦折り可能性に関するすべての測地条件（たとえば川崎–ジュスタン条件など）を満たすが，挟み込みに関する条件（自己交差しないという

この研究では，折り紙グラフ用紙の概念を形式的に定義し，幅広く考察する．ここでいうグラフ用紙とは，平行線が周期的に配置されたものとする．そして，軸方向の有限性の条件が，自然に，折り紙グラフ用紙の族を定義するパラメータについてのディオファントス方程式につながることを示す．こうした方程式を解き，こうした用紙すべてが，どのように表現されてどのように指標が付けられるかを示す．任意の折り紙グラフ用紙に対して，ある自然な性能指数を定義し，そのグラフ用紙で生成できる最小の形状を定量化することができるかもしれない．ここでは実際，以前にはそれと認識されていなかった別の折り紙グラフ用紙で，その性能指数がボックス・プリーツや六角プリーツのそれに近いものが確かに存在することを示す．ほかにも興味深いものや，潜在的に有用な折り紙グラフ用紙がいくつかあることを指摘し，こうした新しいグラフ用紙の1つを用いた折り紙設計を実際に紹介する．最後に，今後の研究の潜在的な方向性について，いくつかの解説と考察を示して締めくくることとする．

15.2 多角形パッキング

多角形パッキングによる折り紙設計の一般的なアルゴリズムは，[Lang 11] で詳しく述べられているので，ここでは簡単に要約しよう．設計は，辺に重みの付いた木構造で始まり，この木が望みの形を表現している．まず最初に，正方形（または他の形状）の紙は多角形や多角「リバー」に分割されるが，このとき，それぞれの大きさは対応するグラフの辺の重みで与えられる．多角形やリバーの境界部分は，設計と結びついた丁つがい折り目となる．折られた単軸基本形において，丁つがい折り目は，基本形の軸に対する垂線となる．

2番目に，稜線折り目の集合が構成される．これは上述のとおり，それぞれパッキングされた多角形の直線骨格であり，リバーの稜線折り目は，直線骨格の一般化として構成される．

3番目には，軸沿い等高線の集合が作られるが，これはまず，基本形の軸から（折られた状態において）指定された距離のところにある点を選び出して等高線を作り，そして，折られた状態での軸に平行な方向に沿って，この等高線を展開図の内部で伝播する（伝播は展開図の中のそれぞれの面の範囲内で，局所的に行われる）．軸沿いの**等高線**の部分集合（折られた状態の基本形の軸に対して，重なっているものと平行なもの）が軸方向の**折り**になる．

最後に，すべての折り目に，平坦折り可能性に矛盾せず，かつ自己交差がないように

こと）を満たすかどうかは問わないときをいう．つまり，折り目の位置は特定しているが，自己交差しない山谷割当てを見つけることまでは求めていない．

山折りと谷折りを割り当てる（本章の目的では，3番目のステップで止めてよい）．

軸沿いの等高線を構成するとき，展開図の範囲内で伝播することにより，折り線が決して閉じたり停止したりしないという状況に陥る可能性があるが，果てしなく続くわけではなく，数学的な意味での密な集合を形成する．物理的な意味では，密な折りは，紙が無限にしわくちゃになるということを意味していて，実用的な視点から見れば，このような設計は失敗に終わったと考えるべきである．

このような無限の伝播の可能性は，一刀切り問題の解法において，Demaineらによって初めて発見されたが，彼らのアルゴリズムは，多角形のパッキングアルゴリズムと，理論的な構成がよく似ている．どちらも多角形をつぶして，境界が1本の線（前者の場合は切り線，後者の場合は丁つがい線）上に乗るように折ることに焦点を当てていて，そしてどちらも伝播する折り目の族を反映するために直線骨格を使用する．

こうした無限の伝播の単純な例を図15.1に示す（[Lang 11] より．これは Demaine らの病的な例 [Demaine and O'Rourke 07] の簡略版である）．左側の図の黒点から出ている軸沿いの等高線を考えて，右の図に示したように，この伝播が展開図の上半分と下半分の間を行ったり来たりする様子を考えよう．上下半分ずつに分割している線を単位区間 $(0, 1)$ に射影する．上下の半分それぞれについて，等高線がこの領域に入り込むときに通る，この線上の点を x として，等高線が上半分から出てくるときに通る点を $f(x)$，下半分から出てくるときに通る点を $g(x)$ とする．詳しく調べると，これは

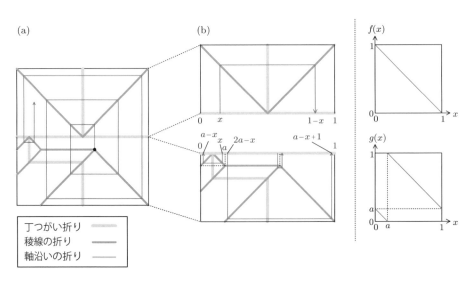

図 **15.1** (a) 軸沿いの等高線が密になる多角形のパッキング．(b) パターンの解析：$f(x)$ は関数を展開図の上半分に伝達させる．一方，$g(x)$ は関数を下半分に伝達させる．

$$f(x) = 1 - x, \quad g(x) = (a - x) \mod 1$$

となり，したがって上半分と下半分を n 回通過したあとの位置は

$$h^{(n)}(x) = (x - na) \mod 1$$

となる.

　すべての $x \in (0, 1)$ に対して $h^{(n)}(x) \in (0, 1)$ であり，したがって線分はそれ自体で閉じる（最終的に位置 x に戻る）か，閉じない，つまり，数学的に密になるかのどちらかである．線分がそれ自体で閉じる必要十分条件は，$(x - na)$ と x の差がある整数 m となるとき，つまり，ある整数 m, n が存在して $a = m/n$ となるときである．したがって，この特定のパッキングについては，軸沿いの等高線が密にならない必要十分条件は，距離 a が有理数であることである.

　さらに，$a = m/n$ と $\{m, n\}$ が互いに素だった場合（つまり分数が既約分数だったとき）には，隣り合う等高線のうち最も近いもの同士の間隔は $1/n$ となる．2 つの軸沿いの等高線に挟まれた中間には，軸的ではあるものの，軸から外れた位置に折られた等高線が少なくとも 1 つは必ず存在し，そしてこの軸沿いの等高線と軸からずれた等高線の間の距離がフラップの幅の最小値を決定する．したがって，有理数 $a = m/n$ に対して，最小のフラップ幅は $1/(2m)$ である.

　ここで a の値をランダムに選ぶと仮定しよう．無理数は有理数よりも数え切れないほど多いので，単位区間 $(0, 1)$ の範囲内でランダムに a の値を決めると，有理数になって無限に伝播を行わないという確率は測度的に 0 である．したがって，この特定のパッキングについては，密な軸沿いの等高線を得ることが標準的である．特別な場合についてのみ，軸沿いの等高線が密にならない.

　さて，このパッキングに対して，軸沿いの等高線が密にならないことを保証する条件を決定するのは比較的単純であった．しかし，図 15.1 は非常に単純なパッキングである．このパターンの上半分と下半分の 2 つは，無理数の間隔をもつ「反射板」と考えることができる．こうした，無理数の間隔をもつ 2 つの反射板があれば，いつでも密な軸沿いの等高線が存在しうる．しかし，大きくて複雑なパッキングともなると，2 つあるいはそれ以上の反射板が，展開図の中に幅広く分布したり，あるいは稜線折りですら，それぞれ独立に反射板を作り出して，展開図の至るところに分散させることもありうる．一般に，与えられた多角形パッキングに対して，その直線骨格が無限の伝播を生じさせるかどうかは明らかではないが，これほど単純な例でさえも示すように，それが起こる可能性は，追加の制限でもなければ，高い.

　単軸ボックス・プリーツと六角プリーツは，展開図の有限性を保証し，それは丁つが

い折り目を格子線上に限定することによるが，この戦略がどのようにうまくいくのかを
もっと詳細に調べることは有益であろう．

15.3　密でない等高線の条件

　直線骨格の頂点と，そこから出る軸的な等高線（図 15.1 では軸沿いの等高線で示し
た）を考える．こうした線をひとまとめにして**直線骨格頂点等高線** (SSVC) と呼ぶこと
にする．こうした等高線のうちいずれか 1 本でも平面上のある領域で密ならば，そこは
展開図の中で密な折りになっている．したがって，折りが密にならないための**必要条件**
は，SSVC それ自体が密にならないことである．

　実際，これは**十分条件**でもあり，すべての等高線（軸沿い，軸平行，そしてその隙間
すべて）が密にならないことを確立すればよい．

　これを理解するために，密でないと仮定した 2 本の平行な SSVC の間の任意の等高線
を考えてみよう．等高線は SSVC と平行に伝播するため，左右どちらも SSVC から一
定の距離を維持する．等高線が直線骨格の折り線と交差するとき，直線骨格の折り線は
直線骨格の頂点の間では区分的に線形であるため，等高線と SSVC の間の距離は定数で
あるという性質が，左右どちらも保存される．したがって，この等高線上のすべての点
において，左右どちらにも定数距離に SSVC が存在する．等高線が非周期的に伝播する
と，SSVC もまた同様でなければならず，それはつまり隣接した SSVC の片側または両
側が密となり，それは当初の仮定に反する．

　よって，多角形パッキングされた展開図の中の等高線の集合がどれも密ではないこと
が保証できる，一般的な条件が得られた．

定理 15.3.1（等高線が密でないための条件）

　多角形パッキングされた折り紙展開図の等高線が密でない必要十分条件は，
直線骨格頂点等高線が密でないことである．

　したがって，軸沿い等高線が密でないという性質を保証するには，SSVC が密でない
という性質を確保すればよい．しかし，多角形パッキングでは，SSVC の構成は設計過
程の終わり頃に起こる．まず丁つがい折り目を選び，次に直線骨格を構成し，そこで初
めて直線骨格の頂点から生成される SSVC を構成できるようになる．理想的には，丁つ
がい折り目に適当な条件を課して，構成過程の 2 つあとのステップで，SSVC が有限に
なることを保証したい．

　単軸ボックス・プリーツと六角プリーツの戦略には，こうした条件が存在する．すべ
ての丁つがい折り目を格子の上に配置すると，直線骨格のすべての可能な線分を特定で

きて，その集合から，直線骨格のすべての可能な頂点を特定できて，そしてこの集合から，すべての可能な SSVC を特定することができる．最後のすべての可能な SSVC の集合が密でないなら，**任意の特定の SSVC の集合は密ではないことが保証される**．

ここで，この望ましい性質をもつ格子を形式的に定義しよう．

定義 15.3.2（折り紙グラフ用紙）

　折り紙グラフ用紙とは，直線の集合で，この直線の上での，すべての可能な丁つがい多角形やリバーの集合が，密でない SSVC をもつものをいう．

したがって，展開図が有限になることが保証される単軸基本形を設計するには，折り紙グラフ用紙を使えばよい．

もちろん，折り紙グラフ用紙の定義を満たす特定の多角形パッキングを作り出すのは容易なことだ．ここで興味深いだろうと思われるのは，さまざまな大きさや頂点数の，閉じた多角形やリバーの混合物を要素とするパッキングを幅広く受け入れる**多目的**折り紙グラフ用紙である．ボックス・プリーツと六角プリーツの正方格子と三角格子は，それぞれ，こうした性質をもつ．これらの格子が木に課す唯一の条件は，グラフのすべての辺の長さが格子の寸法に量子化されることである（具体的には，隣接した平行な格子線の間隔である）．こうした格子は周期的であり，線同士の間隔が d なら，辺の重みが d の整数倍である木を設計するために使用できる．この研究では，2 つあるいはそれ以上の間隔で周期的に並ぶ平行線の集合による格子からなる折り紙グラフ用紙に着目する．

定義 15.3.3（2 重周期的折り紙グラフ用紙）

　2 重周期的折り紙グラフ用紙とは，2 つあるいはそれ以上の平行線の集合からなる折り紙グラフ用紙で，周期が 2 重であるものをいう．

私たちの目標は，こうした密でない SSVC，つまり，丁つがい線がその格子に限定されたどんな多角形パッキングであっても密にならない軸沿いの等高線であることを保証する格子を見つけることである．

15.4　周期的な折り紙グラフ用紙

まず最初に，可能な限り最も単純な格子，同一線上にない方向ベクトル **a** と **b** で定義される周期的な線の集合 2 つを考えてみる（図 15.2）．

一般性を失うことなく，**a** は単位ベクトル $(1,0)$ で，**b** $= (b_x, b_y)$ は一般の第 2 ベクトルで第 1 象限にあり，そして格子の直線の交点は原点にあると仮定してよい．ここでの格子は，平行線の 2 つの集合からなり，1 つは x 軸と平行な線をもつ集合（つまり方

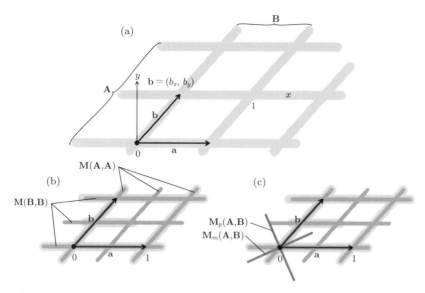

図 15.2　周期的な線の 2 つの集合からなる格子の幾何学．(a) 丁つがい的な線による格子．
(b) 格子線と平行な中線．(c) 平行でない格子線の間に追加された中線．

向ベクトル **a** をもつ）で，もう 1 つはベクトル **b** と平行な線の集合である．

一般に，互いに平行な線の任意の集合に対して，集合の中の点 **p** は

$$\mathbf{p} = \mathbf{d} + k\mathbf{e} + s\mathbf{f}, \quad k \in \mathbb{Z}, s \in \mathbb{R}$$

というパラメータ表現をもつ．ここでベクトル **d** はその線集合の中のある点であり，**e** は線集合の周期を決定し，**f** はそれぞれの線の方向に沿ったベクトルである．したがって線の集合全体は順序付きベクトルの 3 つ組 $(\mathbf{d}, \mathbf{e}, \mathbf{f})$ で表現することができて，当然のことながら，与えられた線の集合に対して，この表現は一意的ではない．

簡単のため，原点として $\mathbf{o} = (0,0)$ を定義する．すると，図 15.2 に示した，交差する線の 2 つの集合からなる格子に対して，この線の 2 つの集合は順序付き 3 つ組

$$\mathbf{A} = (\mathbf{o}, \mathbf{b}, \mathbf{a}), \quad \mathbf{B} = (\mathbf{o}, \mathbf{a}, \mathbf{b})$$

で表現でき，ただし，ここで **A** は方向ベクトル **a** をもつ線集合で，**B** は方向ベクトル **b** をもつ線集合である．この集合は，それぞれが折り紙グラフ用紙の**丁つがい線集合**である．

今度は，直線骨格の可能なすべての頂点を構成する必要があるが，これは丁つがい線集合の任意の 2 つの線の間の**中心線**（角の二等分線）が 3 本（あるいはそれ以上）交差しているすべての可能な交点である．1 本の中心線は，同じ丁つがい線集合の 2 本の線

の間の中心線となる（その場合は，2本の平行な丁つがい線の中間を通る平行な線となる）か，2本の平行でない丁つがい線の間の二等分線となる．

同じ線集合の中の2本の線の間の中心線としては，A 線の集合の間についてと，B 線の集合の間について，それぞれ

$$\mathbf{M}(\mathbf{A}, \mathbf{A}) = \left(\mathbf{o}, \frac{1}{2}\mathbf{b}, \mathbf{a}\right), \quad \mathbf{M}(\mathbf{B}, \mathbf{B}) = \left(\mathbf{o}, \frac{1}{2}\mathbf{a}, \mathbf{b}\right)$$

と表現される線集合1つしか存在しない．こうした中心線を図 15.2(b) に示した．どちらももとの格子線に加えて，そのもとの格子線の間の中央を平行に通る格子線からなる．

2つの異なる集合からの線，つまり A 線と B 線の間の中心線については，直交する2つの集合が存在する．1つ目は，A 線と B 線のそれぞれの交点を通る線の集合で，もう1つは，同じ交点を通るが，1つ目の集合に直交する線の集合である．これらの線の集合をそれぞれ $\mathbf{M}_m(\mathbf{A}, \mathbf{B})$ と $\mathbf{M}_p(\mathbf{A}, \mathbf{B})$ と書くこととし，原点を通る2本の線を図 15.2(c) に示す．

集合 $\mathbf{M}_m(\mathbf{A}, \mathbf{B})$ の中の任意の線に対する方向ベクトルを $\mathbf{t} = (t_x, t_y)$ とする．これがベクトル $\mathbf{a}$ と $\mathbf{b}$ の角の二等分線であるためには，

$$\frac{\mathbf{t} \cdot \mathbf{a}}{|\mathbf{a}|} = \frac{\mathbf{t} \cdot \mathbf{b}}{|\mathbf{b}|}$$

を満たす必要がある．もちろんこれは，t_x と t_y を共通の定数倍の範囲内で定義するだけであるが，この系を解けば以下の解が得られる．

$$\mathbf{t} \equiv (t_x, t_y) = (b_y, b - b_x) \quad \text{ただしここで } b \equiv |\mathbf{b}| = \sqrt{b_x^2 + b_y^2}$$

さて，ここでの目標は，直線骨格の頂点の等高線が密でないことを保証することである．SSVC が3つあるいはそれ以上の中心の共通集合から出ていることを思い出そう．よって，SSVC が密でないことを保証するために必要な手順は，中心線自体が密でないことを保証することであり，それは丁つがい線格子のそれぞれの交点を通るこうした中心線が2本あるからである．

集合 $\mathbf{M}_m(\mathbf{A}, \mathbf{B})$ の中のすべての線は次のようにパラメータ表示できる

$$\mathbf{p}(s) = n\mathbf{a} + m\mathbf{b} + s\mathbf{t}$$

ただしここで $\mathbf{t}$ は線の方向ベクトルであり，ここから (n, m) 本目の線の x 切片の値を次のように求めることができる．

$$x_{n,m} = n + m \left(b_x - b_y \frac{t_x}{t_y}\right)$$

上記から

$$\frac{t_x}{t_y} = \frac{b_y}{b - b_x} \tag{15.1}$$

が成立し，代入して式を整理すると，x 切片は単純に

$$x_{n,m} = n - mb$$

と与えられることがわかる．

この線の族が密でないようにするには，b は有理数でなければならない．ここでは $|\mathbf{a}| = 1$ と仮定したので，この関係が丁つがい線格子上の最初の条件を設定する．

> **定理 15.4.1**（b/a の有理性）
>
> 2 重周期的な折り紙グラフ用紙の任意の 2 つの基底ベクトルの長さの比は有理数でなければならない．

ここで，丁つがい線格子の交点はすべて，4 つの異なる中心線，つまりこれまでに特定した 4 つの族からの 1 つずつとってきた中心線による交点であることに注意する．これらの点はそれぞれ，直線骨格の（潜在的な）頂点でなければならないため，各点から出る SSVC が存在し，それは丁つがい線（**A** 線と **B** 線の両方）に垂直である．まず **A** 線に垂直な SSVC を考えると，これは軸方向の垂直線であり，それぞれが，丁つがい線の 2 つの族からの線の間で交差する格子点の x 座標で与えられる x 切片をもつ．これらの交点は単純な

$$n\mathbf{a} + m\mathbf{b}$$

という式で与えられ，(n, m) SSVC の x 切片は単に

$$x_{n,m} = n + mb_x \tag{15.2}$$

となる．

上記のとおり，この集合が密でないためには，整数 m の係数は有理数でなければならず，その結果，b_x は有理数であるという次の条件が得られる．もっと一般的に，任意の $\mathbf{a}$ と $\mathbf{b}$ に対して，次が成立する．

> **定理 15.4.2**（$\mathbf{a} \cdot \mathbf{b}$ の有理性）
>
> 2 重周期的な折り紙グラフ用紙の任意の 2 つの基底ベクトル $\mathbf{a}$ と $\mathbf{b}$ に対して，$(\mathbf{a} \cdot \mathbf{b})/(|\mathbf{a}||\mathbf{b}|)$ は有理数でなければならない．

定理 15.4.1 と 15.4.2 は，SSVC が密でないためにはどちらも必要である．ここでどちらの条件も満たされていると仮定する．このとき，

$$b_y = \sqrt{b^2 - b_x^2}$$

なので，b_y はある有理数の平方根でなければならない．式 (15.1) より，中心線 $\mathbf{M}_m(\mathbf{A}, \mathbf{B})$ の傾き（これは t_y/t_x である）は，有理数の平方根でなければならない．よって，中心線 $\mathbf{M}_p(\mathbf{A}, \mathbf{B})$（これは $\mathbf{M}_m(\mathbf{A}, \mathbf{B})$ に垂直で，$-t_x/t_y$ である）もまた，有理数の平方根でなければならない．

この結果から，中心線のペアの間の可能なすべての交点は，x 切片が有理数となり，これは，垂直な SSVC（$\mathbf{A}$ 線に対する垂線）が密ではないことを意味している．$\mathbf{B}$ 線に対して垂線となっている SSVC は，$\mathbf{A}$ 線に対して垂線となっているものの鏡映にすぎないので，こちらも同じく，密ではない．したがって，定理 15.4.1 と 15.4.2 は，必要条件であるだけでなく，SSVC が密でないことを保証する十分条件でもある．

b と b_x は有理数なので（仮定より非負でもある），平行で周期的な線の集合 2 つからなる可能なすべての折り紙格子を特定するための単純な戦略を導いてくれる．具体的には，両方の分数の分子と分母の整数を取り出して，得られる基底ベクトル集合から格子を構成すればよい．

15.5 鏡映対称性

2 つの基底ベクトル $\mathbf{a}$ と $\mathbf{b}$ を選んで，b と b_x が有理数になるようにすると，折り紙グラフ用紙となる格子を形成できる．しかし，下にある格子は平行四辺形からなり，一般に，鏡映対称性の軸をもち合わせていない．ところが，大抵の具象的な折り紙の題材は，左右対称性をもち合わせており，折り紙グラフ用紙も同じく鏡映対称性を備えて，そして鏡映対称な展開図に使えることが望ましい．

鏡映対称な折り紙グラフ用紙を作るには，反射軸となる線を 1 本追加して，もとのベクトル $\mathbf{a}$ と $\mathbf{b}$ の鏡映となる丁つがい線の基底ベクトルを付け足してから，再び，丁つがい線のペアの間のすべての可能な中心線と，中心線のペアの間のすべての可能な交点に注目すればよい．

ほとんどの左右対称な図形の折り紙設計では，軸線は鏡映対称の軸であり，折り畳まれた状態では，丁つがいはその軸に垂直である．探索の対象をこうした設計のクラスに制限すると，鏡映対称の軸は，基底ベクトルの 1 つに垂直となり，これは基底ベクトルが自分自身の鏡映であることを意味している（因数 -1 の範囲内で）．ここで一般性を失うことなく，鏡映対称の軸は $\mathbf{a}$ に垂直であると仮定できる．$\mathbf{a}$ は x 軸に沿って伸びているので，鏡映対称の軸として y 軸を選んでよい．したがって，実際には鏡映対称性をもつ一般の格子を表現するのに，3 つの基底ベクトルしか必要としない．つまり $\mathbf{a}$ と，

$\mathbf{b} = (b_x, b_y)$ と，対称の軸に対して $\mathbf{b}$ の鏡映となる $\mathbf{c} = (-b_x, b_y)$ である．このベクトルは 3 つ目の線の集合 $\mathbf{C}$ を定義し，これは集合 $\mathbf{B}$ の鏡映である．

しかし，この種の可能なすべての格子を完全に特徴づけるためには，もう 1 つのパラメータの追加が必要である．これまで $\mathbf{A}$ と $\mathbf{B}$ の格子線は原点で交差すると仮定していて，それでも一般性を失うことはなかった．鏡映対称の軸を y 軸に沿って置くと，A と B の族の交点には，一定量のずれが生じる．この，原点から交点までのずれの量を b_0 と定義する．これで，3 つの関連する線の集合の明示的な表現を与えることができる．

$$\mathbf{A} = (\mathbf{o}, \mathbf{b}, \mathbf{a}), \quad \mathbf{B} = ((-b_0, 0), \mathbf{a}, \mathbf{b}), \quad \mathbf{C} = ((b_0, 0), \mathbf{a}, \mathbf{c})$$

ここで，上で述べたとおり，それぞれの 3 つ組の最初の要素は，線集合のうちの 1 本の上に乗る点を定義していて，2 つ目の要素は量子化された周期を表していて，3 つ目は集合に属する各線の方向ベクトルである．

繰り返しになるが，集合 $\{\mathbf{A}, \mathbf{B}, \mathbf{C}\}$ によって定義される格子が，折り紙グラフ用紙になるかどうか，つまりすべての SSVC の集合が密にならないかどうかを考えてみよう．まず明らかに，ペアで取り出したどの 2 つの集合も折り紙グラフ用紙にならなければならず，よって，$\{\mathbf{A}, \mathbf{B}\}$ を考えれば，b も b_x も有理数でなければならない．同じ条件から，$\{\mathbf{A}, \mathbf{C}\}$ によって作られる格子も有理性をもたなければならない．

今度はペア $\{\mathbf{B}, \mathbf{C}\}$ によって作られる格子を考えよう．もし b_0 が有理数ならば，この格子が密でない SSVC を与えるのを見るのは易しい．可能なすべてのペアの組合せを考察すると，集合の 3 つ組 $\{\mathbf{A}, \mathbf{B}, \mathbf{C}\}$ に適用できる次の条件を得る．

定理 15.5.1（鏡映対称折り紙グラフ用紙）

3 つの線集合族 $\{\mathbf{A}, \mathbf{B}, \mathbf{C}\}$ で定義される鏡映対称性をもつ 2 重周期的な折り紙グラフ用紙が，密でない SSVC をもつ必要十分条件は，b と b_x と b_0 が有理数であることである．

集合 2 つによる折り紙グラフ用紙と同様に，有理数の表現形式に立ち入れば，グラフ用紙のすべての可能な値が得られる．今回は b と b_x だけではなく，b_0 のすべての値も同様に考える．有理数の集合のそれぞれに対して，ある折り紙グラフ用紙が出来上がる．もちろん，結果として得られるグラフ用紙は，必ずしもすべてが異なるわけではないが，それは，ここで示した族の表現も，またすべて異なるわけではないことによる．しかし，こうした集合が存在するなら，それは列挙の中のどこかに確実に現れる．

15.6 性能指数

有理数 b と b_x をさまざまな値に変えるアプローチは，折り紙グラフ用紙を考察するための多数の格子を与えてくれるが，その中には，ほかよりも優れた格子になりそうなものもあるだろう．そこで，実用性や汎用性についての格子の特徴づけについて，何らかの方法を与えておくのは有用であろう．

すでに言及したように，2 つの SSVC の間の間隔は，それに伴って折り紙フラップの最小幅を設定するので，この最小幅を，その格子に対する $w_{\min}$ と書くことにしよう．この最小幅は，任意の 2 本の SSVC の間の間隔の最小値の半分である．2 つの集合による格子については，SSVC の x 切片は，式 (15.2) から b_x の整数倍なので，最小のフラップの幅は単純に b_x の分母の逆数の半分である．これをこの格子の**指標幅**と呼ぼう．

3 つの集合による（鏡映対称な）格子については，$w_{\min}$ の計算はもう少し複雑であるが，それは，b と b_x と b_0 の値が異なる分母をもつかもしれないことから，現れうる分母が複数あるためである．与えられた丁つがい線の集合の 3 つ組の x 切片をすべて計算して，そこに出てくるすべての分母の最小公倍数をとることで，この集合に対する可能な最小フラップ幅 $w_{\min}$ を計算できる．すべてのフラップの幅は，この最小幅の整数倍となる．実用上の観点からいえば，フラップは広くするよりも狭くするほうが簡単なので，性能指数と考えると，$w_{\min}$ は，より**大きい**ほうがよい．

フラップの長さもまた量子化される．任意のフラップの長さの最小値は，連続する 2 本の平行な丁つがい線の間の間隔の半分である．たとえば，最も単純な 2 つの集合による格子では，**A** 線間の垂直方向の間隔は $b_y/2$ であり，展開図の中で，この方向を向いたフラップは，すべて，この量の倍数の長さをもつ．別の方向を向いたフラップは，異なる値で量子化されうるが，これは，それぞれの方向に応じて異なる，格子線の隙間に対応して決まる．i 番目の方向における量子化の最小長を $l_{\min,i}$ と書くことにする．フラップの長さを好きなように（あるいは，その量子化の制約のもとで，可能な限り好きなように）選びたいなら，このフラップの方向がどんな向きであろうと，この指標の長さを可能な限り小さくしたい．したがって，この格子の**指標長** $l_{\min}$（2 つ目の添え字のないもの）は

$$l_{\min} \equiv \max\{l_{\min,i}\}$$

と定義できる．性能指数としては，$l_{\min}$ は，より**小さい**ほうがよい．

この $w_{\min}$ と $l_{\min}$ という指標は，互いに相関関係がある．そこでこの 2 つの値を組み合わせれば，格子に対して，

$$\rho \equiv l_{\min}/w_{\min}$$

と定義される，ただ 1 つの性能指数である**特性アスペクト比**が得られる．一般に $\rho \geq 1$ であり，より小さいほうが望ましい．任意の折り紙格子に対して，このただ 1 つの値で，その実用上の利便性を特徴づけることができる．

15.7　良い格子

筆者らは，2 つの集合と，（鏡映対称な）3 つの集合による折り紙格子について，これを制御するパラメータ $\{b, b_x, b_0\}$ のうち，相対的に小さな分母をもつすべての有理数の組合せを評価して，折り紙グラフ用紙の系統的な解析を実施した．解析の実行には，Mathematica notebook を使用した．結果は以下のとおりである．

アルゴリズムの最初のテストとして，既知の解が復元できるかどうかを確かめた．ボックス・プリーツと六角プリーツである．実際のところ，これはうまくいった．ボックス・プリーツ，つまり正方格子では，パラメータ集合は $(b, (b_x, b_y), b_0) = (1, (0, 1), 0)$ に対応し，指標幅は $1/2$ で，指標長は $1/2$，そして特性アスペクト比は 1 である．

六角プリーツについても解析できる．鏡映対称の軸があるかどうかによって，2 つの集合によるものと，3 つの集合によるものがある．六角プリーツの場合，パラメータ集合は $(b, (b_x, b_y), b_0) = (1, (1/2, \sqrt{3}/2), 0)$ であり，指標幅は $1/4$，指標長は $\sqrt{3}/4$ で，特性アスペクト比は $\sqrt{3} \approx 1.732$ となった．これはボックス・プリーツの特性アスペクト比の 1 よりも顕著に大きく，六角プリーツの長さの（与えられた最小幅に対する）量子化が，ボックス・プリーツのそれよりも著しく粗いことを意味している——そして現実問題，これはそのとおりである．

筆者らの本研究のもともとの動機は，次の興味深い未解決問題であった．すなわち，実用上の興味として，特性アスペクト比が十分に小さい格子はほかにあるだろうか．そしてそれは確かに存在する．パラメータ集合 $(b, (b_x, b_y), b_0) = (1, (1/3, 2\sqrt{2}/3), 0)$ では，特性アスペクト比は $\rho = 2\sqrt{2} \approx 2.828$ となり，六角プリーツよりもまだ大きいものの，それでも十分に小さく，実用的で使いやすい．実際これは，すべての折り紙グラフ用紙の中で，上記 2 つの次に小さな特性アスペクト比となっている．図 15.3 に，このパターンの一部を示す．

筆者らは，このパターンが白銀長方形と関係している（それは，たとえばわかりやすい六角形に内接しているものなど，格子の中に見出すことができる）ことから，これを**スターリング格子**と命名した[†]．角度の中には，折り紙に重要な角度 22.5° に近く見えるものがいくつかあるが，そうではない．実際，どの鋭角も，単位円を整数で割った角度

[†] 訳注：原語の sterling には，純銀製品という意味がある．なお白銀長方形とは，辺の長さの比が白銀比 $(1 : \sqrt{2})$ になっている長方形のこと．

200　**第 15 章**　多角形パッキングに基づく折り紙設計のためのグラフ用紙

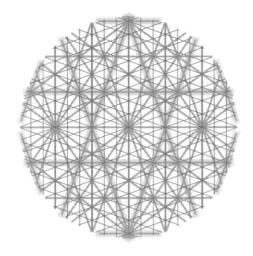

図 **15.3** スターリング格子の一部. 太く薄い灰色の線が丁つがい線. 中くらいの太さの灰色の線が稜線. 細い黒線がSSVC.

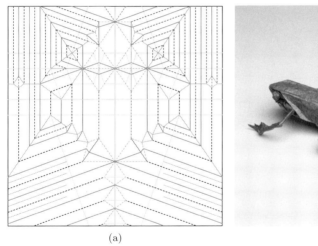

(a) (b)

図 **15.4** (a) スターリング格子上で設計されたカエルの展開図. (b) 折られたカエル.

にはなっていない. それでも, この格子は折り紙設計に使える. 図 15.4 に, この格子を使って設計したアマガエルの展開図と折り上がりを示す.

　他のすべての周期的で鏡映対称な折り紙グラフ用紙では, アスペクト比は上昇し続け, 設計の基準として使うには, より困難になっていくが, それでもまだ不可能ではない. 興味深い可能性を与えてくれる別の集合を少し図 15.5 に挙げておく. これらは, 今後の探求のために残しておこう.

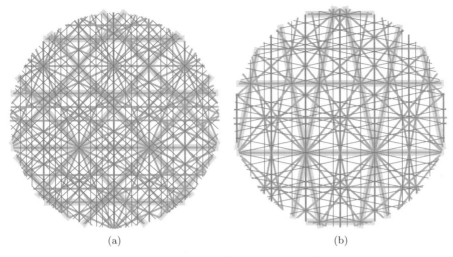

図 15.5 (a) $(b,(b_x,b_y),b_0) = (1,(2/3,\sqrt{5}/3),0)$ で $\rho = 2\sqrt{5} \approx 4.47214$ となるもの.
(b) $(b,(b_x,b_y),b_0) = (1,(1/5,2\sqrt{6}/5),0)$ で $\rho = 2\sqrt{6} \approx 4.89898$ となるもの.

15.8 考察

本章では，2重周期的な折り紙グラフ用紙が存在するための形式的な条件を展開し，どんな単軸基本形でも設計できて，軸沿いの等高線が密にならないことが保証される周期的なグラフ用紙として定義した．この定式化を使って，新しい折り紙格子，スターリング格子を発見したが，この格子は折り紙の単軸基本形の設計に実際に有用である．

ここで，よく知られた 22.5° の折り紙対称性は，この系の範囲内で，どこにも現れないことに留意する．これは，すべての中心線の正規化された傾きが，純粋に有理数の平方根だけであり，22.5° 線の傾き（こちらはすべて $n + m\sqrt{2}$（ただし $n \neq 0$）となる）は，この条件を満たさないという観察からわかる．この欠落は，ちょっとした驚きである．この角度は，[Maekawa and Kasahara 89] で前川が導入したような高度に数学的な折り紙には，必ずといっていいほど現れる角度であり，さらにいえば，舘と Demaine は，こうした角度の倍数に基づく線の集合は，点の一致による高い次数をもつことを示している[Tachi and Demaine 11]．折り紙グラフ用紙では，基底ベクトルを選ぶときに，角度と間隔をどちらも独立に選ぶことができる．22.5° 系だと，特定の間隔をうまく選べば，バウンドする等高線を周期的になるように押さえ込むこともできるが，非周期的で，その結果として密になってしまう，恐ろしい集合がいつでもついてまわる．

条件 15.3.1 は，等高線が密にならないための必要十分条件であったが，周期的な折り紙グラフ用紙を使うという特定のアプローチは，有限性が保証された万能な設計規則を

見つけるという広範な問題に対する，ただ 1 つの可能な解法というわけではない．ある種の 22.5° 格子は，単軸基本形用の何らかの別の多目的な多角形パッキング設計アルゴリズムにおいては，その役割を十分に果たすのかもしれない．こうしたアルゴリズムの設計規則は，その分野における今後の研究が待たれるところである．

16 内接円をもつ四辺形から鶴の一般基本形を折る一方法

川崎敏和

川崎敏和 [訳]

◆本章のアウトライン

首翼互換性のある変形鶴の基本形の折り方は，伝承鶴を含む伏見鶴以外ではまだ見つかっていない．本章は，変形魚の基本形をもとに，首翼互換性を有しない変形鶴の折り方を示したものである．

16.1 はじめに

折り鶴（伝承鶴）は最も有名な折り紙の1つであり，普通は正方形で折る．図 16.1 は折り鶴を折る途中の形で「鶴の基本形」と呼ばれる．図の実線と破線はそれぞれ山折り線と谷折り線を表す．鶴の基本形の幾何学は詳しく研究されている．伏見康治は凧形用紙から鶴の基本形（伏見鶴）を折る方法を発見した（図 16.2）[Husimi and Husimi 79]．Justin は伏見鶴を，内接円をもつ四辺形に拡張し，図 16.3 の「パーフェクトバードベース」を得た[Justin 94]．これは，図 16.4 のような首翼互換性をもつ．前川淳は Justin とは違う種類の基本形（図 16.5）を発見した[Maekawa and Kasahara 89]．筆者は Justin や前川の結果を含むとともに，内接円をもつ非有界四辺形（図 16.6）にまで拡張した折り鶴の変形理論を完成させた[Kawasaki 98, Kawasaki 02, Kawasaki 09, Kawasaki and Kawasaki 09]．かくして，最終形としての基本形「鶴の一般基本形」を手にした（図 16.7）．

折り鶴変形理論は数学として完成しているが折り紙としては完成していない．内接円をもつ任意の四辺形 (QIC) から鶴の一般基本形 (GBB) を折る手順がわかっていないか

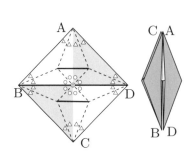

図 16.1 伝承鶴の基本形．

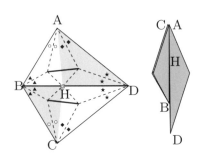

図 16.2 伏見鶴の基本形．

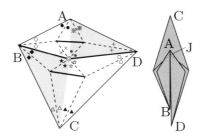

図 **16.3** パーフェクトバードベース.

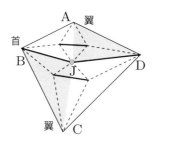
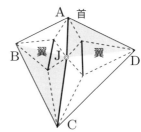

図 **16.4** 首翼互換性.

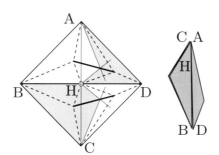

図 **16.5** 前川鶴の基本形.

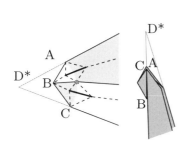
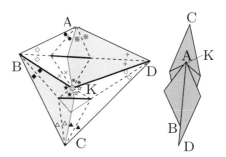

図 **16.6** 非有界な鶴の一般基本形.　　図 **16.7** 鶴の一般基本形 (GBB).

205

らである．実際，Justin はパーフェクトバードベースの折り工程を示していない．伏見鶴が登場するまでは菱形鶴以外の変形鶴は折れなかったのである．本章では，魚の一般基本形を基に，内接円をもつ任意の四辺形 (QIC) から鶴の一般基本形 (GBB) を折る手順を示す．

16.2 伏見鶴の基本形の折り方

伏見鶴の基本形 (HBB) の折り方（図 16.8）を復習する [Husimi and Husimi 79]．

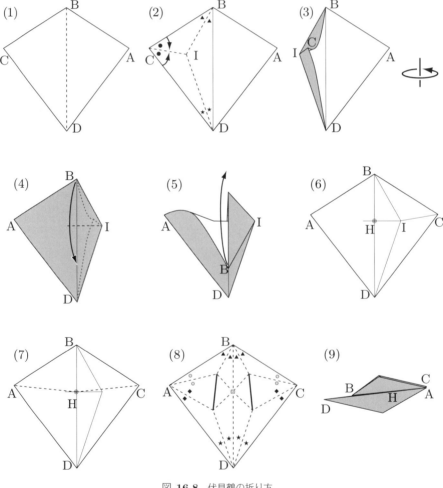

図 **16.8** 伏見鶴の折り方．

1. 対角線 BD の折り目をつける.
2. 三角形 BCD の角の二等分線の折り目を 3 本つける.
3. 裏返す.
4. 点 B が対角線 BD に乗るように点 I から延びる折り線で右半分を折る.
5. 広げて裏返す.
6. 折り線と BD の交点を H とおく.
7. 折り線 AH, CH をつける.
8. AH や CH に垂直な折り線と 3 つの角二等分線で各三角形を折り畳む.
9. 伏見鶴の基本形完成.

16.3 内接円をもつ四辺形 (QIC), パーフェクトバードベース (PBB), 鶴の一般基本形 (GBB)

Justin は,首翼互換性をもち用紙の縁が一直線に重なるパーフェクトバードベースを定義した (図 16.4). そして,次の (1)〜(2) を示した[Justin 94].

(1) パーフェクトバードベースが四辺形で折れるための必要十分条件は,四辺形が内接円をもつことである.

(2) 図 16.9 (左) の点 J は 2 つの双曲線の交点として一意に定まる. 双曲線の 1 つは B と D を焦点とし A と C を通る. もう 1 つは A と C を焦点とし B と D を通る (図 16.9 (右)).

Justin は,この交点を「センター」と呼んだが,本章では双曲線上の任意の位置にとることができる別の「中心」K と区別するために「鶴心」と呼ぶことにする.

図 16.10 は首翼互換性のない鶴の一般基本形の展開図である. 中心 K は A と C を通り B と D を焦点とする双曲線上にある (図 16.9)[Kawasaki 98, Kawasaki 02]. 折り畳むと四辺形の 4 つの縁が一直線に重なり,鶴の一般基本形が得られる.

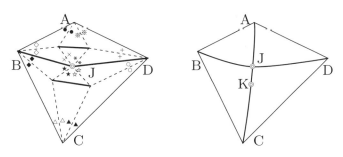

図 16.9 左:パーフェクトバードベースの展開図. 右:鶴心 J と中心 K.

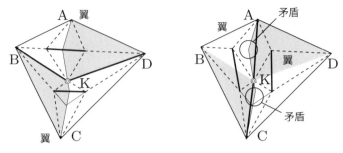

図 **16.10** 鶴の一般基本形には首翼互換性がない.

16.4 魚の一般基本形（GFB）

図 16.11 は「魚の基本形」である．本章では，これを「伝承魚の基本形」，図 16.12（左）を「魚の基本形」と呼ぶことにする．魚の基本形は鶴の基本形と同じように折り線や用紙形を変えることで一般化できる．

> **定義 16.4.1**
> 図 16.13（左）のように，4 辺 AB, BC, CD, DA が一直線上に重なる四辺形の折り畳みを**魚の一般基本形** (GFB) という．

図 16.13（左）では 4 辺 AB, BC, CD, DA と線分 AE が直線 CE に重なる．した

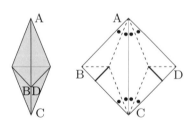

図 **16.11** 伝承魚の基本形．

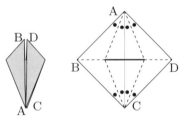

図 **16.12** 本章の魚の基本形．

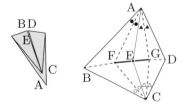

図 **16.13** 魚の一般基本形．

208　第 16 章　内接円をもつ四辺形から鶴の一般基本形を折る一方法

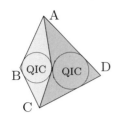
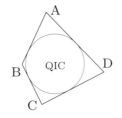

図 **16.14** QIC + QIC = QIC.

がって，4つの折り線 AF, BF, CF, EF は四辺形 ABCE の角二等分線であり，折り線 CG, DG, AG, EG は四辺形 ADCE の角二等分線になる．このように四辺形 ABCE と ADCE はともに QIC になる．図 16.14 (左) のように，2つの QIC: ABCE と CDAE が2辺 AE, CE を共有すると，2つを合併した四辺形 ABCD もまた QIC になる（図 16.14（右））[Kawasaki 98, Kawasaki 02]．さらに，図 16.7 の鶴の一般基本形 GBB の中に 2つの魚の一般基本形 GFB があることがわかる．したがって，定理 16.4.2，16.4.3 が得られる．

定理 16.4.2

魚の一般基本形が折れるための四辺形の必要十分条件は内接円をもつことである．

定理 16.4.3

中心 K の鶴の一般基本形 (GBB) は 2 辺 BK, DK を共有する 2 つの魚の一般基本形に分割できる．

この2つの定理は図 16.15 に示した非有界な GFB でも成り立つ．

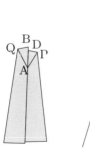
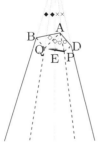

図 **16.15** 非有界な魚の一般基本形.

16.5　QICから鶴の一般基本形を折る手順

定理16.4.2と16.4.3から，図16.16のような任意のQICから鶴の一般基本形を折る手順が導かれる．

1. 角Aと角Cの角二等分線を折る．
2. 点Bから延びる任意の半直線 b をとり，辺AB，CBが b に重なるように，点Bを端点とする2本の折り線を折る．
3. 広げる．
4. 谷折り線PD，QDをつける．
5. 魚の一般基本形に畳む．
6. 魚の一般基本形完成．
7. 折り線CDをつけてから開く．
8. 2つのQIC：BKDA，BKDCができる．
   90度回転させる．
9. 工程2.〜3. のように，点A, Bから延びる谷折り線をつける．
10. 谷折り線KR, KS, KT, KUをつける．
11. 各四辺形DABK，DCBKで魚の一般基本形を折る．
12. 鶴の一般基本形完成．

定理16.4.2と16.4.3は非有界なQICでも成り立つ（[Kawasaki 98, Kawasaki 02, Kawasaki 09, Kawasaki and Kawasaki 09]）．したがって，図16.17のような折り工程が得られる．

1. 角A,Cの角二等分線を折る．
2. 点Bから延びる任意の半直線 b をとって，辺BA，BCが直線 b に重なるように点Aを端点とする2本の折り線で折る．角Cでも同様にする．
3. 広げる．
4. 山折り線PQをつける．
5. 無限長の辺が点Bを通る共有直線 b 上に乗るように，Pから延びる半直線とQから延びる半直線を折る．
6. 非有界な魚の一般基本形完成．スリット b' に沿って折り目を入れる．
7. 広げる．
8. 2つの非有界QICができる．
   図を90度回転して拡大する．

210　**第16章**　内接円をもつ四辺形から鶴の一般基本形を折る一方法

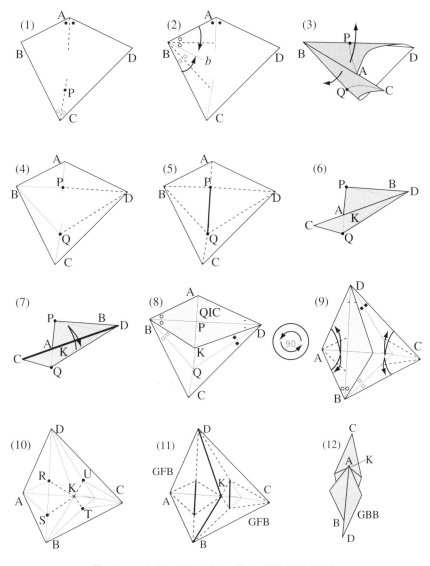

図 **16.16** 有界な QIC からの，鶴の一般基本形の折り方．

9. 工程 2.~3. のように，点 A, C から延びる谷折り線をつける．
10. 4 本の谷折り線 KR, KS, KT, KU をつける．
11. 2つの QIC で魚の一般基本形を折る．
12. 鶴の一般基本形完成．

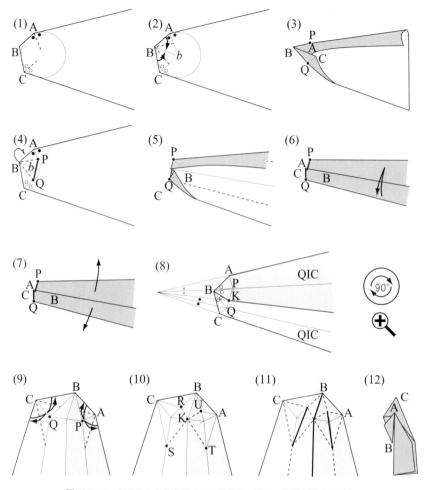

図 16.17 与えられた非有界 QIC からの，鶴の一般基本形の折り方．

16.6 まとめ

　与えられた QIC から鶴の一般基本形を折る 1 つの手順が得られた．鶴の中心の折り出し方はわかったものの，鶴心の折り出し方はわかっていない．このやりがいのある問題の解決にはさらなる研究が必要である．

17

ペンタジア：非周期的な折り紙面

Robert J. Lang, Barry Hayes
上原隆平 [訳]

◆本章のアウトライン
本章ではペンタジアを紹介する．これはモジュラー折り紙に向いている，正三角形の集まりからなる非周期的な面の折り紙である．こうした面を 1 枚の紙で折るための変換方法を示す．また，1 枚の面を拡張するための，面と折りの敷き詰めパターンの繰り返し方法の定式化を与えて，関連する非周期的な面との関係性も議論する．

17.1　はじめに

　通常，折り紙多面体を作るときは，モジュラー折り紙が使われる．モジュラー折り紙の形状については非常に多くの文献があるが，その中のほとんどは，相対的にごく少数の基本的な形状に基づいている．典型的には，表面のデコレーションや，折り紙ユニットの構造的な関係に多様性をもたせた正多面体や半正多面体である．

　最近の研究 [Lang and Hayes 13] で筆者らは，よく知られたペンローズタイリングのような非周期的パターンは，モジュラー折り紙を開発するための，かなり将来性がある研究対象だということを示した．とくに筆者らは，John H. Conway による，彼がペンタジアと名づけた $\mathbb{R}^3$ 内の非周期的面を導入し，モジュラー折り紙構造でどのように実現できるかを示した．

　同じ造作で非周期的な面が作れるところは，モジュラー折り紙としても面白いが，1 枚の紙で折るのも悪くない．本章では，ペンタジア面を紹介し，それがペンローズタイリングとどういう関係にあるかを説明し，好きな大きさで生成するための膨張と縮小の規則を与える．次に，こうした面を 1 枚の折り紙を使ってレンダリングする問題に目を向け，3 次元の面を展開図上のタイリングにどのように分解するかを示す．このタイリングの単位セルは，その下敷にあるペンローズタイリングの双対グラフとなっている．この技法を使えば，好きな大きさのペンタジア面の部分を，1 枚の紙の展開図から折ることができる．この分解技法は他の計算折り紙アルゴリズムと関連があり，それは Origamizer のたくし込み分子 [Tachi 09b, Tachi 14] から木理論の万能分子 [Lang 94b] にまで及ぶ．

213

17.2 ペンローズタイルとペンタジア

ペンローズタイルは Roger Penrose が考案し[Penrose 78, Penrose 79]，Martin Gardner によって世に広く知られることとなった[Gardner 88]．これは 2 種類のタイル，**カイト**と**ダート**からなり，ある種のマッチングの規則に従って辺を合わせると，結果として得られるタイリングは，平面を埋めつくすが，非周期的である．このカイト–ダートタイリングや関連する非周期的タイリングについては，膨大な文献が存在する（たとえば [Grünbaum and Shephard 87] や，その中に挙げられた文献など）．

2002 年に John H. Conway は，カイト–ダートのペンローズタイリングから，正三角形を集めた面を $\mathbb{R}^3$ に構築できる，つまり，平面上のカイトやダートの各四角形を，2 枚の正三角形を 1 本の辺でつないで折って四角形にしたもので置き換えられると指摘した[†]．彼がペンタジアと呼んだコンウェイの面は，下敷となっているカイト–ダートタイリングと同じ対称性と非周期性をもつ．文献 [Lang and Hayes 13] で，筆者らはこの面を構成する数学的な技法を説明し，モジュラー折り紙における実装を紹介した．

マッチング規則に沿ってタイルを組み立てれば，ペンローズタイリングやペンタジアの領域を作り上げることが可能だが，タイルを連続的に追加すれば，それ以上タイリングができない領域を作ることも可能だ．しかし，**縮小**あるいは**分解**などとさまざまな名前で呼ばれる手順によるタイリングで，いくらでも大きな領域を構成できる．この手順で，タイルの寄せ集め（パッチ）を，より小さなコピーを複数集めたもので繰り返し置き換えることによって，膨大な数のタイルに，そのタイルの小さなパッチを埋め込むことができる．論文 [Lang and Hayes 13] で，筆者らは，タイリングとペンタジアを両方構成するための生成規則を与えた．これらを構成したりレンダリングしたりするための関数を含む，Mathematica の **PenroseTiles3D** というパッケージが入手可能である[Lang 10]．概念は単純である．それぞれのタイルを，正三角形のペアをつないで折った菱形で置き換えて，回転して 3 次元空間上に配置して，菱形の輪郭の垂直方向への射影を，下にあるカイトやダートのタイルの輪郭に精確に一致させればよい．それぞれの菱形の z 座標値を適切に選べば，結果的にすべての菱形を辺同士でつないで，正三角形を集めた完全な面を作り上げることができる．カイト–ダート型タイリングの例と，対応する等価なペンタジアを図 17.1 に示す．

---

† 2002 年 4 月 5〜7 日にジョージア州アトランタで開催された「第 5 回 マーティン・ガードナーを囲む研究集会」での即興の講演にて．

214　**第 17 章**　ペンタジア：非周期的な折り紙面

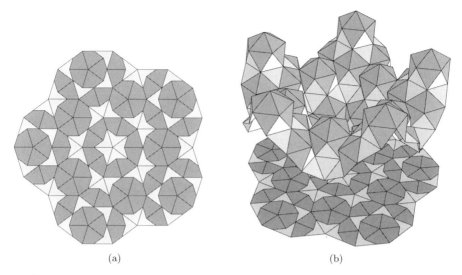

図 **17.1** (a) カイト–ダートペンローズタイリング. (b) ペンタジアの一部の形状を対応するペンローズのカイト–ダートタイリングの上に重ね合わせたところ.

17.3　1枚の紙による構成

文献 [Lang and Hayes 13] で筆者らはこの面をモジュラー折り紙で作る方法を示した. 本章ではペンタジア面を1枚の紙で表現する構成法に目を向けよう.

1枚の紙から多角形による面を構成するための, 一般的だが強力な手法が存在する.

- 多角形による面を構成要素である多角形に分解する.
- 多角形を平面上に配置する.
- 多角形の間の紙をすべて隠せる折り線を見つける.

この手法は折り紙の世界では, とくに多面体折り紙について, 長い歴史をもち, 紙と鉛筆によるデザインにも適用できる (たとえば文献 [Lang 88, 58–63] の「星型立方8面体[†]」など. 文献 [Montroll 02, Montroll 09] にも例が載っている). 完全で形式的なアルゴリズムは舘によって開発され[Tachi 09b], 彼のプログラム Origamizer に実装された[Tachi 14]. Origamizer は一般の面に対して, その多角形の最適なレイアウトを数値計算によって求めて, 舘が「たくし込み分子」と呼ぶ折り目の集まりを構成する.

折り目が, 手作業で見つけたものであろうと計算によるものであろうと, そこには考慮すべき重要な観点が2つある.

---

† 訳注:原文は Stellated Cubocta で, トゲトゲの生えた立方8面体といった立体.

- **効率性**：審美眼的にも実用的にも，隠される余分な紙の量は最小化されることが望ましい．一般に，パターンの中の多角形は，与えられた紙の中で可能な限り大きく，理想的には，隣り合った多角形同士は頂点や辺で接していて，その間の紙の量が節約されていなければならない．

- **測地距離**：紙の上での任意の2つの多角形の点の間の距離は，多面体の表面の対応する2点の間の距離と等しいか，それ以上でなければならない．

この2つの観点は，折り紙をデザインするアルゴリズムの幅広い範囲に共通する話であり（木理論[Lang 96]など），そのため，こうした問題の一般的な定式化は制約つきの最適化問題となる．1つ目の観点は性能指数を与えていて，2つ目の観点は制約を与えている．

Origamizerのようなプログラムによる数値解は，ペンタジア面の有限な一部分を1枚の紙に実装したものを見つけるには十分であるが，数値的な問題は，問題サイズが大きくなるにつれて，当然ながら，より難しくなる（そして折り紙のパッキングの最適化はNP困難問題になりがちである[Demaine et al. 11]）．しかし，ペンローズのタイリングのどんなに大きな部分も，たった2種類のタイルで組み立てられているのと同じく，原理的には，ペンタジアのどんなに大きな部分でも，筆者らは少数の異なる分子から作り上げることができる．

■パッキングとレイアウト

最初の問題は，異なる分子がいくつ必要となるかということだ．カイトとダートのタイルに対応した2つだけと期待したいところである．実は，もっと多く必要となることがわかる．舘のたくし込み分子の例にならえば，そこには**辺分子**と**頂点分子**が存在することに注意する．同様のアプローチをとれば，辺分子と頂点分子をどちらも探索することになるかもしれない．しかし，辺分子の折りに応じて，その発端の辺分子を隣接する頂点分子に吸収して一体化させると考えれば，後者だけで完全に平面を埋めつくして，ペンタジア面を作り上げることができる．このときもとの問題は，異なる頂点分子がいくつ必要になるかという問題に変化する．

この数は，カイト–ダート型ペンローズタイリングから決まる．タイリングを調べると，タイリング全体の中には7種類の異なるタイプの頂点があることがわかる．図17.2に，ペンローズタイリングの一部と，7種類のタイプ（それぞれ黒点で表した）を示す．それぞれのタイプによって，その頂点の周囲のカイトとダートの数が一意的に決まっているので，各頂点のタイプを，その周辺にあるダートとカイトの数で名づけよう．つまり $nDmK$ は周囲に n 個のダートと m 個のカイトがある頂点を表現している．図17.3

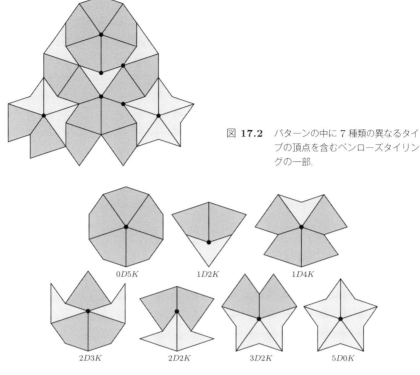

図 **17.2** パターンの中に 7 種類の異なるタイプの頂点を含むペンローズタイリングの一部.

図 **17.3** ペンローズタイリングの 7 つの異なるタイプの頂点.

に，7 つの異なるタイプの頂点を示す．

あとは，各頂点の隣接部分の折り方で，面の多角形（正三角形のペア）を生成し，面と面の間の紙を隠す方法を見つければ十分である．そうすればこうした頂点分子のコピーでペンローズのタイリングを敷き詰めることができ，このタイリングが展開図の全体を与えてくれる．

パターンの折り目は三角形の輪郭を描き，そしてその間の紙を隠すものなので，まず最初は，三角形から，下にあるペンローズタイリングへの適切な写像を見つけるところから始めなければならず，これは求める面の展開図に対する「足場」の役割を提供してくれる．これは原理的には簡単である．ペンローズタイルと，対応するペンタジアの三角形のペアである菱形の間には，1 対 1 対応が存在する．そこで，菱形からの写像（効率性を満たすためには可能な限り大きな写像）で，ペンタジアの各菱形の位置が，対応するカイトとダートに一致するものを見つけなければならない．

もちろん，菱形は互いに重なってはいけない．もし，この制約を取ってパターンの中に可能な限り大きな菱形を当てはめたとすると，図 17.4 に示したような配置が達成でき

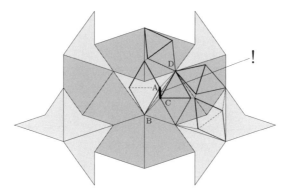

図 17.4 ペンローズの一部への菱形の配置．薄い破線は，折られたときに一緒になる点のペアをつないでいる．A から C へのパスは測地距離制約を満たしていない．

るが，カイトの菱形（山折りが横切る）はカイトの端から端を通り，ダートの菱形（谷折りが横切る）は対応するダートの外側へ伸展してしまう．

この配置は確かに効率的である．しかし残念ながら，測地距離の基準を満たしていない．図 17.4 に関しては，点 A と点 D は最終的に一致しなければならない（点 B と点 C も同様である）．これはつまり，折られた状態では，点 A と点 C は単位長（正三角形の 1 辺の長さ）1 つ分だけ離れなければならないことを意味していて，ところが展開図では明らかにそうなっていない．よって，この菱形の配置では正当な折り状態をもたらすことは，到底できない．

そのため，菱形を小さくして，点 A と点 C の間を分離する距離を，三角形の辺の長さと同じ（あるいはそれ以上）にしなければならない．図 17.5 に示した解はこれを満たし，パス A-C は辺長と正確に同じ長さである．木理論（と制約最適化）の言葉を使えば，パス A-C は**有効**であり，展開図中の他の同値な部分も同様である．図 17.5 の中で，有効パスを灰色の実線で示した．

射影された面上での有効パスは，単軸方向の底の対応部分と同様，折り線となる（今の場合は山折り）．つまり展開図の重要な折り線の一部は，すでに特定できている．菱形自身の外周は（これらの間の紙は後ろに折り込まれるため）山折りである．菱形の対角線はカイトの菱形は山折りで，ダートの菱形は谷折りである．そして有効パスもまた，（このパスの両側がどちらも後ろに折り込まれるため）山折りでなければならない．

有効パスは折り目になるが，もっと重要な役目がある．有効パスは，ここを他の折りが横切ることができないので，展開図の異なる領域の間の「分離バリア」の役割を果たす．つまり，展開図問題は有効パスの一方の側だけで解くことができ，反対側で起こっていることは無視してよいのだ．そこで，「分割統治」法で，頂点分子に関する展開図

図 17.5　ペンローズの一部の菱形の配置で，すべての測地距離制約を満たすもの．

を見つけることができる．すべての分子間についての相互作用がどのようになるかを調べるのではなく，分離する線を特定すれば，きちんと定義された接続部分で起こりうる，分子間の可能な相互作用の数を手に負えるくらいの少数にまで減らすことができる．

■頂点分子

ここで頂点の7つのタイプに注意を向けよう．それぞれの頂点の周囲に菱形をどのように配置するかはわかっているので，菱形同士の間の紙を隠す展開図を見つける必要がある．新たな折り目は，それぞれの多角形を取り囲む折り線と，有効パスの山折り線の隙間を通る．この制約により，候補となる折り線の場所は，各辺に沿って走る回廊に制限される．頂点分子は，ペンローズタイリングの辺に沿って相互に作用するが，ごくわずかな方法でしかない．

では展開図全体を，7つのタイプの頂点ごとに頂点分子を作ることで構築しよう．まず特定の頂点タイルに，それぞれの菱形の中に2つの三角形があることからわかる折り目を割り当てるところから始める．それぞれの菱形を半分に分割し，その2つの三角形の一方（と各三角形ペアの間の折り目の半分）を頂点分子に割り当てる．ここで，カイトやダートタイルの線対称の軸の両端の頂点のうち一方が，今見ている頂点に接続しているなら，頂点は，そのタイルに対応する菱形から三角形1つと，折り目の半分を受け取るという規則を採用する．こうすると各頂点分子は，1個から5個の「三角形と折り目半分」の集合を受け取ることになる．この割当ては図17.6中に示した．

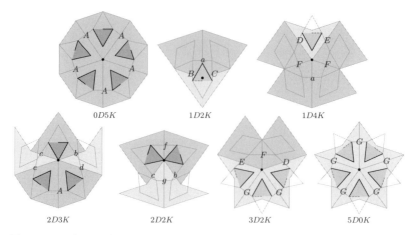

図 17.6 正三角形と半折り線の割当てと，双対なタイルをなす頂点分子．カイト型を構成する三角形は中程度の灰色で，ダート型を構成する三角形は薄い灰色である．細い灰色の線は双対タイル全体を表す．

次に各頂点の周囲にある三角形の対応する角をつなぐことで，もとのカイト–ダートタイリングの双対のタイリングをなすタイルを作る．カイト–ダートタイルと同様，これら双対なタイルも平面を埋めつくし，マッチングの規則に従う．双対なタイルに関するマッチングの規則は次のとおりである．

- カイトの三角形は別のカイトの三角形とのみペアになれる．
- ダートの三角形は別のダートの三角形とのみペアになれる．
- （大文字や小文字の）文字のついた線は，同じ文字の大文字・小文字を反転した文字とのみペアになれる．

ここで，文字のついた線に沿ってペアになるタイルは複数あることに注意する．たとえば（すべて A である）$0D5K$ 分子は，$1D2K$ 分子か $1D4K$ 分子の a と書かれた線とペアになることができる．ここでは，各分子の中の折り目を見つけたいわけだが，この折り線は三角形のすべての辺の折りを確定し，さらに大文字と小文字によって決まる可能性のあるペアの相手の折り目も決めてしまう．

ここで，追加する折り線や頂点分子の境界線は，破線の位置に固定されているわけではないことを考えると，話が少し簡単になる．たとえば，a の境界線を可能な限り押し出して，対応するすべての A に適当な凹みを追加することができるといった具合である．

余分な紙を寄せ集めたとき，表面からの目立った「はみ出し」が生じることがあるかもしれない（理想的には，すべてが表面の下側に収まればよいのだが）．表面にはみ出しが生じる角度については未解決問題である．面の下にぴったりと張りつくか，直角に立っ

てしまうか，あるいはそれ以外なのかどうか，といった具合だ．固定した特定の角度を選ぶのではなく，はみ出しごとに角度が違っていてもよいことにしよう．実際には，それ以上のことができて，はみ出しがなめらかな曲線を形成しても大丈夫だ（ただし，多面的な面の上で，はみ出しにおける曲がった母線が直線の折り線に交差しない限りにおいて可能である）．この設計上の選択肢には，良い点が2つある：

- 展開図が単純になる（多面体の頂点部分にはみ出しが集まったときに，ヒダを寄せる必要がないため）．
- 互いに曲げなければ交差したかもしれないはみ出しがあっても，紙の自己交差を回避できる．

こうした選択をすれば，頂点分子の折り線を構成するのは，簡単な作業である．頂点分子を組み立てるとき，三角形の折りは閉じた多角形を形成し，これらの辺はどれもペア単位でまとめられる．つぶされるそれぞれの領域の展開図の第一近似としては直線骨格 [Aicholzer and Aurenhammer 96] を使うことができ，そのあとで，関係する頂点分子の間の折り線を分配すればよい．

直線骨格は，多角形の辺をすべて集めてはみ出しを形成し，辺単位を基本としたデザインを可能にするが，ここで分子を組み合わせて，多面体の表面の頂点の周囲に，より大きなグループを作り始めると，途端にはみ出し同士が互いに干渉しかねない状況に陥る．これは，こうした表面において取り組むべき一般的な問題であるが，向きを合わせてはみ出しを曲げれば，等長性を維持しながら交差を回避できることがわかる．

より深刻な問題は，凹状の頂点で発生する．固定された直線骨格が，下側へのはみ出しのための紙を十分確保できず，そのため，頂点のある側と別の側とをつないだはみ出しを，隠しきれないかもしれない．とくに$1D2K$頂点は，こうした問題をはらんでいる．筆者らは，沈め折りを追加してこの分子を増補し，そして3つのつながったはみ出しを分割することで，求める3次元形状を作れるだけの十分な紙を面上に与えた．

頂点分子の完全な集合を図17.7に示す．ここでAやaの辺と，Gとgの辺には組み合わせるための出っぱりや凹みを追加したことに注意する．分子は，これまでどおり平面を埋めつくすタイリングであり，すべての折り目はそれぞれのタイル（あるいはタイルの辺）の内に閉じ込められる．また，折り目がタイルの辺に沿って走るときは，その折り目を半分にして，各タイルが折り目の半分にしか貢献しないようにしていることにも注意する．

■1枚の紙によるペンタジア

これで，好きな大きさのペンタジアを1枚の紙に落とし込んだ展開図を構成するため

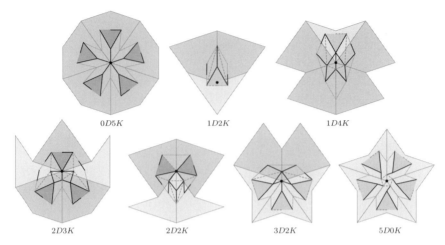

図 **17.7** 頂点分子と対応する山折り（黒い太線）と谷折り（灰色の破線）の割当ての完全な一覧．

の準備が整った．好きな大きさのカイト–ダートタイリングを構成し，頂点分子をそれぞれの頂点に置き，分子の向きを下のタイリングに合わせて揃える．分子を（設計どおりに）並べて展開図全体を作れば，折り上げることができる（このステップ自身，なかなかの難しさではある）．

図 17.1 に示したペンタジアの一部の完全な展開図を図 17.8 に示す．図 17.9 に折った実物の写真を載せておく．展開図の中に，個別の頂点分子を特定するための手がかりとして，（背景色として）タイルの色分けや頂点の点を残しておいた．

折り始めの紙の大きさ（図 17.8 の方向で言えば下から上まで）は 58 cm，出来上がった立体の大きさは，概ね $22 \times 24 \times 12$ cm である．

17.4 まとめ

本章では，最終的に，非周期的な面であるペンタジアを 1 枚の紙から構成する方法を示した．この構成方法は「手作業」，つまり数値計算なしに成し遂げられたことは特筆に値する．設計の証明として，ペンタジアの一部を実際に折った．この方法は，好きなだけ大きなパターンに容易に一般化できる．

文献 [Lang and Hayes 13] では，ペンタジアと同様に，ペンローズの菱形タイリングに基づく面を導出して，**ロンボニア**と名づけた．ペンタジアと同様，ロンボニアは 2 つのタイプの菱形から形作られているが，そのうちの一方しか折らない．最近，**ヴィエリンガの屋根**[†] と呼ばれる似た面がすでに存在することがわかった（[de Bruijn 81,

---

[†] ヴィエリンガの屋根のことを指摘してくれた Jeannine Mosely に感謝する．

図 17.8 ペンタジアの一部の展開図．背景色はもとのカイト–ダートタイリング．

図 17.9 折られた 1 枚の紙によるペンタジア．上から見たところ（左）と裏から見たところ（右）．裏には曲がったはみ出しがある．

p. 49], [Polyakov 08, Goucher 14]).ロンボニアとは違って，後者はどちらの菱形ユ
ニットも折りを必要としない．ヴィエリンガの屋根やロンボニア面は，ペンタジアほど
簡単なモジュラー折り紙での実現には適さなかったが，ことによると，ここで示した技
法の概略をうまく適用することで，1 枚の紙に実装して作り上げられるのかもしれない．
こうした面の設計と折りは，この分野の未来の担い手への課題として残しておこう．

18
雪片曲線折り紙の基本設計とその難点

池上牛雄

池上牛雄 [訳]

◆本章のアウトライン

フラクタル図形は，形が複雑なために一般的な折り紙設計理論では扱いにくい．そのため，折り紙による十分な再現がいまだなされておらず，興味深い創作対象である．本章では，代表的なフラクタル図形である雪片曲線を題材に，フラクタルを折る創作的アプローチとその中間結果を紹介する．またこの課題は，1枚の布を折り畳んで作った平面図形の外周をもとの布の外周より長くできるかというナプキンフォールディング問題とも関連しており，当中間結果はこの問題における新たな解となっている．

18.1 はじめに

1枚の紙を折り畳むことでフラクタル図形を作ることが可能か．これは折り紙設計において興味深い主題の1つである．フラクタル図形は，それがもつ非整数の次元によって特徴づけられ，大抵自己相似性を有し，通常それによって2次元平面内に無限長の輪郭線をもつ．筆者は，よく知られたフラクタル図形であるコッホの雪片曲線（図 18.1）の試作品を 4OSME で発表している [Ikegami 09]．試作の目標は，雪片曲線を任意の誤差で近似できる折り紙作品の列を構成することである．ただし，雪片曲線が無限長の輪郭線をもつため，この折り紙列の輪郭線も必然的に無限長に発散する．折り紙作品の輪郭線を無限大に発散させることは可能であると証明されているが，そのような作品では輪郭線が発散するに従って全体のサイズが無限小になるのが典型的である（たとえば [Lang 03]）．筆者のモデル[†]が興味深いのは，折り紙列構築の漸化的ステップにおいて全体サイズが変化しないように設計されている点である．

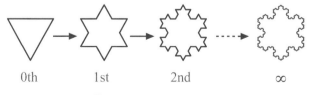

図 18.1 コッホの雪片曲線．

---

† 訳注：上記 4OSME の試作品．

本章が扱うのは，上記雪片曲線モデルの基礎的角配置の設計，無限の繰り返しによって生じるいくつかの難点，および代替となる 2 つの簡易版作品についてである．簡易版の一方は，全体サイズを縮小させることなく無限長に発散する輪郭線をもつ[†]．

18.2 角配置の設計と展開図

雪片曲線折り紙の最初の構想は，図 18.2(a) に示される単純な六角形星型に端を発する．これら 2 つの星型は，雪片曲線を構成する図形列の最初の図形および構成規則を 1 回繰り返した図形と同じである．図 18.2(b) は初期配置と繰り返し 1 回の星から自然に拡張して得られる繰り返し 2 回のときの仮の角配置である．しかし，この角配置は**距離条件**を満たさないために平坦折り可能な展開図をもたない．距離条件とはつまり，展開図上の任意の 2 点間の距離が，折り畳んでできた図形に沿って測った 2 点間の最短距離以上でなければならないという条件である．図 18.2(b) が示すように，角 A′ と B′ の展開図上の距離は折り畳んだ形状に沿って測った距離よりも短いのである．よってわれわれは，繰り返し 1 回の角配置を最小の単位として全体の角配置を決定することとする．

上記最小単位による繰り返し 2 回の角配置の構成を図 18.3(a) および (b) に示す．この角配置の規則は，中央の配置パターンを原型のまま保ちつつ，枝分かれする部分すべてを新しい角（濃い灰色）に置き換えるというものである．この繰り返し 2 回の角配置は距離条件を満たし，平坦折り可能な展開図をもつ（折り図は [Ikegami 11] を見よ）．図 18.3(c) は展開図の主要部であり，最小単位同士の関連が見てとれる．ここで注意されたいのは，この角配置が折り畳んだ形全体の縮尺を変化させないことである．

その後に続く角配置の繰り返しも同じ規則によって行われるが，図 18.3(a) の点 A，B

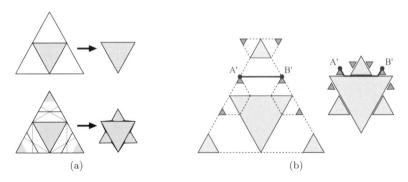

図 **18.2** (a) 最初の構想と，(b) 繰り返し 2 回への自然な拡張．

---

† 訳注：「実現可能と判明した」という意味で書いてある．

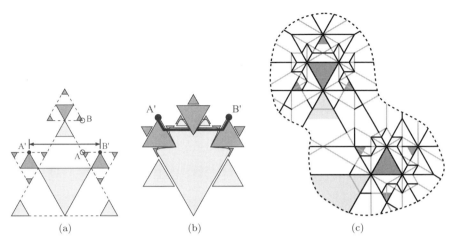

図 18.3 (a), (b) 繰り返し 2 回の有効な角配置と, (c) その展開図.

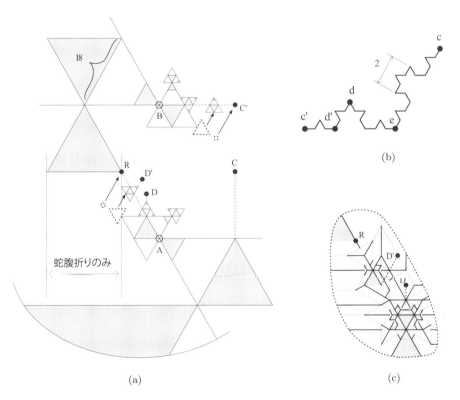

図 18.4 (a) 角配置の修正, (b) 折り畳んだ形状での点, および (c) 修正部の展開図.

においてある程度の非対称な修正が必要になる．図 18.4(a) がその修正を示す．図中の黒点は角の集積点である．もともとの規則に従えば，最小単位は点 A から点線の円（もとの集積点）に向かって配置される．しかし点線の円が位置する領域は，上部の三角形の幅を一定に維持するために横方向の蛇腹折りしか許容できない．この状況を避けるため，点線円を上部三角形の頂点にずらし，それに合わせて角配置も線分 AR 上に移す．この操作によって複雑な折りは蛇腹折り領域の外に出る．点 B はこのように制限のある領域を付近にもたないが，配置を整えるため同様の修正を施すとする．

次に，修正を行った角配置が距離条件を満たすかどうかを見なければならない．図 18.4(a) 上部の三角形の 1 辺が長さ 18 とすると，

$$\mathrm{CC}' = 9\sqrt{3} > 12 = \mathrm{ce} + \mathrm{ec}',$$
$$\mathrm{DD}' = \sqrt{13} > 2 = \mathrm{dd}'$$

これは角配置全体のごく一部であるが，この 2 カ所が集積点同士のとくに近い場所であるため，角配置全体が距離条件を満たしていることを示唆する．図 18.4(c) の展開図は修正領域での角同士のつながりを示している．ここで，点 R の近傍が繰り返し 1 回の展開図と同じパターンをもつことに注意されたい．これにより，この領域が線分 AR 上の角をすべて含み，かつ任意の繰り返し数 n で平坦折り畳み可能であることがわかる．

これらの設計（図 18.2(a)，図 18.3，および図 18.4）に基づき，求める角配置全体と，平坦折り可能な繰り返し 4 回および 5 回の展開図を得ることができた（図 18.5，図 18.6，および図 18.7 を見よ）．図 18.6 の展開図が鏡映対称性をもたないため，この角配置を非対称構造とみなすことにする．繰り返し 4 回の展開図に見える太線は，それを折り畳んだ図の太線と一致し，よってこの部分的展開図がその鏡像とともになって雪片曲線全体を形成することがわかる．繰り返し 5 回の全体を折り畳む展開図はまだ見つかっていない．

図 18.5　3 回の回転対称をもつ角配置は非対称である（鏡映対称性を欠く）．

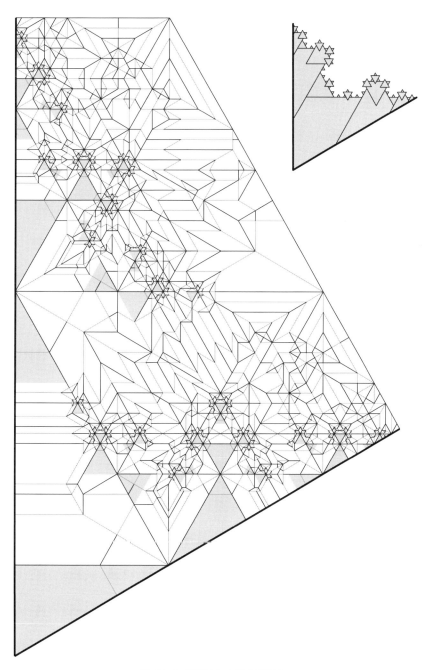

図 18.6 繰り返し 4 回の展開図.

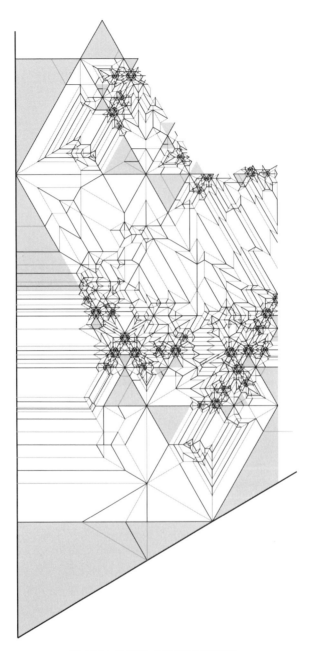

図 **18.7** 繰り返し 5 回の部分的展開図.

18.3 展開図の不規則性

次に，得られた繰り返し4回および5回の展開図から有限個の展開図構成要素とそれらの配置パターンを割り出したい．それがわかれば任意の繰り返し数 n の展開図を構成できて，この折り紙列が雪片曲線を近似できることの証明となるからである．しかし，これら展開図はそれぞれ独自に不規則であり，反復するパターンを取り出すための十分な共通性をもっていない．何が展開図をここまで不規則にするのだろうか．

角配置の非対称性はもちろん主要原因である．とくに非対称な構造で蛇腹折りを扱うことは非常に難しい．目標とする図形が6回対称であるから，6回対称構造がこの点を解決する可能性もあるが，現時点ではこの3回対称の角配置にとどまることとする．なぜなら，初期配置から繰り返し1回への非対称な工程は無理がなく簡潔だったからである．

不規則性のもう1つの原因は，展開図上の角の集積点が折り畳まれた形の上で位置が定まっていないことである．折り畳まれた状態では，角の集積点の位置は繰り返し数 n が大きくなるにつれて雪片曲線の頂点に限りなく近づく（図18.8(b)）．

これによって折られた作品の裏側が一定の形状を保てず，展開図の該当部分は各繰り返しごとに変わる．この難点を克服するため，角周辺に追加の折りを施し，折られた状態で集積点を雪片曲線上に固定することも考えられる（図18.8(c)）．この修正は展開図をかなりの程度単純化するが，修正を施した場合に対しては繰り返し3回がまだ成功していない．図18.9が，追加折りを施して得られた繰り返し3回の最もよい結果である．

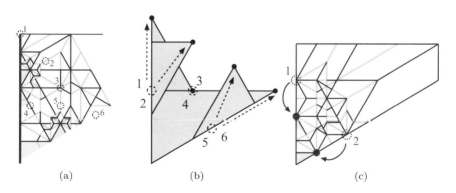

図 **18.8** (a) 展開図．(b) 集積点のずれ．および (c) その修正．

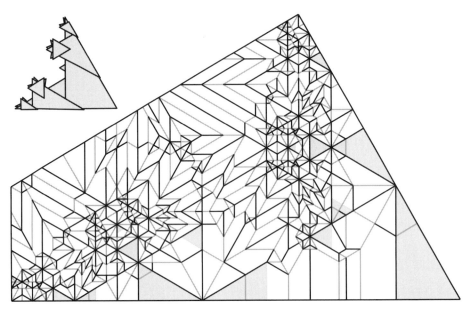

図 18.9　追加折りを施した繰り返し 3 回のモデル．

18.4　簡易雪片曲線

本節では，2 つの簡略化した雪片曲線を考察する．図 18.10 に示される**木曲線**と**凹木曲線**である．これらの図形は自己相似性が限定的であって非整数の次元をもたないためにもはやフラクタルではないが，それでも輪郭線が無限大に発散する性質は保っている．

図 18.10 が示すように，曲線の 1 つの単位は，1 回の繰り返しで 3 つの新しい単位を自身の 3 分の 1 の縮尺で生成し，全体の長さを 3 分の 1 だけ増やす．生成された 3 つの単位はまたそれぞれ同じことを繰り返す．よって P_n を両曲線における繰り返し n 回の長さとし，$P_0 \equiv \alpha$ とすると，P_n の次の繰り返しでの増分は，

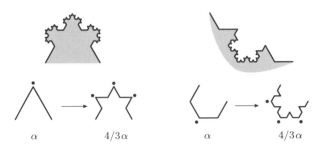

図 18.10　木曲線（左）および凹木曲線（右）．

$$P_{n+1} - P_n = (P_n\text{の各単位の長さ}) \times \frac{1}{3} \times (P_n\text{の単位の個数})$$
$$= \left(\frac{1}{3}\right)^n \alpha \times \frac{1}{3} \times 3^n = \frac{1}{3}\alpha$$

となる．よって P_n は線形に増大して無限大に発散する．

■凹木曲線

図 18.8(b) を見ると，雪片曲線の「谷間」部分にある集積点は望ましい場所にあって前述したずれの問題とは無縁であることがわかる．凹木曲線はこの集積点以外を角配置から取り除くことで作られるものであり，ずれを含まないことがもとの曲線に対する利点となっている．この構成法は図 18.11 に示されるとおり，

$$f_1(A) = A_1, \quad f_2(A) = A_2, \quad f_3(A) = A_3$$

となる縮小写像 f_1, f_2, および f_3 によっても説明できる．凹木曲線はこれら縮小写像の極限として得られる．この曲線上に残る集積点は，図 18.11（右）の三分木の枝の先端に相当する．図 18.12 および図 18.13 の**螺旋**と**谷**のパターンは，それぞれ f_1 と f_3, および f_2 の極限を折り紙で近似したものである．図 18.14 は繰り返し 8 回で揃うすべての反復パターン[†]を示している．

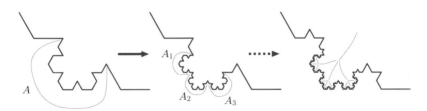

図 **18.11** 凹木曲線の構成．

次の課題は螺旋と谷を部品として凹木曲線を構成することである．折り畳み可能というためには最低でも繰り返し 8 回を調べなければならないが，現在のところ繰り返し 5 回までしか平坦折り可能であることを確認できていない（図 18.15）．ずれを含む集積点の除去はもとの雪片曲線を格段に単純化したが，蛇腹折りの問題は解消されなかった．谷は自身の 2 つの集積点の周囲にある蛇腹折りをうまく制御しているが，さまざまな位置に配置されたときにその周囲の状況が変わってしまう．現段階では蛇腹折りを全体的に扱う手法は見つかっていない．

[†] 訳注：谷のもの．

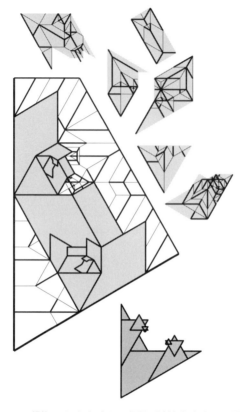

図 18.12 螺旋：f_1 および f_3 の極限の近似（下）とその展開図.

■ 木曲線

木曲線は，その集積点が前述したずれの問題を抱え，さらに上部で分かれ続ける枝の根元に大きな空間を保持しなければならないため，凹木曲線より難しく見える．しかし，図 18.9 は，追加の折りが木曲線の角に繰り返し 3 回までは適用可能であることを示しており，螺旋パターンを使うことで根元の空間も保持できることが保証される[†]．これらがもとの曲線に対する木曲線の利点である．

螺旋と追加の折りを組み合わせることにより，平坦折り可能な展開図とその有限個の構成要素が得られた（図 18.16 と図 18.17）．図 18.18〜図 18.22 は構成要素の張り合わせパターンの詳細である．この系の核心は，図 18.22 に示された蛇腹折り吸収構造である．蛇腹折りが片側に寄っている帯領域が（展開図をカオス的にしてもおかしくないのだが），単純な開沈め折りで生成された補完的蛇腹折りによって相殺されるのである．図

[†] 訳注：証明はなく示唆にとどまる．

18.23 は完成作品全体を作る用紙の 2 種類の境界を示す．最小サイズ（左）は 2 つの集積点を境界上にもつ．より大きな用紙を使用して集積点全体を用紙内部に含むこともできる（中央）．しかし，各集積点の近傍は限られた範囲内でしか対称でないため，$\mathbb{R}^2$ 平面全体を用紙とした木曲線の平坦折り畳み可能性はまだ確認されていない．

18.5　まとめ

　本章では，雪片曲線折り紙の設計とその平坦折り畳みの可能性，そして 2 つの簡易曲線を調査した．もとの曲線と凹木曲線の展開図を繰り返し 5 回まで調べ，非対称構造内の蛇腹折りによって不規則な成長を見せることを確認した．これは，もしこれらの作品が実現可能としても，無限個の構成要素もしくは常に変化する大きな不規則領域が必要になる可能性を示唆する．一方，木曲線については有限個の構成要素で蛇腹折りを扱うことに成功し，平坦折り畳み可能であると判明した．

　雪片曲線は木曲線と凹木曲線の合成によって構成されるため，次の課題は凹木曲線の平坦折り畳みの可能性を扱うことになる．端的には，木曲線の蛇腹折り吸収構造が凹木曲線に適用可能であるかどうかの問題といえよう．さらに 2 つの簡易曲線を合成して雪片曲線を作る段階となれば，それぞれが $\mathbb{R}^2$ 平面全体の用紙から折り出せるかどうかも重要な要素となるであろう．なぜなら全体の角配置に対するそれぞれの相対的な大きさは無限小になるからである．

235

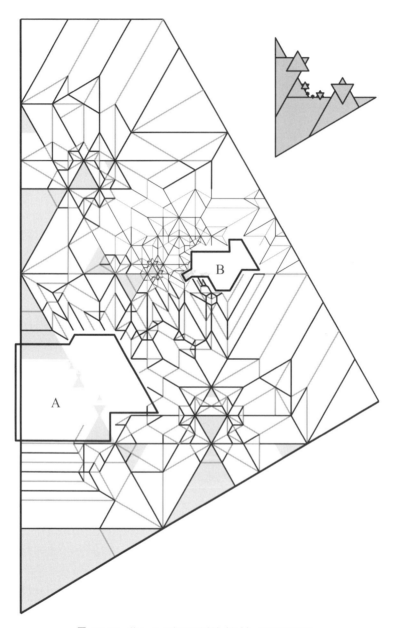

図 **18.13** 谷：f_2 の極限の近似（右上）とその展開図.

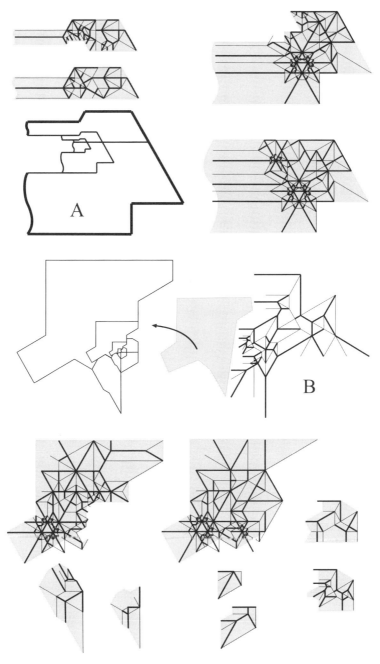

図 **18.14** 谷の張り合わせパターン.

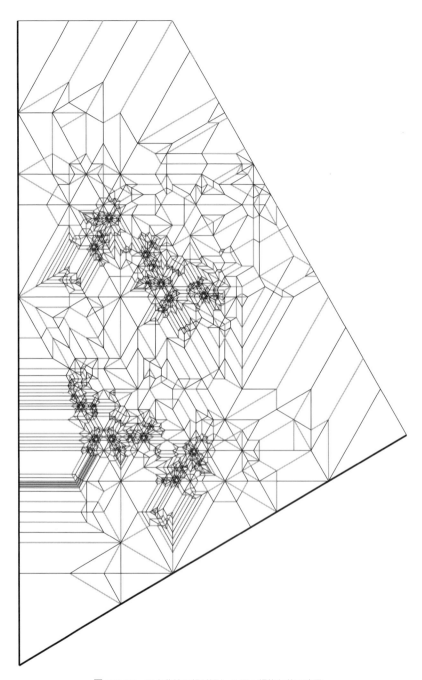

図 **18.15** 凹木曲線の繰り返し 5 回：螺旋と谷の適用.

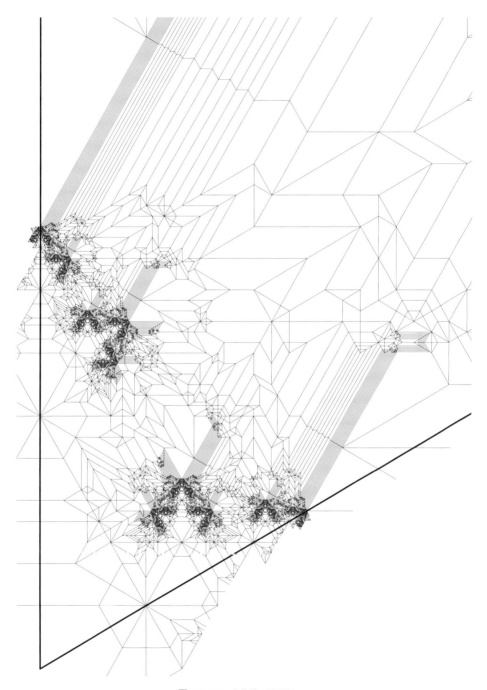

図 **18.16** 木曲線の展開図.

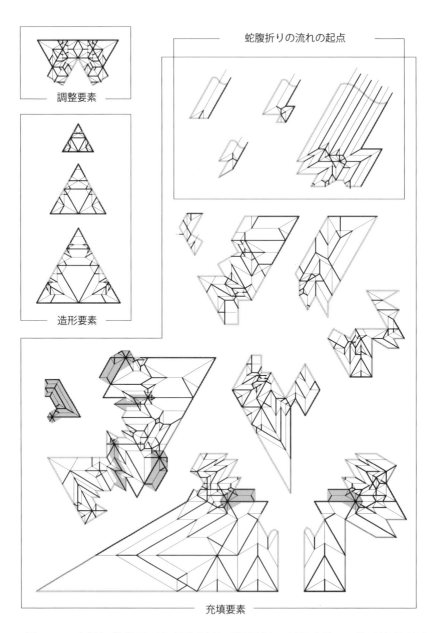

図 18.17 木曲線の構成要素：造形要素が曲線の形を形成し，調整要素が 18.3 節の追加折りとなり，そして充填要素が造形要素と調整要素の間を埋めて凸の用紙形を作る．蛇腹折りの起点である波形の端部は，対応する要素に合わせて形を変える．より詳細なパターンをもつ灰色部は図 18.19〜図 18.22 で記述する．

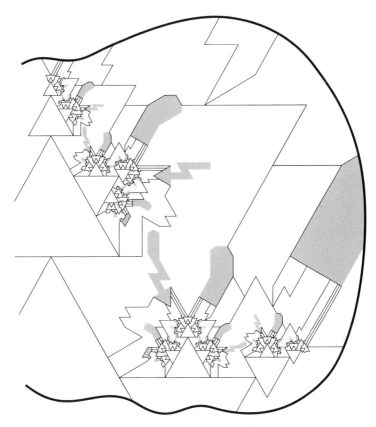

図 18.18 構成要素の張り合わせパターン.

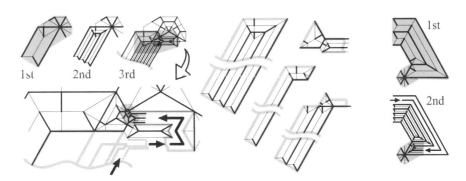

図 18.19 灰色部の詳細：右下の構成要素は左上と同じパターンをもつ．矢印は蛇腹折りの流れを示し，終点の六角形の灰色部が図 18.22 に示される蛇腹折り吸収構造-1 である．

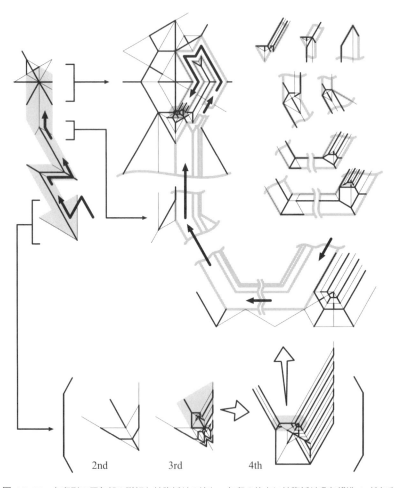

図 **18.20** 矢印形の灰色部の詳細と蛇腹折りの流れ：矢印の終点に蛇腹折り吸収構造-1 がある．

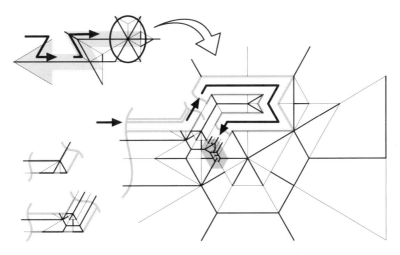

図 18.21 もう 1 つの矢印形灰色部の詳細：蛇腹折り吸収構造-2 をもつ．

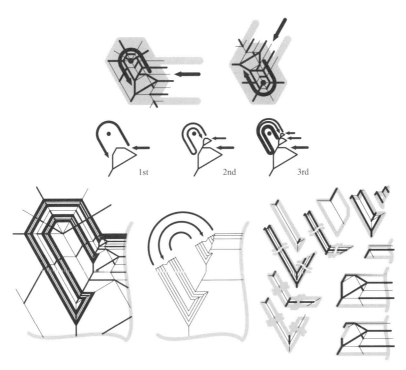

図 18.22 蛇腹折り吸収構造-1（左上）および-2（右上）：どちらも，曲線の矢印で示された山折りの稜線を開沈め折りすることで蛇腹折りの流れを吸収する．唯一の違いは黒点で示された頂点の折り畳み状態であるが，この系の本質ではない．

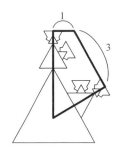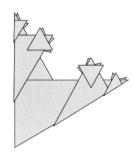

図 18.23　用紙の境界（左と中央）およびそれらを折った状態（右）．全体を作るには鏡像が必要．

19
ユニットを使ったジオデシック球作品のための2つの計算

川村みゆき

川村みゆき [訳]

◆本章のアウトライン

筆者は，同型のパーツを複数個組み合わせて作る「ユニット折り紙」の創作活動として，ジオデシック球を題材とした作品を発表してきた．本章では，正12面体と同じ対称性をもつジオデシック球を考え，その表面のメッシュに斜行座標を導入することでメッシュの数を求める計算式を導出する．また，ジオデシック球を輪切り状に分割した場合の各段のメッシュの数を計算する一連の式を与える．これはジオデシック球をユニット折り紙作品として製作する際に有用である．

19.1　はじめに

ジオデシック球（測地球）は美しく興味深い多面体である．ジオデシック球をユニット折り紙の手法を用いて製作しようとする場合には，使用するユニットの数を計算しておく必要がある．本章ではジオデシック球作品の製作に必要なユニット数を計算するための方程式を導出する．さらに，色分けされたジオデシック球を作る際に有用ないくつかの表を与える．

■ コスモスフィア

ジオデシック球は球の表面を分割するいくつかの大円で構成された立体であり，大円同士の交点は球面上に多角形ネットワークを形成している[Wenninger 79]．筆者は1990年代からユニット折り紙の手法を用いていくつかのジオデシック球作品の製作を始め，1996年に「コスモスフィア」を創作した（図19.1，図19.2）．このジオデシック球は準正多面体の一種である変形12面体の対称性に基づいて作られている[Kawamura 04]．

変形12面体の表面は12枚の正五角形と80枚の正三角形で作られているが，「コスモスフィア」ではこれらの面を構成するすべての辺がそれぞれ三等分されており，立体の表面はより細かな三角形メッシュで覆われている（図19.1（右下））．この三角形メッシュで覆われた多面体の表面には1260個の三角形と，1890個の辺（1350個は長い辺，540個は短い辺）がある．「コスモスフィア」では1個の辺が1つのユニットに対応するようにデザインされているため，もとのジオデシック球の形状を再現するためには特定の異なる長さをもった複数種類のユニットが必要となる．それぞれのタイプのユニットは隣のユニットと特定の角度で接続するように設計されている．

245

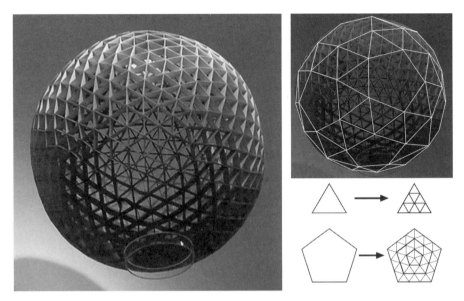

図 19.1 コスモスフィア.

　理論上，このジオデシック球を作るためには長さの異なる2種類のユニットの使用のみで十分であるが，素材の紙から生じる問題（主に紙の厚さに起因する）と，折り方により生じる問題（小さな折り誤差も完成形の精度に大きく関与する）によって，折り紙作品として「コスモスフィア」を実際に製作するためには3種類の異なる長さのユニットが必要であることがわかっている．1350個の長い辺のユニットのうち，特定部位に位置する120個は理論値より若干短く作らなければならない．この中間の長さのユニットは作品に発生する過剰なテンションを和らげ，組み立て中に起こる破壊の回避に効果がある．

　「コスモスフィア」を7.5 cm四方の用紙で製作した場合，完成作品の直径は約56 cmになる．ユニット同士の接続は作品が自立できるほどの強度がなく，のり付けが必要である．「コスモスフィア」のユニットは長さや角度の折り出し工程が長くやや煩雑で，最初の作品は完成までに約半年を要した．

19.2　ジオスフィア

　筆者は「コスモスフィア」の創作から10年後の2006年に，「ジオスフィア」という作品を創作した（図19.3）[Kawamura 07a]．「ジオスフィア」も「コスモスフィア」と同じ対称性をもっており，1890枚のユニットで構成されているが，「ジオスフィア」のユ

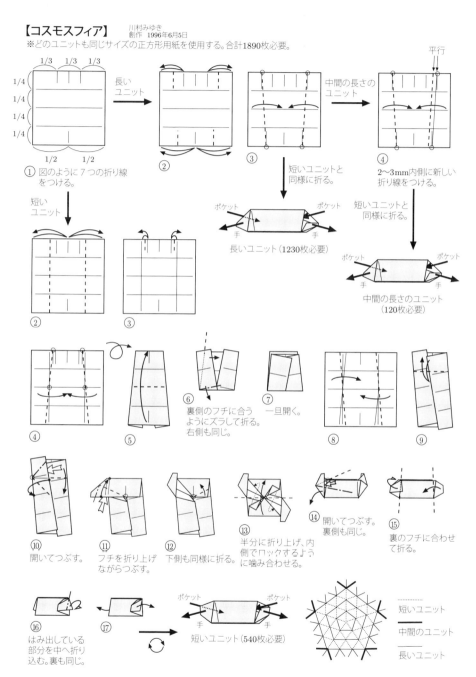

図 19.2 コスモスフィアの折り図．

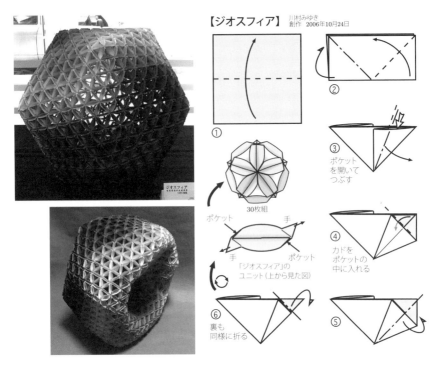

図 19.3 ジオスフィア（左）と，その折り図（右）．

ニットはよりシンプルで長さの差がなく，すべて同じ形をしている．その結果，組み立てによって発生するテンションでユニットがたわみ，作品表面の各点においてユニットの差し渡しの長さが自動的に変更される．完成作品の形状は球ではなく正20面体状になる．ユニットの変形によって実現される長さは，「コスモスフィア」の2種類の辺，あるいは3種類のユニットの異なる長さに対応している．「ジオスフィア」ユニットの長さの変化は小さいので，完成作品の表面のメッシュの三角形は正三角形に近い形をしている．1890枚で作る「ジオスフィア」は，ユニットの製作が容易なため3日から1週間程度で完成することができる．また，ユニット同士の接合は互いの重さを支え合う形状になっているため，のり付けなしで作品を自立させることができる．「ジオスフィア」のユニットは非常に柔軟で，同じユニットを用いて異なる形のジオデシック球を作ることができる．完成作品は柔らかいユニットによる辺と接合部をもつ立体であり，図19.3の左下図のように奇妙な形にへこませることができる．

248 第19章 ユニットを使ったジオデシック球作品のための2つの計算

19.3 ジオデシック球の辺の総数の計算

ジオデシック球をベースとする作品を作るためには，使用するユニットの個数を計算する必要がある[Kawamura 07b, Kawamura 10]．ここでは，座標軸が互いに60度の角度で交わる2次元斜交座標（図19.4）を用いて，一般的なジオデシック球に基づく「ジオスフィア」の辺の数を計算する．

まず最初に「ジオスフィア」の完成形が正20面体に近い形であることを利用して，立体表面の三角形メッシュの面と辺の数を計算する．表面上の5回対称性をもつ頂点の1つを座標系の原点 $O = (0,0)$ とし，原点に一番近い次の5回対称性をもつ頂点の1つを点 $V(m,n)$ とする（図19.5）．立体全体では12個の5回対称の頂点があり，座標系の上ではお互いに (m,n) だけ離れている．2点 O と V の間の直線距離 L は余弦定理により

$$L^2 = m^2 + n^2 - 2mn \cdot \cos 120°$$
$$= m^2 + n^2 + mn$$

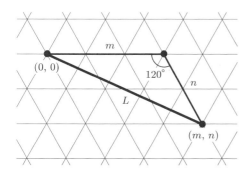

図 **19.4** 2次元斜交座標系．

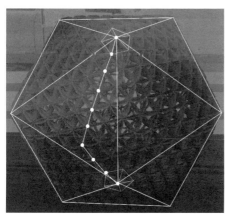

図 **19.5** ジオスフィアの5回対称頂点．

となる．L は 20 面体の辺の長さなので，この 20 面体の表面積 A は，

$$A = 20 \cdot \frac{1}{2} \cdot L \cdot \frac{L}{2} \cdot \sqrt{3} = 5\sqrt{3} \cdot L^2$$

である．一方，立体表面のメッシュの 1 つの三角形の面積 B は，

$$B = \frac{1}{2} \cdot 1 \cdot \frac{\sqrt{3}}{2} = \frac{\sqrt{3}}{4}$$

である．ゆえに「ジオスフィア」作品の表面にある三角形の数 S は，

$$S = \frac{A}{B} = 20 \cdot L^2$$

となり，辺の総数 E は，

$$E = \frac{3}{2} \cdot S = 30 \cdot L^2 = 30(m^2 + n^2 + mn)$$

となる．E は 2 つの任意の整数の組 (m, n) で規定されるジオデシック球の辺の数を表している．この式は外形が正 20 面体形状であるとして算出されたものであるが，一般に正 20 面体の対称性をもつすべてのジオデシック球に当てはまることに注意したい．$n = 0$ のとき，三角形メッシュを構成する辺のうちのいくつかは外形をなす正 20 面体の辺上に沿って並ぶ．$n \neq 0$ のときは三角形メッシュの辺は外形の正 20 面体の辺には沿わず，有限の角度をもって交わる位置に配置される．n の値が大きくなればなるほど，正 20 面体からのずれは大きくなり，$n = m$ のときにずれは最大となる．

図 19.6 に，さまざまな値の m と n をもつジオデシック球の例と，それらの辺の数 E を示す．さらにいくつかの (m, n) についての計算結果を表 19.1 に示す．丸の中の数字は特定の (m, n) で規定されるジオデシック球の辺の総数であり，これを用いてジオデシック球を覆う 3 角形メッシュの面の数も容易に計算できる．多くのユニット作品について，ユニットの数は辺または面の数に等しいようにデザインされることが多いため，ユニットの必要数を数える際に表 19.1 は有用である．たとえば，$(m, n) = (6, 3)$ の場合の辺の数 E は 1890 であり，これは「コスモスフィア」と「ジオスフィア」の必要ユニット数に対応している．(m, n) および (n, m) で規定されるジオデシック球はお互いに鏡像の関係にあり，同じ数の辺をもつ．ゆえに表 19.1 の左下半分は右上半分の鏡像と同じ数字の配置になるため省略されている．$n \neq m$ の場合は (m, n) の鏡像が必ず存在し，それは (n, m) となる．

19.4　ジオデシック球のカラーデザインのための計算

ここではジオデシック球の作品を作る上で有用になるもう 1 つの数を計算する．最初

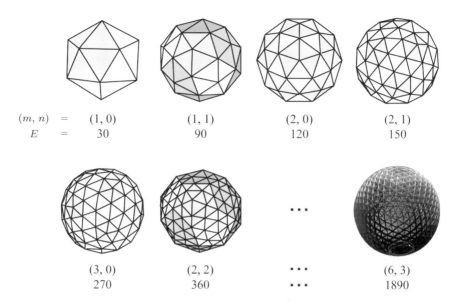

図 **19.6** さまざまな m と n の値をもつジオデシック球の例.

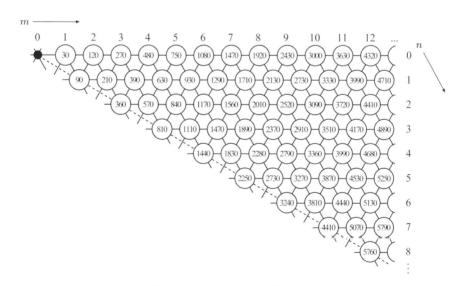

表 **19.1** ジオデシック球の辺の数.

にいくつかの用語を設定する．正 20 面体をベースとするジオデシック球の表面を，各々が 4 つの大きな正三角形からなる合同な 5 つの帯に分割し，それぞれを **1/5 ネット**と呼ぶことにする．1 つの 1/5 ネットに含まれる正三角形形状の 4 つの領域をそれぞれ第 1 領域，第 2 領域，第 3 領域，最終領域とする（図 19.7）．

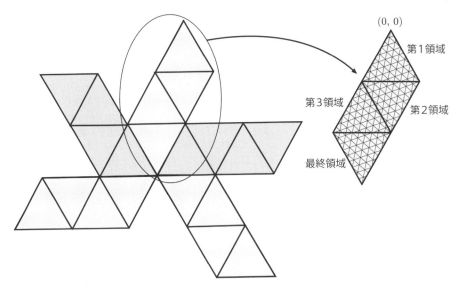

図 19.7 正 20 面体の 1/5 ネット．

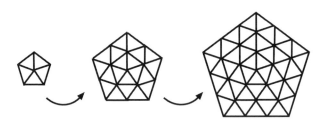

図 19.8 バンドの追加によるジオデシック球の作成過程．

1/5 ネットの原点 $(0,0)$ を 5 回対称性をもつ頂点の 1 つにとり，この原点 $(0,0)$ に結合しているメッシュの 1 列分を「バンド」と呼ぶことにする．このバンドの幅は三角形メッシュを形作る三角形の高さと同じである．さらにこのバンドの外側に次のバンドを作る．同様にして 1 列分ずつバンドを足していくとき，各バンドを作るために必要なユニットの数はそれぞれいくつになるかを計算で求める（図 19.8）．

x 番目のバンドのユニット数を $B[x]$ とすると，原点の 5 回対称の頂点を直接囲む最初のバンドは 1 周あたり 10 個のユニットで構成される．

$$B[1] = 10$$

5 つの 1/5 ネットの寄与をそれぞれ分離して書くと，

$$B[1] = 5 \cdot 2$$

すなわち，1つの 1/5 ネットの第 1 領域はバンドに 2 つのユニットを関与させることになる．次の $B[2]$ は $B[1]$ より 15 個多いユニットが必要である．なぜなら，最初のバンドの 5 つの角のそれぞれに 3 つのユニットを追加する必要があるためである（図 19.8 の中央）．$B[3]$ には $B[2]$ より 15 個多いユニットが必要である．同様にして，1/5 ネットの第 1 領域の終わりである $x = m + n$ のところまでバンドを順次追加していく．その間，x 番目のバンドのユニット数 $B[x]$ は，

$$B[x] = B[1] + 5 \cdot 3(x - 1) = 5(3x - 1) \qquad (0 < x \le m + n)$$

である．第 1 領域の終わりである $x = (m + n)$ 番目のバンドのユニット数は

$$B[m + n] = B[1] + 5 \cdot 3(m + n - 1) = 5 \cdot 3(m + n) - 5 \qquad (x = m + n)$$

である．

第 1 領域に続いて第 2 領域へも同様にバンドを追加していくが，$(m + n)$ 番目のバンドの外周は 5 つの 5 回対称頂点を含んでいるので，$B[m + n + 1]$ は，$B[m + n]$ に 15 個ではなく 5 個のユニットが追加される．よって $B[m + n + 1]$ のユニット数は

$$B[m + n + 1] = B[m + n] + 5 \cdot 1 = 5 \cdot 3(m + n) - 5 + 5$$
$$= 5 \cdot 3(m + n) \qquad (x = m + n + 1)$$

となる．

次のバンドは 1/5 ネットの第 2 領域と第 3 領域にまたがって現れ，6 回対称頂点のみで構成されている．すなわち，構造的には円筒形の領域になっていて，ユニット数の増減はない．よって，ユニット数 $B[m + n + 2]$ は，$B[m + n + 1]$ と同じである．同様に，第 2 および第 3 領域の終わりである $x = m + n + m$ までの各バンドは $B[m + n + 1]$ と同じ数のユニットを有する．すなわち，

$$B[m + n + 1] = B[m + n + 2] = B[m + n + 3] = \cdots = B[m + n + m]$$
$$= 5 \cdot 3(m + n) \qquad (m + n + 1 \le x \le 2m + n)$$

である．

$x = m + n + m$ のとき，バンドはその外周に再び 5 つの 5 回対称頂点を含むようになる．よって最終領域の最初のバンド $x = m + n + m + 1$ では，$x = 1$ から $x = m + n$ の間に起こったのとは逆にユニットの数は減少する．具体的には 1 つの 5 回対称頂点につき 2 つのユニットが減少する．すなわち，$B[m + n + m]$ からは 10 個のユニットが減少する．すなわち，

$$B[m+n+m+1] = B[m+n+m] - 5 \cdot 2 = B[m+n+1] - 5 \cdot 2$$
$$= 5 \cdot 3(m+n) - 5 \cdot 2 \qquad (x = 2m+n+1)$$

である．

次の $x = m+n+m+2$ からのバンドではすべての頂点が 6 回対称性をもつので，1 つ前のバンドのユニット数から 15 を引いた数になる．

$$B[x] = B[x-1] - 5 \cdot 3 \qquad (2m+n+1 < x)$$

次の 5 回対称頂点は最終領域の終点にあたるので，この減少ルールは最終領域全体に適用されると予想される．しかしながら，実際に必要なユニット数はこのルールを満たしていない．この不都合な状況は，表面のカラーパターンの非対称的な設計，すなわち上下の対称性が崩れていることから生じると考えられる．よって，最終領域のユニット数は，1/5 ネットの図を用いて手で数える必要がある．

19.5 まとめ

いくつかの種類のジオデシック球についての 1/5 ネットの図を表 19.2〜表 19.6 に与える．このような図表は一般的にジオデシック球の作品を作る際に有用であり，折り紙作品についてだけでなく，その他の分野においても利用できると思われる．これらの表では，カラーパターンの対称性が完全ではないため，各 1/5 ネットの最終領域のカウンティングルールは不完全なものとなっている．他のカラーパターンを作ろうとするときには，カウンティングルールを変更しなければならない．ジオデシック球のカラーデザインには無数の可能性があり，それぞれについて個別の図表が必要になる．

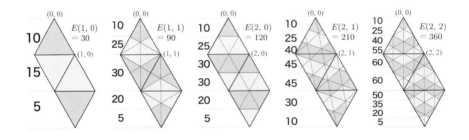

表 **19.2** $E(1,n)$ および $E(2,n)$ の各バンドの辺の数．

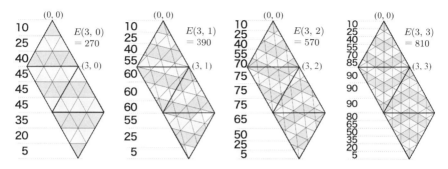

表 **19.3** $E(3, n)$ の各バンドの辺の数.

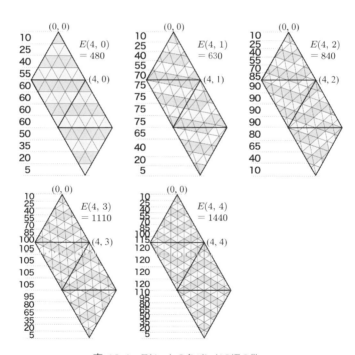

表 **19.4** $E(4, n)$ の各バンドの辺の数.

255

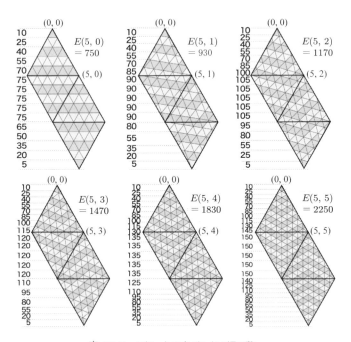

表 **19.5** $E(5, n)$ の各バンドの辺の数.

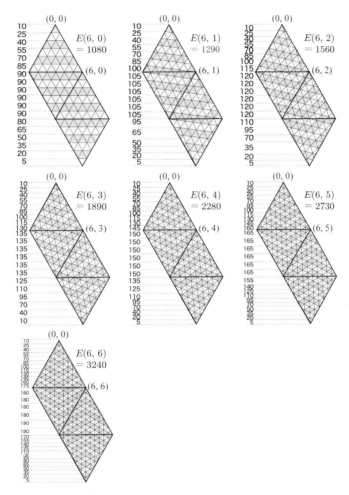

表 **19.6** $E(6, n)$ の各バンドの辺の数.

あとがき

本書は,「折り紙数学」の最先端を日本語で知ることができる随一の本である.しかし2018年現在の最先端も,時がたつにつれ,古くなるであろうことは否めない.たとえば,今は「剛体折り紙」と呼ばれる折り紙モデルに対する研究が急速に進んでいる.剛体折り紙モデルの研究は,この5年くらいで大きく発展し,これまでわかっていなかった数理的な特徴づけも,かなりわかってきた.その成果は,本書にもいくつか収められている.その一方で,「曲線折りを許した折り紙」に対する研究は,黎明期から発展期に移りつつあるように見える.まだまだわかっていないことが多いが,興味深い解析も進む一方で,魅力的な折り紙作品も数多く生み出されている.こうした分野は,今後数年のスパンで,大きく発展することだろう.

いずれにしても,2018年現在の最先端の折り紙数学を扱った本書も,少しずつ内容は古くなっていき,新しい結果が生み出されてくる.実際,本書では著者が日本人の章は,本人が翻訳を担当するよう心がけたわけだが,翻訳中にいわゆる「直し」を入れたいという相談を受けることもあった.間違いを見つけたからという場合もあるが,中には,その後の進展について追加したいというものもあった.しかし,本書はあくまで翻訳であり,原著がある限り,そこからの乖離は御法度である.そこで基本的には,それぞれの訳者には,原著から離れない翻訳を心がけてもらった.とはいえ,どうしても避けられない場合は,脚注や訳注などで対応した.

こうした改変によるもの,あるいは避けられない常としての間違いなど,いったん出版した本に対して,どうしても訂正情報を出したくなることがある.本書ではこうした事態に備えて,サポート情報を提供するためのWebページを作成した.具体的には

http://www.jaist.ac.jp/~uehara/books/Origami6/

である.もし間違いなどを見つけた場合は,電子メールで知らせていただけると幸いである.

本書が出版されるころには,7OSMEも終了し,4分冊の会議録Origami[7]には,さらに新しい結果や,魅力的な研究が掲載されていることだろう.こうした追加情報も,適宜,上記のWebページに掲載していく予定である.

「折り紙」の守備範囲はとても広い．日本では毎年 8 月に「折り紙探偵団コンベンション」という折り紙イベントが開催されている．これは 2018 年が 24 回目という歴史あるイベントであり，近年の参加者はいつも 300 名を超える大イベントである．いくつもの折り紙教室やレクチャーが開催され，小さな子供からお年寄りまで，あるいは初心者から超マニアまで，難易度に応じて幅広く楽しんでいる．本書のような「最先端の折り紙サイエンス」は，こうした広い裾野が支えている．広い裾野から山頂を目指す道は一つではない．折り紙サイエンスにはさまざまな側面があり，多くの人が，自分の好きな分野を通して，最先端の折り紙という高みを目指すことができる．本書ではとくに数学に的を絞っているが，それにこだわらず，多くの人が自分なりの方法で，折り紙サイエンスを知り，それを楽しんでもらえたらと切に願っている．

2018 年 8 月

上原 隆平

参考文献

[Abel et al. 11] Zachary Abel, Erik D. Demaine, Martin L. Demaine, Hiroaki Matsui, Günter Rote, and Ryuhei Uehara. "Common Development of Several Different Orthogonal Boxes." In *Proceedings of the 23rd Annual Canadian Conference on Computational Geometry (CCCG)*, pp. 77–82. Toronto: Fields Institute, 2011. 参照元：第 3 章

[Aicholzer and Aurenhammer 96] Oswin Aichholzer and Franz Aurenhammer. "Straight Skeletons for General Polygonal Figures in the Plane." In *Proceedings of the Second Annual International Conference on Computing and Combinatorics (COCOON)*, pp. 117–126. London: Springer-Verlag, 1996. 参照元：第 15，17 章

[Akitaya et al. 13] Hugo A. Akitaya, Jun Mitani, Yoshihiro Kanamori, and Yukio Fukui. "Generating Folding Sequences from Crease Patterns of Flat-Foldable Origami." In *ACM SIGGRAPH 2013 Posters, SIGGRAPH '13*, pp. 20:1–20:1. New York: ACM, 2013. （以下の URL でアクセス可能：http://doi.acm.org/10.1145/2503385.2503407） 参照元：第 4 章

[Akiyama 07] Jin Akiyama. "Tile-Makers and Semi-Tile-Makers." *American Mathematical Monthly* 114 (2007), 602–609. 参照元：第 3 章

[Akiyama and Nara 07] Jin Akiyama and Chie Nara. "Developments of Polyhedra Using Oblique Coordinates." *J. Indonesia. Math. Soc.* 13:1 (2007), 99–114. 参照元：第 3 章

[Araki et al. 15] Yoshiaki Araki, Takashi Horiyama, and Ryuhei Uehara. "Common Unfolding of Regular Tetrahedron and Johnson-Zalgaller Solid." In *WALCOM: Algorithms and Computation—9th International Workshop, WALCOM 2015, Dhaka, Bangladesh, February 26–28, 2015, Proceedings*, Lecture Notes in Computer Science 8973, pp. 294–305. Berlin: Springer-Verlag, 2015. 参照元：第 3 章

[Arkin et al. 04] Esther M. Arkin, Michael A. Bender, Erik D. Demaine, Martin L. Demaine, Joseph S. B. Mitchell, Saurabh Sethia, and Steven S. Skiena. "When Can You Fold a Map?" *Computational Geometry* 29:1 (2004), 23–46. 参照元：第 4 章

[Ascher and Lin 00] Uri Ascher and Ping Lin. "Sequential Regularization Methods for Simulating Mechanical Systems with Many Closed Loops." *SIAM Journal on Scientific Computing* 21:4 (2000), 1244–1262. 参照元：第 8 章

[Balkcom and Mason 04] Devin J. Balkcom and Matthew T. Mason. "Introducing Robotic Origami Folding." In *Proccedings of the IEEE International Conference on Robotics and Automation 2004*, pp. 3245–3250. Los Alamitos, CA: IEEE, 2004. 参照元：第 8 章

[Balkcom and Mason 08] Devin J. Balkcom and Matthew T. Mason. "Robotic Origami Folding." *The International Journal of Robotics Research* 27 (2008), 613–627. 参照元：第 7 章

[Ballinger et al. 15] Brad Ballinger, Mirela Damian, David Eppstein, Robin Flatland, Jessica Ginepro, and Thomas Hull. "Minimum Forcing Sets for Miura Folding Patterns." In *Proceedings of the Twenty-Sixth Annual ACM-SIAM Symposium on Discrete Algorithms*, edited by Piotr Indyk, pp. 136–147. Philadelphia: SIAM, 2015. （以下の URL でアクセス可能：http://epubs.siam.org/doi/abs/10.1137/1.9781611973730.11） 参照元：第 1 章

[Barreto 97] Paulo Taborda Barreto. "Lines Meeting on a Surface: The 'Mars' Paperfolding." In *Origami Science and Art: Proceedings of the Second International Meeting of*

Origami Science and Scientific Origami, edited by Koryo Miura, pp. 343–359. Shiga, Japan: Seian University of Art and Design, 1997. 参照元：第 2, 10 章

[Bateman 02] Alex Bateman. "Computer Tools and Algorithms for Origami Tessellation Design." In *Origami³: Proceedings of the Third International Meeting of Origami Science, Mathematics, and Education*, edited by Thomas Hull, pp. 121–127. Natick, MA: A K Peters, 2002. （邦訳：「第 11 章 平織り（折り紙テッサレーション）デザインのためのコンピュータ・ツールとアルゴリズム」高島直昭・川崎敏和訳，『**折り紙の数理と科学**』，川崎敏和監訳，森北出版，2005 年）参照元：第 2, 10 章

[Bateman 10] Alex Bateman. "Tess: Origami Tessellation Software." （以下の URL でアクセス可能：`http://www.papermosaics.co.uk/software.html`）参照元：第 10 章

[belcastro and Hull 02] sarah-marie belcastro and Thomas Hull. "A Mathematical Model for Non-flat Origami." In *Origami³: Proceedings of the Third International Meeting of Origami Science, Mathematics, and Education*, edited by Thomas Hull, pp. 39–51. Natick, MA: A K Peters, 2002. （邦訳：「第 4 章 非平坦折り紙の数学モデル」川崎敏和訳，『**折り紙の数理と科学**』，川崎敏和訳，森北出版，2005 年）参照元：第 5, 8 章

[Bern et al. 98] Marshall Bern, Erik D. Demaine, David Eppstein, and Barry Hayes. "A Disk-Packing Algorithm for an Origami Magic Trick." In *Proceedings of the International Conference on Fun with Algorithms*, pp. 32–42. Waterloo, Canada: Carleton Scientific, 1998. 参照元：第 15 章

[Bern et al. 02] Marshall Bern, Erik D. Demaine, David Eppstein, and Barry Hayes. "A Disk-Packing Algorithm for an Origami Magic Trick." In *Origami³: Proceedings of the Third International Meeting of Origami Science, Mathematics, and Education*, edited by Thomas Hull, pp. 17–28. Natick, MA: A K Peters, 2002. （邦訳：「第 2 章 折り紙手品のためのディスクパッキングアルゴリズム」川崎敏和訳，『**折り紙の数理と科学**』，川崎敏和監訳，森北出版，2005 年）参照元：第 9, 15 章

[Bern and Hayes 96] Marshall Bern and Barry Hayes. "The Complexity of Flat Origami." In *Proceedings of the Seventh Annual ACM-SIAM Symposium on Discrete Algorithms*, pp. 175–183. Philadelphia: SIAM, 1996. 参照元：第 1, 2, 4, 9 章

[Biedl et al. 99] Therese Biedl, Timothy Chan, Erik D. Demaine, Martin L. Demaine, Anna Lubiw, J. Ian Munro, and Jeffrey Shallit. "Algorithmic Problem Session." Notes, University of Waterloo, Waterloo, Canada, September 8, 1999. 参照元：第 3 章

[Bondy and Murty 76] J. Adrian Bondy and U. S. R. Murty. *Graph Theory with Applications*. London: Macmillan Press Ltd., 1976. 参照元：第 8 章

[Bowen et al. 13a] Landen A. Bowen, Clayton L. Grames, Spencer P. Magleby, Robert J. Lang, Larry L. Howell. "An Approach for Understanding Action Origami as Kinematic Mechanisms". *Journal of Mechanical Design*, 135 (2013), 111008. DOI: 10.1115/1.4025379, 2013. 参照元：第 8 章

[Bowen et al. 13b] Landen A. Bowen, Clayton L. Grames, Spencer P. Magleby, Larry L. Howell, and Robert J. Lang. "A Classification of Action Origami as Systems of Spherical Mechanisms." *Journal of Mechanical Design* 135:11 (2013), 111008. （以下の URL でアクセス可能：`http://dx.doi.org/10.1115/1.4025379`）参照元：第 7, 8 章

[Bowen et al. 14] Landen A. Bowen, Weston Baxter, Spencer P. Magleby, and Larry L. Howell. "A Position Analysis of Coupled Spherical Mechanisms Found in Action Origami." *Mechanism and Machine Theory* 77 (2014), 13–44. 参照元：第 7 章

[BPCC Taylowe 93] BPCC Taylowe Ltd. *The Creation of a Carton*, Berkshire: BPCC Taylowe Ltd., 1993. 参照元：第 8 章

[Burago and Zalgaller 60] Ju. D. Burago and V. A. Zalgaller. "Polyhedral Embedding of a Net." *Vestnik Leningrad University: Mathematics* 15:7 (1960), 66–80. 参照元：第 11 章

[Chen and You 05] Yan Chen and Zhong You. "Deployable Structure." US Patent 6941704 B2, 2005. 参照元：第 7 章

[Chen et al. 05] Yan Chen, Zhong You, and Tibor Tarnai. "Threefold-Symmetric Bricard Linkages for Deployable Structures." *International Journal of Solids and Structures* 42:8 (2005), 2287–2301. （以下の URL でアクセス可能：`http://dx.doi.org/10.1016/j.ijsolstr.2004.09.014`） 参照元：第 7 章

[Chiang 00] C. H. Chiang. *Kinematics of Spherical Mechanisms*, Second Edition. Malabar, FL: Krieger Publishing Co., 2000. 参照元：第 7 章

[Connelly et al. 03] Robert Connelly, Erik D. Demaine, and Günter Rote. "Straightening Polygonal Arcs and Convexifying Polygonal Cycles." *Discrete & Computational Geometry* 30:2 (2003), 205–239. 参照元：第 9 章

[Crain 15] Thomas R. Crain. "Album: Tessellation Patterns." *Flickr.com*, 2015. （以下の URL でアクセス可能：`www.flickr.com/photos/tomcrainorigami/sets/`） 参照元：第 13 章

[Cromvik and Eriksson 09] Christoffer Cromvik and Kenneth Eriksson. "Airbag Folding Based on Origami Mathematics." In *Origami⁴: Fourth International Meeting of Origami Science, Mathematics, and Education*, edited by Robert J. Lang, pp. 129–139. Wellesley, MA: A K Peters, 2009. 参照元：第 11 章

[Dai 96] Jian S. Dai. "Survey and Business Case Study of the Dexterous Reconfigurable Assembly and Packaging System." Technical Report PS 960321, Unilever Research, 1996. 参照元：第 8 章

[Dai 12] Jian S. Dai. "Finite Displacement Screw Operators with Embedded Chasles' Motion", *Journal of Mechanisms and Robotics, Trans. ASME*, 4:4 (2012), 041002. 参照元：第 8 章

[Dai 15] Jian S. Dai. "Euler-Rodrigues Formula Variations, Quaternion Conjugation and Intrinsic Connections." *Mechanism and Machine Theory* 92 (2015), 144–152. 参照元：第 8 章

[Dai and Caldwell 10] Jian S. Dai and Darwin G. Caldwell. "Origami-Based Robotic Paper-and-Board Packaging for Food Industry", Invited to submit to special issue of advances in food processing and packaging automation, *Trends in Food Science and Technology*, 21:3 (2010), 153–157. 参照元：第 8 章

[Dai et al. 09] Jian S. Dai, Anthony J. Medland, and Glen Mullineux. "Carton Erection Using Reconfigurable Folder Mechanisms", *Packaging Technology and Science*, 22:7 (2009), 385–395. 参照元：第 8 章

[Dai and Rees Jones 97] Jian S. Dai and J. Rees Jones. "Structure and Mobility of Cartons in a Packaging Process." Technical Report PS 970067, Unilever Research, 1997. 参照元：第 8 章

[Dai and Rees Jones 97b] Jian S. Dai and J. Rees Jones. "Theory on Kinematic Synthesis and Motion Analysis of Cartons." Technical Report PS 970184, Unilever Research, 1997. 参照元：第 8 章

[Dai and Rees Jones 99] Jian S. Dai and J. Rees Jones. "Mobility in Metamorphic Mechanisms of Foldable/Erectable Kinds." *ASME J. Mech. Des.* 121:3 (1999), 375–382. 参照元：第 8 章

[Dai and Rees Jones 02] Jian S. Dai and J. Rees Jones. "Kinematics and Mobility Analysis of Carton Folds in Packing Manipulation Based on the Mechanism Equivalent." *J. Mech. Eng. Sci., Proc. IMechE* 216:10 (2002), 959–970. 参照元：第 8 章

[Dai and Rees Jones 05] Jian S. Dai and J. Rees Jones. "Matrix Representation of Topological Configuration Transformation of Metamorphic Mechanisms." *J. Mech. Design, Trans. ASME* 127:4 (2005), 837–840. 参照元：第 8 章

[Dai and Kerr 91] Jian S. Dai and D. R. Kerr. "Geometric Analysis and Optimisation of Symmetrical Watt 6 Bar Mechanisms." *Journal of Mechanical Engineering Science, Proc. I., Mech.E, Part C* 205:C1 (1991), 275–280. 参照元：第 8 章

[de Bruijn 81] N. G. de Bruijn. "Algebraic Theory of Penrose's Non-periodic Tilings of the Plane I." *Proceedings of the Koninklijke Nederlandse Akademie van Wetenschappen Series A* 84:1 (1981), 39–52. 参照元：第 17 章

[De las Peñas et al. 99] Ma. Louise Antonette De las Peñas, Rene Felix, and Maria Veronica Quilinguin. "Analysis of Colored Symmetrical Patterns." 数理解析研究所講究録 1109 (1999), 152–162. （以下の URL でアクセス可能：`http://www.kurims.kyoto-u.ac.jp/~kyodo/kokyuroku/contents/pdf/1109-18.pdf`）参照元：第 2 章

[Demaine 01] Erik D. Demaine. "Folding and Unfolding Linkages, Paper, and Polyhedra." *Discrete and Computational Geometry* 2098 (2001), 113–124. 参照元：第 8 章

[Demaine et al. 11] Erik D. Demaine, Martin L. Demaine, Vi Hart, Gregory N. Price, and Tomohiro Tachi. "(Non)existence of Pleated Folds: How Paper Folds between Creases." *Graphs and Combinatorics* 27:3 (2011), 377–397. 参照元：第 12 章

[Demaine et al. 98] Erik D. Demaine, Martin L. Demaine, and Anna Lubiw. "Folding and Cutting Paper." In *Discrete and Computational Geometry: Japanese Conference, JCDCG'98 Tokyo, Japan, December 9–12, 1998, Revised Papers*, Lecture Notes in Computer Science 1763, pp. 104–117. Berlin: Springer-Verlag, 1998. 参照元：第 9, 15 章

[Demaine et al. 11] Erik D. Demaine, Martin L. Demaine, and Jason Ku. "Folding Any Orthogonal Maze." In *Origami⁵: Fifth International Meeting of Origami Science, Mathematics, and Education*, edited by Patsy Wang-Iverson, Robert J. Lang, and Mark Yim, pp. 449–454. Boca Raton, FL: A K Peters/CRC Press, 2011. 参照元：第 9, 11 章

[Demaine et al. 16] Erik D. Demaine, Martin L. Demaine, and Kayhan F. Qaiser. "Scaling Any Surface Down to Any Fraction." In *Origami⁶: Sixth International Meeting of Origami Science, Mathematics, and Education*, edited by Koryo Miura, Toshikazu Kawasaki, Tomohiro Tachi, Ryuhei Uehara, Robert J. Lang, and Patsy Wang-Iverson, pp. 201–208. Providence: American Mathematical Society, 2016. 参照元：第 10 章（本書第 11 章に和訳がある）

[Demaine et al. 04] Erik D. Demaine, Satyan L. Devadoss, Joseph S. B. Mitchell, and Joseph O'Rourke. "Continuous Foldability of Polygonal Paper." In *Proceedings of the 16th Canadian Conference on Computational Geometry (CCCG'04)*, pp. 64–67, 2004. （以下の URL でアクセス可能：`http://www.cccg.ca/proceedings/2004/`）参照元：第 8 章

[Demaine et al. 11] Erik D. Demaine, Sándor P. Fekete, and Robert J. Lang. "Circle Packing for Origami Design Is Hard." In *Origami⁵: Fifth International Meeting of Origami Science, Mathematics, and Education*, edited by Patsy Wang-Iverson, Robert J. Lang, and Mark Yim, pp. 609–626. Boca Raton, FL: A K Peters/CRC Press, 2011. 参照元：第 17 章

[Demaine and Ku 16] Erik D. Demaine and Jason S. Ku. "Filling a Hole in a Crease Pattern: Isometric Mapping from Prescribed Boundary Folding." In *Origami⁶: Sixth International Meeting of Origami Science, Mathematics, and Education*, edited by Koryo Miura, Toshikazu Kawasaki, Tomohiro Tachi, Ryuhei Uehara, Robert J. Lang, and Patsy Wang-Iverson, pp. 177–188. Providence: American Mathematical Society, 2016. 参照元：第 10 章（本書第 9 章に和訳がある）

263

[Demaine and O'Rourke 07] Erik D. Demaine and Joseph O'Rourke. *Geometric Folding Algorithms: Linkages, Origami, Polyhedra.* Cambridge, UK: Cambridge University Press, 2007. （邦訳：『幾何的な折りアルゴリズム』，上原隆平訳，近代科学社，2009 年）参照元：第 1, 2, 3, 4, 9, 12, 15 章

[de Villiers 12] Michael de Villiers. "Relations between the Sides and Diagonals of a Set of Hexagons." *The Mathematical Gazette* 96 (July 2012), 309–315. 参照元：第 14 章

[Dubey and Dai 01] Venketesh N. Dubey and Jian S. Dai. "Modelling and Kinematics Simulation of a Mechanism Extracted from a Cardboard Fold." *Int. Journal of Engineering Simulation* 2:3 (2001), 3–10. 参照元：第 8 章

[Dubey and Dai 06] Venketesh N. Dubey and Jian S. Dai. "A Packaging Robot for Complex Cartons." *Industrial Robot: An International Journal* 33:2 (2006), 82–87. 参照元：第 8 章

[Dubey and Dai 07] Venketesh N. Dubey and Jian S. Dai. "Complex Carton Packaging with Dexterous Robot Hands." In *Industrial Robotics: Programming, Simulation and Applications*, edited by L. K. Huat, pp. 583–594. Mammendorf, Germany: Pro Literatur Verlag Robert Mayer-Scholz/Advanced Robotics Systems International, 2007. 参照元：第 8 章

[Edmondson et al. 14] Bryce J. Edmondson, Robert J. Lang, Spencer P. Magleby, and Larry L. Howell. "An Offset Panel Technique for Rigidly Foldable Origami." In *ASME 2014 International Design Engineering Technical Conferences and Computers and Information in Engineering Conference*, Paper No. DETC2014-35606. New York: ASME, 2014. 参照元：第 7 章

[Ela 04] Jed Ela. "Moneywallet", 2004. （以下の URL でアクセス可能：`http://www.moneywallet.org/`）参照元：第 14 章

[Ekiguchi 88] K. Ekiguchi. *The Book of Boxes.* New York: Kodansha International, 1988. 参照元：第 8 章

[Erten and Üngör 07] Hale Erten and Alper Üngör. "Computing Acute and Non-obtuse Triangulations." In *Proceedings of the 19th Annual Canadian Conference on Computational Geometry (CCCG)*, pp. 205–208. Ottawa, Canada: Carelton University, 2007. 参照元：第 10 章

[Evans et al. 15] Thomas A. Evans, Robert J. Lang, Spencer P. Magleby, and Larry L. Howell. "Rigidly Foldable Origami Twists." In *Origami⁶: Sixth International Meeting of Origami Science, Mathematics, and Education*, edited by Koryo Miura, Toshikazu Kawasaki, Tomohiro Tachi, Ryuhei Uehara, Robert J. Lang, and Patsy Wang-Iverson, Providence: American Mathematical Society, 2016. 参照元：第 7 章（本書第 6 章に和訳がある）

[Francesco 00] Philippe Di Francesco. "Folding and Coloring Problems in Mathematics and Physics." *Bull. Amer. Math. Soc. (N.S.)* 37 (2000), 251–307. 参照元：第 1 章

[Francis et al. 13] K. C. Francis, J. E. Blanch, Spencer P. Magleby, and Larry L. Howell. "Origami-Like Creases in Sheet Materials for Compliant Mechanism Design." *Mechanical Sciences* 4 (2013), 371–380. 参照元：第 6 章

[Fuchs and Tabachnikov 99] Dmitry Fuchs and Serge Tabachnikov. "More on Paperfolding." *The American Mathematical Monthly* 106:1 (1999), 27–35. （以下の URL でアクセス可能：`http://www.jstor.org/pss/2589583`）参照元：第 12 章

[Fuchs and Tabachnikov 07] Dmitry Fuchs and Serge Tabachnikov. "Developable Surfaces." In *Mathematical Omnibus: Thirty Lectures on Classic Mathematics*, Chapter 4. Providence: American Mathematical Society, 2007. 参照元：第 12 章

[Fujimoto 76] 藤本修三. 『ねじり折り紙』. 私家版. 1976 年. 参照元：第 13 章

[Fujimoto 82] 藤本修三，西脇正巳．『創造する折り紙遊びへの招待』．朝日カルチャーセンター，1982
年．参照元：第 2, 10 章

[Gan and Pellegrino 03] W. W. Gan and Sergio Pellegrino. "Closed-Loop Deployable Struc-
tures." In *Proceedings of 44th AIAA/ASME/ASCE/AHS/ASC Structures, Structural
Dynamics, and Materials Conference*, pp. 7–10. Reston, VA: AIAA, 2003. 参照元：第 7 章

[Gardner 88] Martin Gardner. *Penrose Tiles to Trapdoor Ciphers: And the Return of Dr. Ma-
trix.* New York: W. H. Freeman & Co., 1988. 参照元：第 17 章

[Gardner 95] Martin Gardner. *New Mathematical Diversions*. Washington, DC: Mathematical
Association of America, 1995. 参照元：第 11 章

[Gillie 65] Angelo C. Gillie. *Binary Arithmetic and Boolean Algebra*. New York: McGraw-Hill,
1965. 参照元：第 8 章

[Ginepro and Hull 14] Jessica Ginepro and Thomas C. Hull. "Counting Miura-Ori Foldings."
Journal of Integer Sequences 17 (2014), Article 14.10.8. （以下の URL でアクセス可能：
`https://cs.uwaterloo.ca/journals/JIS/VOL17/Hull/hull.html`）参照元：第 1 章

[Gjerde 09] Eric Gjerde. *Origami Tessellations: Awe-Inspiring Geometric Designs.* Wellesley,
MA: A K Peters, 2009. 参照元：第 1, 10, 11，13 章

[Goucher 14] Adam P. Goucher. "Penrose Tilings and Wieringa Roofs." *Wolfram Demon-
stration Project*, 2014. （以下の URL でアクセス可能：`http://demonstrations.wolfram.
com/PenroseTilingsAndWieringaRoofs/`）参照元：第 17 章

[Greenberg et al. 11] H. Greenberg, M. Gong, Spencer P. Magleby, and Larry L. Howell. "In-
dentifying Links between Origami and Compliant Mechanisms." *Mechanical Sciences* 2
(2011), 217–225. 参照元：第 7 章

[Grünbaum and Shephard 87] Branko Grünbaum and G. C. Shephard. *Tilings and Patterns.*
New York: W. H. Freeman & Co., 1987. 参照元：第 17 章

[Han and Amato 01] Li Han and Nancy M. Amato. "A Kinematics-Based Probabilistic
Roadmap Method for Closed Chain Systems." In *Algorithmic and Computational
Robotics: New Directions*, edited by B. Donald, k. Lynch, and D. Rus, pp. 233–245.
Boston: A K Peters, 2001. 参照元：第 8 章

[Heller 03] Arnie Heller. "A Giant Leap for Telescope Lenses." *Science & Technology Review*
(March 2003), 12–18. 参照元：第 11 章

[Hoberman 10] Charles Hoberman. "Folding Structures Made of Thick Hinged Panels." US
Patent 7794019, 2010. 参照元：第 7 章

[Huffman 76] David A. Huffman. "Curvature and Creases: A Primer on Paper." *IEEE Trans-
actions on Computers* C-25: 10 (1976), 1010–1019. 参照元：第 6, 10，11，12 章

[Hull 94] Thomas C. Hull. "On the Mathematics of Flat Origamis." *Congressus Numerantium*
100 (1994), 215–224. 参照元：第 1，4 章

[Hull 02] Thomas C. Hull. "The Combinatorics of Flat Folds: A Survey." In *Origami³:
Proceedings of the Third International Meeting of Origami Science, Mathematics, and
Education*, edited by Thomas Hull, pp. 29–38. Natick, MA: A K Peters, Ltd., 2002. （邦
訳：「第 3 章 平坦折り紙組合せ論 概論」川崎敏和訳，『折り紙の数理と科学』，川崎敏和監訳，森北出
版，2005 年）参照元：第 1, 2，8 章

[Hull 03] Thomas C. Hull. "Counting Mountain-Valley Assignments for Flat Folds." *Ars
Combinatoria* 67 (2003), 175–188. 参照元：第 1，6 章

[Hull 06] Thomas C. Hull. *Project Origami: Activities for Exploring Mathematics.* Wellesley,
MA: A K Peters, 2006. （[Hull 13] の第 2 版も参照）参照元：第 10 章

[Hull 09] Thomas C. Hull. "Configuration Spaces for Flat Vertex Folds." In *Origami⁴:*

Fourth International Meeting of Origami Science, Mathematics, and Education, edited by Robert J. Lang, pp. 361–370. Wellesley, MA: A K Peters, 2009. 参照元：第 1 章

[Hull 13] Thomas C. Hull. *Project Origami: Activities for Exploring Mathematics*, Second Edition. Boca Raton, FL: A K Peters/CRC Press, 2013. （邦訳：『ドクター・ハルの折り紙数学教室』, 羽鳥公士郎訳, 日本評論社, 2015 年）参照元：第 1 章

[Husimi and Husimi 79] 伏見康治, 伏見光枝. 『折り鶴の幾何学』. 日本評論社, 1979 年. 参照元：第 16 章

[Ikegami 01] 池上牛雄. 「展開図折りに挑戦. コッホの雪」. 『折紙探偵団マガジン』. 67 (2001), 34. 参照元：第 18 章

[Ikegami 02] 池上牛雄. 「フラクタルを折る」. 『折紙探偵団マガジン』. 74 (2002), 11–13. 参照元：第 18 章

[Ikegami 04] 池上牛雄. 「新しい無限折りの発見」. 『折紙探偵団マガジン』. 88 (2004), 11–13 参照元：第 18 章

[Ikegami 09] Ushio Ikegami. "Fractal Crease Patterns." In *Origami⁴: Fourth International Meeting of Origami Science, Mathematics, and Education*, edited by Robert J. Lang, pp. 31–40. Wellesley, MA: A K Peters, 2009. 参照元：第 18 章

[Ikegami 11] 池上牛雄. 「コッホの雪片曲線 （繰り返し 2 回）」. 『折紙探偵団コンベンション折り図集』. Vol. 11, 日本折紙学会, pp. 148–150. 東京: 日本折紙学会, 2011. 参照元：第 18 章

[Justin 94] Jacques Justin. "Mathematical Remarks about Origami Bases." *Symmetry: Culture and Science* 5:2 (1994), 153–165. 参照元：第 16 章

[Justin 97] Jacques Justin. "Toward a Mathematical Theory of Origami." In *Origami Science and Art: Proceedings of the Second International Meeting of Origami Science and Scientific Origami*, edited by K. Miura, pp. 15–29. Shiga, Japan: Seian University of Art and Design, 1997. 参照元：第 1 章

[Kano et al. 07] Mikio Kano, Mari-Jo P. Ruiz, and Jorge Urrutia. "Jin Akiyama: A Friend and His Mathematics." *Graphs and Combinatorics* 23[Suppl] (2007), 1–39. 参照元：第 3 章

[Kapovich and Millson 95] Michael Kapovich and John Millson. "On the Moduli Space of Polygons in the Euclidean Plane." *Journal of Differential Geometry* 42:5 (1995), 133–164. 参照元：第 8 章

[Kappraff 02] Jay Kappraff. *Connections: The Geometric Bridge between Art and Science.* Singapore: World Scientific Publishing Co., 2002. （邦訳：『デザインサイエンス百科事典』, 萩原一郎・宮崎興二・野島武敏監訳, 朝倉書店, 2011 年）参照元：第 10 章

[Kawamura 04] 川村みゆき. 「コスモスフィア」. 『折紙探偵団コンベンション折り図集』. Vol. 10, 日本折紙学会, pp. 148–150. 東京: 日本折紙学会, 2004. 参照元：第 19 章

[Kawamura 07a] 川村みゆき. 「ジオスフィア」. 『折紙探偵団マガジン』 101 (2007), 4–7. 参照元：第 19 章

[Kawamura 07b] 川村みゆき. 「ジオスフィアユニットによるジオデシックドーム」. 『折紙探偵団マガジン』 105 (2007), 11–13. 参照元：第 19 章

[Kawamura 10] 川村みゆき. 「ジオデシック球の表面メッシュの計算」. 第 9 回折紙の科学研究集会での発表, 文京区, 東京, 日本, 12 月 19 日, 2010. 参照元：第 19 章

[Kawasaki 91] Toshikazu Kawasaki. "On the Relation between Mountain-Creases and Valley-Creases of a Flat Origami." In *Proceedings of the First International Meeting of Origami Science and Technology*, edited by H. Huzita, pp. 229–237. Padova, Italy: Dipartimento di Fisica dell'Università di Padova, 1991. 参照元：第 4 章

[Kawasaki 97] Toshikazu Kawasaki. "$R(\gamma) = \mathbf{I}$." In *Origami Science and Art: Proceedings of the Second International Meeting of Origami Science and Scientific Origami*, edited by K. Miura, pp. 31–40. Shiga, Japan: Seian University of Art and Design, 1997. 参照元：第 5 章

[Kawasaki 98] 川崎敏和. 『バラと折り紙と数学と』. 森北出版. 1998 年. 参照元：第 16 章

[Kawasaki 02] Toshikazu Kawasaki. "The Geometry of Orizuru." In *Origami³: Proceedings of the Third International Meeting of Origami Science, Mathematics, and Education*, edited by Thomas Hull, pp. 61–73. Natick, MA: A K Peters, 2002. （邦訳：「第 6 章 折り鶴の幾何」川崎敏和訳, 『折り紙の数理と科学』, 川崎敏和監訳, 森北出版, 2005 年）参照元：第 16 章

[Kawasaki 05] Toshikazu Kawasaki. *Roses, Origami & Math*. Tokyo: Japan Publications Trading Co., 2005. 参照元：第 2 章（[Kawasaki 98] の英訳版）

[Kawasaki 09] Toshikazu Kawasaki. "A Crystal Map of the Orizuru World." In *Origami⁴: Fourth International Meeting of Origami Science, Mathematics, and Education*, edited by Robert J. Lang, pp. 439–448. Wellesley, MA: A K Peters, 2009. 参照元：第 16 章

[Kawasaki and Kawasaki 09] Toshikazu Kawasaki and Hidefumi Kawasaki. "Orizuru Deformation Theory for Unbounded Quadrilaterals." In *Origami⁴: Fourth International Meeting of Origami Science, Mathematics, and Education*, edited by Robert J. Lang, pp. 427–438. Wellesley, MA: A K Peters, 2009. 参照元：第 16 章

[Kawasaki and Yoshida 88] Toshikazu Kawasaki and Masaaki Yoshida. "Crystallographic Flat Origamis." *Memoirs of the Faculty of Science, Kyushu University, Series A, Mathematics* XLII:2 (1988), 153–157. 参照元：第 2, 10 章

[Kuribayashi et al. 06] Kaori Kuribayashi, Koichi Tsuchiya, Zhong You, Dacian Tomus, Minoru Umemoto, Takahiro Ito, and Masahiro Sasaki. "Self-Deployable *Origami* Stent Grafts as a Biomedical Application of Ni-Rich TiNi Shape Memory Alloy Foil." *Materials Science and Engineering* A 419 (2006), 131–137. （以下の URL でアクセス可能：`http://www.researchgate.net/publication/222700035`）参照元：第 5, 6, 11 章

[Lam 09] Tung Ken Lam. "Computer Origami Simulation and the Production of Origami Instructions." In *Origami⁴: Fourth International Meeting of Origami Science, Mathematics, and Education*, edited by Robert J. Lang, pp. 237–250. Wellesley, MA: A K Peters, 2009. 参照元：第 4 章

[Lang 88] Robert J. Lang. *The Complete Book of Origami: Step-by-Step Instructions in over 1000 Diagrams*. New York: Dover Publications, 1988. 参照元：第 17 章

[Lang 94] Robert J. Lang. "Mathematical Algorithms for Origami Design." *Symmetry: Culture and Science* 5:2 (1994), 115–152. 参照元：第 15 章

[Lang 94b] Robert J. Lang. "The Tree Method of Origami Design." In *Origami Science and Art: Proceedings of the Second International Meeting of Origami Science and Scientific Origami*, edited by Koryo Miura, pp. 73–82. Shiga, Japan: Seian University of Art and Design, 1997. 参照元：第 17 章

[Lang 96] Robert J. Lang. "A Computational Algorithm for Origami Design." In *Proceedings of the Twelfth Annual Symposium on Computational Geometry*, pp. 98–105. New York: ACM, 1996. 参照元：第 9, 15, 17 章

[Lang 97] Robert J. Lang. *Origami in Action: Paper Toys That Fly, Flap, Gobble, and Inflate*. London: St. Martin's Griffin, 1997. 参照元：第 6 章

[Lang 97b] Robert J. Lang. "The Tree Method of Origami Design." In *Origami Science and Art: Proceedings of the Second International Meeting of Origami Science and Scientific Origami*, edited by Koryo Miura, pp. 73–82. Shiga, Japan: Seian University of Art and Design, 1997. 参照元：第 15 章

[Lang 03] Robert J. Lang. "The Mrgulis Napkin Problem." In *Origami Design Sercrets: Mathematical Method for an Ancient Art*, Section 9.1.1. Natick, MA: A K Peters, 2003. 参照元：第 18 章

[Lang 04] Robert J. Lang. "Crease Patterns for Folders." （以下の URL でアクセス可能：`http://langorigami.com/article/origami-simulation/`）, 2004. 参照元：第 4 章

[Lang 04b] Robert J. Lang. "Origami Simulation." （以下の URL でアクセス可能：`http://langorigami.com/article/crease-patterns-for-folders/`）, 2004. 参照元：第 4 章

[Lang 10] Robert J. Lang. "Penrose Tiles 3D" （`http://www.langorigami.com/science/computational/pentasia/PenroseTiles3D.nb`, リンク切れ）, 2010. 参照元：第 17 章

[Lang 11] Robert J. Lang. *Origami Design Secrets: Mathematical Methods for an Ancient Art*, Second Edition. Boca Raton, FL: A K Peters/CRC Press, 2011. 参照元：第 4, 7, 15 章

[Lang and Bateman 11] Robert J. Lang and Alex Bateman. "Every Spiderweb Has a Simple Flat Twist Tessellation." In *Origami⁵: Fifth International Meeting of Origami Science, Mathematics, and Education*, edited by Patsy Wang-Iverson, Robert J. Lang, and Mark Yim, pp. 455–473. Boca Raton, FL: A K Peters/CRC Press, 2011. 参照元：第 10, 11 章

[Lang and Hayes 13] Robert J. Lang and Barry Hayes. "Paper Pentasia: An Aperiodic Surface in Modular Origami." *The Mathematical Intelligencer* 35 (2013), 61–74. 参照元：第 17 章

[LaValle 03] Steven M. LaValle. "From Dynamic Programming to RRTs: Algorithmic Design of Feasible Trajectories." In *Control Problems in Robotics: 2nd International Workshop on Control Problems in Robotics and Automation, Las Vegas, Dec. 14, 2002*, Springer Tracts in Advanced Robotics, edited by A. Bicchi, H. I. Christensen, and D. Prattichizzo, 19–37. Berlin: Springer-Verlag, 2003. 参照元：第 8 章

[Lebee and Sab 10] A. Lebee and K. Sab. "Transverse Shear Stiffness of a Chevron Folded Core Used in Sandwich Construction." *International Journal of Solids and Structures* 47 (2010), 2620–2629. 参照元：第 6 章

[Lenhart and Whitesides 95] William J. Lenhart and Sue H. Whitesides. "Reconfiguring Closed Polygonal Chains in Euclidean *d*-Space." *Discrete Comput. Geom.* 13 (1995), 123–140. 参照元：第 8 章

[Lieb 67] Elliot H. Lieb. "Residual Entropy of Square Ice." *Physical Review* 162 (1967), 162–172. 参照元：第 1 章

[Liu and Dai 02] H. Liu and Jian S. Dai. "Carton Manipulation Analysis Using Configuration Transformation." *Journal of Mechanical Engineering Science, Proc. IMechE* 216:5 (2002), 543–555. 参照元：第 8 章

[Liu and Dai 03] H. Liu and Jian S. Dai. "An Approach to Carton-Folding Trajectory Planning Using Dual Robotic Fingers." *Robotics and Autonomous Systems* 42:1 (2003), 47–63. 参照元：第 8 章

[Lu and Akella 99] Liang Lu and Srinivas Akella. "Folding Cartons with Fixtures: A Motion Planning Approach." *IEEE Transactions on Robotics and Automation* 16:4 (1999), 1570–1576. 参照元：第 8 章

[Lubiw and O'Rourke 96] Anna Lubiw and Joseph O'Rourke. "When Can a Polygon Fold to a Polytope?" Technical Report 048, Department of Computer Science, Smith College, Northampton, MA, 1996. 参照元：第 3 章

[Maehara 02] Hiroshi Maehara. "Acute Triangulations of Polygons." *European Journal of Combinatorics* 23:1 (2002), 45–55. （以下の URL でアクセス可能：`http://www.`

sciencedirect.com/science/article/pii/S0195669801905311）参照元：第 11 章

[Maekawa 97] Jun Maekawa. "Similarity in Origami." In *Origami Science and Art: Proceedings of the Second International Meeting of Origami Science and Scientific Origami*, edited by K. Miura, pp. 109–118. Shiga, Japan: Seian University of Art and Design, 1997. 参照元：第 18 章

[Maekawa 02] Jun Maekawa. "The Definition of Iso-Area Folding." In *Origami³: Proceedings of the Third International Meeting of Origami Science, Mathematics, and Education*, edited by Thomas Hull, pp. 53–59. Natick, MA: A K Peters, Ltd., 2002. （邦訳：「第 5 章 表裏同等折りの定義」前川淳訳，『折り紙の数理と科学』，川崎敏和監訳，森北出版，2005 年）参照元：第 2 章

[Maekawa and Kasahara 89] 前川淳，笠原邦彦編．『ビバ！おりがみ』．サンリオ，1989 年. 参照元：第 15，16 章

[Mahadevan and Rica 05] Lakshminarayanan Mahadevan and Sergio Rica. "Self-Organized Origami." *Science* 307 (2005), 1740. 参照元：第 1 章

[Mavroidis and Roth 95a] Constantinos Mavroidis and Bernard Roth. "Analysis of Overconstrained Mechanisms." *Journal of Mechanical Design* 117 (1995), 69–74. 参照元：第 6 章

[Mavroidis and Roth 95b] Constantinos Mavroidis and Bernard Roth. "New and Revised Overconstrained Mechanisms." *Journal of Mechanical Design* 117 (1995), 75–82. 参照元：第 7 章

[Maxwell 64] James Clerk Maxwell. "On Reciprocal Figures and Diagrams of Forces." *London, Edinburgh, and Dublin Philosophical Magazine and Journal of Science* 27:24 (1864), 514–525. 参照元：第 10 章

[McCarthy 00] J. Michael McCarthy. *Geometric Design of Linkages*. New York: Springer, 2000. 参照元：第 8 章

[Meguro 92] 目黒俊幸．「実用折り紙設計法」．『折り紙探偵団新聞』 2 (1992), 7–14. 参照元：第 15 章

[Mitani 05] Jun Mitani. "ORIPA: Origami Pattern Editor." （以下の URL でアクセス可能：http://mitani.cs.tsukuba.ac.jp/oripa/），2005. 参照元：第 4 章

[Mitani and Uehara 08] Jun Mitani and Ryuhei Uehara. "Polygons Folding to Plural Incongruent Orthogonal Boxes." In *Proceedings of the 20th Canadian Conference on Computational Geometry (CCCG 2008)*, pp. 39–42. Montreal: McGill University, 2008. 参照元：第 3 章

[Miura 72] Koryo Miura. "Zeta-Core Sandwich: Its Concept and Realization." *ISAS Report* 37:6 (1972), 137–164. 参照元：第 5 章

[Miura 85] Koryo Miura. "Method of Packaging and Deployment of Large Membranes in Space." *Intstitute of Space and Asronautical Science* 618 (1985), 1–9. 参照元：第 6 章

[Miura 91] Koryo Miura. "A Note on Intrinsic Geometry of Origami." In *Proceedings of the First International Meeting of Origami Science and Technology*, edited by H. Huzita, pp. 239–249. Padova, Italy: Dipartimento di Fisica dell'Università di Padova, 1991. 参照元：第 1 章

[Miura 09] Koryo Miura. "The Science of *Miura-Ori*: A Review." In *Origami⁴: Fourth International Meeting of Origami Science, Mathematics, and Education*, edited by Robert J. Lang, pp. 87–99. Wellesley, MA: A K Peters, 2009. 参照元：第 11 章

[Momotani 84] Yoshihide Momotani. "Wall." In *BOS Convention 1984 Autumn*. London: British Origami Society, 1984. 参照元：第 2，10 章

[Montroll 02] John Montroll. *A Plethora of Polyhedra in Origami*. New York: Dover Publications, 2002. 参照元：第 17 章

[Montroll 09] John Montroll. *Origami Polyhedra Design*. Natick, MA: A K Peters, 2009. 参照元：第 17 章

[O'Rourke 00] Joseph O'Rourke. "Folding and Unfolding in Computational Geometry." In *Discrete and Computational Geometry: Japanese Conference, JCDCG'98 Tokyo, Japan, December 9–12, 1998, Revised Papers*, Lecture Notes in Computer Science 1763, pp. 258–266. Berlin: Springer-Verlag, 2000. 参照元：第 8 章

[Palmer 97] Chris K. Palmer. "Extruding and Tessellating Polygons from a Plane." In *Origami Science and Art: Proceedings of the Second International Meeting of Origami Science and Scientific Origami*, edited by Koryo Miura, pp. 323–331. Shiga, Japan: Seian University of Art and Design, 1997. 参照元：第 2，10，11 章

[Penrose 78] Roger Penrose. "Pentaplexity." *Eureka* 39 (1978), 16–22. 参照元：第 17 章

[Penrose 79] Roger Penrose. "Pentaplexity." *The Mathematical Intelligencer* 2 (1979), 32–37. 参照元：第 17 章

[Pickett 07] Galen T. Pickett. "Self-Folding Origami Membranes." *EPL* 78 (2007), 48003. 参照元：第 6 章

[Polyakov 08] A A Polyakov. "Presentation of Penrose Tiling as Set of Overlapping Pentagonal Stars." *Journal of Physics: Conference Series* 98 (2008), 1–4. 参照元：第 17 章

[Qin et al. 14] Y. Qin, Jian S. Dai, and G. Gogu. "Multi-furcation in a Derivative Queer-Square Mechanism." *Mechanisms and Machine Theory* 81:6 (2014), 36–53. 参照元：第 8 章

[Radin 94] Charles Radin. "The Pinwheel Tilings of the Plane." *Annals of Mathematics* 139:3 (1994), 661–702. 参照元：第 14 章

[Resch 68] Ronald D. Resch. "Self-Supporting Structural Unit Having a Series of Repetitions Geometric Modules." U.S. Patent 3,407,558, 1968. 参照元：第 10，11 章

[Resch and Christiansen 70] Ronald D. Resch and Henry N. Christiansen "Design and Analysis of Kinematic Folded Plate Systems", in Proceedings of International Shell Association, Vienna, Austria, September 1970. 参照元：第 5 章

[Robinson 04] Nick Robinson. *The Origami Bible: A Practical Guide to the Art of Paper Folding*. London: Collins & Brown, 2004. 参照元：第 4 章

[Sadun 98] Lorenzo Sadun. "Some Generalizations of the Pinwheel Tiling." *Discrete & Computational Geometry* 20:1 (1998), 79–110. 参照元：第 14 章

[Sales 00] Reamar Eileen Sales. "On Crystallographic Flat Origami." PhD dissertation, University of the Philippines Diliman, 2000. 参照元：第 2 章

[Sallee 73] G. T. Sallee. "Stretching Chords of Space Curves." *Geom. Dedicata* 2 (1973), 311–315. 参照元：第 8 章

[Saraf 09] Shubhangi Saraf. "Acute and Nonobtuse Triangulations of Polyhedral Surfaces." *European Journal of Combinatorics* 30:4 (2009), 833–840. （以下の URL でアクセス可能：`http://www.sciencedirect.com/science/article/pii/S019566980800173X`） 参照元：第 11 章

[Schattschneider 78] Doris Schattschneider. "The Plane Symmetry Groups: Their Recognition and Notation." *American Mathematical Monthly* 85:6 (1978), 439–450. 参照元：第 2 章

[Schenk and Guest 11] Mark Schenk and Simon D. Guest. "Origami Folding: A Structural Engineering Approach." In *Origami⁵: Fifth International Meeting of Origami Science, Mathematics, and Education*, edited by Patsy Wang-Iverson, Robert J. Lang, and Mark Yim, pp. 291–304. Boca Raton, FL: A K Peters/CRC Press, 2011. 参照元：第 7 章

[Shafer 01] J. Shafer. *Origami to Astonish and Amuse.* London: St. Martin's Griffin, 2001. 参照元：第 7 章

[Shafer 10] J. Shafer. *Origami Ooh La La! Action Origami for Performance and Play.* CreateSpace Independent Publishing Platform, 2010. 参照元：第 7 章

[Shimanuki et al. 04] Hiroshi Shimanuki, Jien Kato, and Toyohide Watanabe. "A Recognition System for Folding Process of Origami Drill Books." In *Graphics Recognition: Recent Advances and Perspectives*, Lecture Notes in Computer Science 3088, edited by L. Lladós and Y.-B. Kwon, pp. 244–255. Berlin: Springer-Verlag, 2004. 参照元：第 8 章

[Shirakawa and Uehara 13] Toshihiro Shirakawa and Ryuhei Uehara. "Common Developments of Three Incongruent Orthogonal Boxes." *International Journal of Computational Geometry and Applications* 23:1 (2013), 65–71. 参照元：第 3 章

[Smith 80] John Smith. *Pureland Origami*, Booklet 14. London: British Origami Society, 1980. 参照元：第 4 章

[Song and Amato 00] G. Song and Nancy M. Amato. "A Motion Planning Approach to Folding: From Paper Craft to Protein Folding." *IEEE Transactions on Robotics and Automation* 20:1 (2000), 60–71. 参照元：第 8 章

[Stewart 96] Bill Stewart. *Packaging as Marketing Tool.* Philadelphia: Kogan Page, Ltd., 1996. 参照元：第 8 章

[Tachi 09] Tomohiro Tachi. "Simulation of Rigid Origami." In *Origami⁴: Fourth International Meeting of Origami Science, Mathematics, and Education*, edited by Robert J. Lang, pp. 175–187. Wellesley, MA: A K Peters, 2009. 参照：第 5 章

[Tachi 09b] Tomohiro Tachi. "3D Origami Design Based on Tucking Molecules." In *Origami⁴: Fourth International Meeting of Origami Science, Mathematics, and Education*, edited by Robert J. Lang, pp. 259–272. Wellesley, MA: A K Peters, 2009. 参照元：第 10，17 章

[Tachi 10] Tomohiro Tachi. "Freeform Variations of Origami." *Journal for Geometry and Graphics* 14:2 (2010), 203–215. 参照元：第 5 章

[Tachi 10b] Tomohiro Tachi. "Freeform Rigid-Foldable Structure using Bidirectional Flat-Foldable planar Quadrilateral Mesh." In *Advances in Architectural Geometry 2010*, edited by C. Ceccato, L. Hesselgren, M. Pauly, H. Pottmann, and J. Wallner, pp. 87–102. Vienna: Springer, 2010. 参照元：第 6 章

[Tachi 11] Tomohiro Tachi. "Rigid-Foldable Thick Origami." In *Origami⁵: Fifth International Meeting of Origami Science, Mathematics, and Education*, edited by Patsy Wang-Iverson, Robert J. Lang, and Mark Yim, pp. 253–263. Boca Raton, FL: A K Peters/CRC Press, 2011. 参照元：第 6，7 章

[Tachi 14] Tomohiro Tachi. "Software: Freeform Origami, Origamizer, Rigid Origami Simulator," 2014. （以下の URL でアクセス可能：http://www.tsg.ne.jp/TT/software/） 参照元：第 17 章

[Tachi and Demaine 11] Tomohiro Tachi and Erik D. Demaine. "Degenerative Coordinates in 22.5° Grid System." In *Origami⁵: Fifth International Meeting of Origami Science, Mathematics, and Education*, edited by Patsy Wang-Iverson, Robert J. Lang, and Mark Yim, pp. 489–498. Boca Raton, FL: A K Peters/CRC Press, 2011. 参照元：第 15 章

[Tachi et al. 12] Tomohiro Tachi, Motoi Masubuchi, and Masaaki Iwamoto. "Rigid Origami Structures with Vacuumatics: Geometric Considerations." Paper presented at IASS-APCS 2012, Seoul, Korea, May 21–24, 2012. （以下の URL でアクセス可能：http://www.tsg.ne.jp/TT/cg/VacuumaticOrigamiIASS2012.pdf） 参照元：第 5 章

[Uehara 11] Ryuhei Uehara. "Stamp Foldings with a Given Mountain-Valley Assignment." In

Origami⁵: Fifth International Meeting of Origami Science, Mathematics, and Education, edited by Patsy Wang-Iverson, Robert J. Lang, and Mark Yim, pp. 585–597. Boca Raton, FL: A K Peters/CRC Press, 2011. 参照元：第 1 章

[Verrill 98] Helena Verrill. "Origami Tessellations." In *Bridges: Mathematical Connections in Art, Music, and Science*, edited by Reza Sarhangi, pp. 55–68. Winfield, KS: Bridges Organization, 1998. 参照元：第 2 章

[Wang and Chen 11] Kunfeng Wang and Yan Chen. "Folding a Patterned Cylinder by Rigid Origami." In *Origami⁵: Fifth International Meeting of Origami Science, Mathematics, and Education*, edited by Patsy Wang-Iverson, Robert J. Lang, and Mark Yim, pp. 265–276. Boca Raton, FL: A K Peters/CRC Press, 2011. 参照元：第 7 章

[Watanabe and Kawaguchi 09] Naohiko Watanabe and Ken-ichi Kawaguchi. "The Method for Judging Rigid Foldability." In *Origami⁴: Fourth International Meeting of Origami Science, Mathematics, and Education*, edited by Robert J. Lang, pp. 165–174. Wellesley, MA: A K Peters, 2009. 参照元：第 5 章

[Wei et al. 13] Z. Y. Wei, Z. V. Guo, L. Dudte, H. Y. Liang, and L. Mahadevan. "Geometric Mechanics of Periodic Pleated Origami." *Physical Review Letters* 110 (2013), 215501–215505. 参照元：第 1 章

[Wenninger 79] Magnus J. Wenninger. *Spherical Models*. Cambridge, UK: Cambridge University Press, 1979. 参照元：第 19 章

[Whitesides 92] Sue Whitesides. "Algorithmic Issues in the Geometry of Planar Linkage Movement." *Australian Computer Journal* 24:2 (1992), 42–50. 参照元：第 8 章

[Xu 14] Dawei Xu. "Research on the Common Developments of Plural Cuboids." Master's thesis, Japan Advanced Institue of Science and Technology, Nomi, Japan, 2014. 参照元：第 3 章

[Xu et al. 15] Dawei Xu, Takashi Horiyama, Toshihiro Shirakawa, and Ryuhei Uehara. "Common Developments of Three Incongruent Boxes of Area 30." In *Theory and Applications of Models of Computation: 12th Annual Conference, TAMC 2015, Singapore, May 18–20, 2015, Proceedings*, Lecture Notes in Computer Science 9076, pp. 236–247. Berlin: Springer-Verlag, 2015. 参照元：第 3 章

[Yao and Dai 08] W. Yao and Jian S. Dai. "Dexterous Manipulation of Origami Cartons with Robotic Fingers Based on the Interactive Configuration Space." *Journal of Mechanical Design, Trans. ASME* 130:2 (2008), 022303. 参照元：第 8 章

[Yuan 05] Liping Yuan. "Acute Triangulations of Polygons." *Discrete & Computational Geometry* 34:4 (2005), 697–706. （以下の URL でアクセス可能：`http://dx.doi.org/10.1007/s00454-005-1188-9`）参照元：第 11 章

[Zirbel et al. 13] Shannon A. Zirbel, Robert J. Lang, Mark W. Thomson, Deborah A. Sigel, Phillip E. Walkemeyer, Brian P. Trease, Spencer P. Magleby, and Larry L. Howell. "Accommodating Thickness in Origami-Based Deployable Arrays." *Journal of Mechanical Design* 135:11 (2013), 111005. （以下の URL でアクセス可能：`http://dx.doi.org/10.1115/1.4025372`）参照元：第 6，7 章

索　引

数字・欧文

1/5 ネット ———————— 251
22.5° 格子 ———————— 203
2 重周期的な折り紙グラフ用紙
　193, 196, 198, 202
2 重詰め込み立体 ———— 25
2 重被覆長方形 ————— 26
2 部グラフ ——————— 180
3.6.3.6 テセレーション — 168,
　171
3 回対称 ——————— 231
3 次元テセレーション - 97, 109
4 単面体 ————————— 22, 25
5 回対称 ——————— 249
6 回対称 —————— 231, 253

d 次元球面 ——————— 98

Freeform Origami — 52, 134

GBB ————— 204–207, 209
GFB ————————— 208, 209

HBB ———————————— 206

MATLAB ——————— 110

NP 困難 — 3, 13, 32, 96, 216

Origamizer —— 123, 213, 215
ORIPA ——————— 33, 37
OSME ———————————— i

PBB ———————————— 207
PenroseTiles3D ——— 214

QIC — 204, 206, 207, 209–212

Resch パターン —— 40, 53
Rigid Origami Simulator 52

unfold 操作 ———— 30, 37

ZDD（ゼロ抑制型 2 分探索図）
　28

あ

アクション折り紙 ——— 72
アスペクト比 ——————— 201
穴埋め問題 ——— 96, 99, 105
アフィン写像 ————— 108
アルキメデスタイリング —— 12
安定化群 ——————— 17, 18

位相グラフ ———————— 88
一刀切り ——————— 187
一刀切り問題 ——— 96, 190
遺伝的操作 ——————— 91, 93

ヴィエリンガの屋根 —— 222
埋め込み ———————— 42
運動学 ———————— 52
運動学ロードマップ ——— 87

エアバッグ ——————— 125
鋭角三角形分割 ——— 127
円環と同相 ——————— 46
円柱ミウラ折り ————— 54
円柱面 ———————— 48
円パッキング ———— 96
円分子のパッキング ——— 186

凹木曲線 ———————— 232, 233
オフセットジョイント法 73, 74,
　82
オフセットパネル法 71, 74, 75,
　78, 82
オープンタイプ ————— 88
折り角 ——————— 42, 148
折り角度の乗数 ——— 58
折り角モデル ——————— 52
折り紙グラフ用紙 —— 188, 193,

　198, 199, 201, 202
折り紙財布 ——————— 183
折り紙シミュレータ ——— 33
折り紙シャンデリア —— 109
折り紙ステントグラフト — 56,
　125
折り紙設計 ——————— 186
折り紙線グラフ ————— 4
折り紙多面体 ——————— 213
折り紙のパッキングの最適化
　216
折り紙ユニット ——— 213
折り状態 ———————— 137
折り状態の折り線 —— 138
折り状態の半折り線 — 138
折り状態の半頂点 — 138
折り図 ————————— 30
折り図の半自動生成手法 — 38
折り線 ——— 42, 101, 137
折り線上の点 ——————— 137
折り線像 ———————— 101
折り線パターン ——— 137
折り鶴 ————————— 204
折り鶴の変形理論 —— 204
折り手順グラフ ——————— 37
折り点 ———————— 101
織りパターン ——————— 169
オンライン整数列大辞典 —— 8

か

外心 ———————————— 120
カイト型 — 214, 216, 220, 223
鶴心 ————————— 207, 212
拡張可能 ——————— 97
拡張不能 ——————— 97
角二等分線 ——————— 209
囲い込みサンドイッチ補題 130
可視 ———————— 99, 155
ガジェット ——————— 157
可視性 ———————— 104
ガセット分子 ——————— 187

273

数え上げ問題 ———— 1
可展 ———————— 138
可展構造 ————— 125
可展超平面 ——— 102
可展面 ————— 138
カートン折り紙 ——— 85
壁紙群 ——————— 55
紙 ———————— 137
紙を織る ————— 175
カラー対称性アプローチ — 21
カラー対称性理論 —— 11
川崎–ジュスタン条件 — 188
川崎定理 — 13, 32, 34–36, 120
簡易雪片曲線 ——— 232

幾何的な折りアルゴリズム – 22
木曲線 ————— 232, 234
切手折り問題 ——— 1
基底ベクトル ——— 196, 202
キネマティクス ——— 72, 74
キネマティクスモデル — 71
キネマティック折り紙 — 72
基本折り線パターン —— 48
球面機構 ————— 75
球面キネマティクス —— 72
鏡映対称折り紙グラフ用紙 198
鏡映対称性 — 197, 198, 228
境界頂点 ————— 32
鏡像折り線 ———— 33–35
鏡像経路 ————— 36
共通の展開図 —— 22, 24
鏡面対称 ————— 116
行列演算モデル ——— 90
極座標 ——————— 160
局所条件 —————— 2
局所的に平坦折り可能 — 6, 13,
15, 32, 35
局所平坦条件 ——— 37
曲線折り ————— 126, 133
曲線折り紙 ———— 133
曲率 ——————— 136
距離条件 ————— 226
木理論 ————— 213, 218

クサビベクトル ——— 114
屈折点 ————— 134, 138
区分的 C^2 級 ——— 138
区分的に線形 ——— 192
蜘蛛の巣 ————— 113

蜘蛛の巣条件 —— 112–114, 116,
117, 121
グラフ —————— 86, 189
グラフ彩色問題 ——— 1
グラフの連結性 ——— 180
グラフ用紙 ——— 186, 188
クランプ操作 ——— 87
クリアランスホール —— 77, 79

計量的 ————— 188
結晶折り紙 ———— 112
結晶学的折り紙 ——— 19
結晶学的平坦折り紙 11, 14–16,
19, 20

交差織り ————— 176
格子 ——————— 163
格子グラフ ———— 1, 8
剛性パネル ———— 73
剛体折り ————— 40, 42
剛体折り可能 — 41, 42, 50, 51,
55, 56, 59, 61–63, 66, 69–72,
75, 135
剛体折り紙 ——— 40, 47, 56
剛体折り状態 —— 42, 51, 52
剛体折り不可能 ——— 51
剛体折り変換 — 42, 48, 49
剛体折り変形 ——— 52
剛体パネル ———— 71
剛体変換 ————— 51
剛体変形 ————— 45
交代和 ————— 34, 35
恒等変換 — 41, 45, 46, 48, 51
コスモスフィア —— 245, 250
コッホの雪片曲線 —— 225
コンウェイの面 ——— 214
コーンフリー ———— 140

さ

最小特定距離 ——— 178
最小フラップ幅 ——— 199
彩色可能 —————— 3
魚の一般基本形 – 206, 208–211
魚の基本形 ———— 208
作図ツール ———— 33
サークル・リバー法 —— 186
左右対称性 ———— 197
三角形化 ————— 41
三角形の外心 ——— 121

三角形分割 ———— 51
三角形メッシュ ——— 249
三角格子 — 22, 164, 188, 193
三角不等式 ———— 99
サンドイッチパネル — 40, 56

ジオスフィア — 246, 248–250
ジオデシック球 – 245, 248–250
敷石テセレーション –112–114,
118
敷石の幾何 ———— 116
軸シフト法 ——— 73, 74
軸沿い ————— 187
軸沿い等高線 ——— 189
軸沿いの折り ——— 190
軸的 ——————— 187
軸平行 —————— 187
自己交差 — 31, 37, 58, 97, 111,
113, 188
自己交差問題 ——— 59
自己相似性 ———— 225
沈め折り ————— 221
シート織り ———— 183
指標長 ————— 199, 200
指標幅 ————— 199, 200
紙幣の折り ———— 183
斜眼紙 —————— 188
斜交座標系 ———— 249
蛇腹折り — 126, 228, 233, 234
周期性 —————— 41
周期的折り紙 —— 48, 52, 55
周期的折り状態 —— 48, 49
周期的折り線パターン — 48
周期的対称性 ——— 51
周期的な折り紙グラフ用紙 193,
202
縮小コピー ———— 125
自由度 — 41, 46, 48, 50–52, 55,
56, 72, 91
従法線ベクトル ——— 136
主曲率標構 ———— 151
縮約可能 ————— 97
縮約不能 ————— 97
主法線ベクトル ——— 136
首翼互換性 — 204, 205, 207
準正多面体 ———— 245
ジョイント ———— 79
衝突回避 ————— 94
初期配置状態 ——— 90

ジョンソン=ザルガラー立体　29

錐直線面素 ———— 134, 139
随伴変換 —————— 91
錐面素 ——————— 147
数学的に密 ————— 191
スキレット ————— 88
スクリュー ———— 50, 51
スターリング格子 — 200, 201
スーパータイル ——— 182

正 12 面体 ————— 245
正 20 面体 ————— 248
生成パス —————— 48
性能指数 ———— 189, 199
正方格子 — 166, 186, 193, 200
正方氷モデル ————— 8
制約つきの最適化問題 216, 218
設計技法 —————— 186
接線ベクトル ——— 135, 136
接平面 —————— 133
雪片曲線 ———— 225, 226
線織面 —————— 153
全層に対する単純折り — 31
センター —————— 207

双曲線 —————— 207
双対 ————— 12, 44
双対グラフ — 113, 118, 121, 213
相対的剛体折り変形 — 43, 45, 46
測地球 —————— 245
測地距離 ———— 216, 218
測地線 —————— 127
ソーラーパネル ——— 56

た
大域木 —————— 44
大域条件 —————— 2
大域的な剛体折り可能性 — 59
大域平坦折り可能 — 6, 13, 32
大局的な平坦折り ——— 37
大小大定理（補題） — 3, 120
代表元 —————— 15
タイリング　11, 12, 22, 25, 112,
　118, 161, 176, 178, 213, 214,
　217, 223
多角形ネットワーク ——— 245
多角形パッキング —— 186, 189,
　191, 192

多角形パッキング設計アルゴリ
　ズム —————— 203
たくし込み分子 —— 213, 215
凧形用紙 —————— 204
正しく交わる曲線 ——— 43
ダート型 — 214, 216, 220, 223
谷 ——————— 148
谷折り ——— 2, 42, 57, 148
谷に曲がる ————— 150
谷パターン ————— 233
ダブルプリーツ —— 116–118
ダブルフリップ —— 126, 128
多面体折り紙 ————— 215
多目的折り紙グラフ用紙 — 193
多様体 —————— 137
タレスの定理 ————— 128
段折り ———— 129, 180
探索アルゴリズム ——— 28
単軸基本形 —— 186, 189, 203
単軸ボックス・プリーツ — 188,
　191, 192
単軸六角プリーツ ——— 188
単純 ——————— 114
単純折り — 30, 31, 33, 34, 36
単純折り畳み可能 ——— 31
単純歩道 —————— 36
単線剛体折り変形 ——— 43
単層に対する単純折り — 31
単頂点折り紙 ———— 32, 47
単頂点適合条件 —— 45–47, 51
単頂点の展開図 ——— 34
段ボール —————— 85

中央の多角形 ————— 120
超円錐 —————— 102
頂上 —————— 155
丁つがい折り ————— 190
丁つがい折り目 — 187, 189, 192
丁っぷい線 ————— 196
丁つがい線集合 ———— 194
丁つがいタイリング法 — 12, 13
丁つがい多角形 ———— 193
頂点 ———— 137, 155
頂点彩色 ————— 4, 7
頂点分子 —— 216, 219, 221
張力 —————— 116
直線骨格 — 96, 187, 189–192,
　195, 196, 221
直線骨格頂点等高線 ——— 192

直線面素 ——— 133, 139, 150
直線面素が一意 ———— 140
直交多角形 ————— 23

ツリー法 —————— 96
鶴の一般基本形 —— 204–207,
　209–212
鶴の基本形 ————— 204

ディオファントス方程式 — 189
ディスクに同相 ———— 45
ディスクパッキング — 186, 187
テセレーション　4, 5, 11, 40, 41,
　48, 52, 53, 56, 58, 59, 70, 71,
　113, 125, 126, 135, 163, 168,
　175
テーパーパネル法 —— 73, 74, 82
展開可能 ———— 56, 59, 72
展開状態 —————— 42
展開図 — 22, 30, 41, 42, 137
伝承折り紙 ————— 38
伝承鶴 —————— 204
伝承魚の基本形 ———— 208

等高線 ———— 189, 195
等高線が密 ————— 192
等長 ———— 98, 108, 138
等長写像 —————— 96
等長性 —————— 97
等長変換 ———— 108, 111
同等メカニズム ———— 86
同等メカニズムアプローチ — 87
等分布結晶学的平坦折り紙 — 21
特性アスペクト比 ——— 200
凸側 —————— 136
凸多面体 —————— 22
凸包 —————— 108
トーラス折り紙 ———— 51
トラスネットワーク —— 113
トラスモデル ————— 52

な
内在的等長変換 ——— 42
内接円 ———— 204, 207
内接円をもつ四辺形 — 204, 207
内接円をもつ任意の四辺形 206
内部頂点 —————— 32
ナプキンフォールディング問題
　225

275

なまこ ——————— 53
なめらかな折り ——— 135, 146

二重被覆 ——————— 183
二面角 ——————— 56, 58

ねじり折り —— 4, 56, 59, 61–63,
66, 68–71, 75, 79, 114, 125,
126, 163, 168
ねじり折りユニット ——— 163

は
排他的論理和 ——————— 91
白銀長方形 ——————— 200
白銀比 ——————— 200
箱型タイプ ——————— 88
パッキングアルゴリズム — 190
パネル ——————— 73, 75, 79
羽ばたき鳥 ——————— 72
幅優先探索 ——————— 28
パーフェクトバードベース 204,
205, 207
パリティ条件 ——————— 131
半屈折点 ——————— 138
反転折り ——————— 129
バンド ——————— 252
万能分子 ——————— 96, 213
万能分子構成法 ——————— 111
反復パターン ——————— 233

非周期的 ——————— 214
非周期的な折り紙面 ——— 213
非周期的なタイリング 178, 214
非周期的な面 ——— 213, 222
非周期的パターン ——— 213
微小剛体折り可能性 ——— 47
微小剛体折り変形 ——— 47
非整数の次元 ——————— 225
ピュアランド折り紙 ——— 31
非有界なGFB ——————— 209
非有界なQIC ——————— 210
非有界な魚の一般基本形 — 209,
210
平織り ——————— 112
非臨界 ——————— 97
ヒンジ ——————— 73

風船基本形 ——————— 40, 53
深さ優先探索 ——————— 28

複曲面 ——————— 40
複数層に対する単純折り — 31
符号付きの曲率 ——— 139, 144
伏見鶴 ——————— 204, 206
伏見鶴の基本形 ——— 206
フラクタル図形 ——————— 225
フラップ ——— 167, 176, 187
プリーツ ——————— 164
プリーツ幅 ——————— 165
プリーツベクトル ——————— 114
フレネ–セレの公式 ——— 136
フレネ標構 ——— 137, 143
分解端点 ——————— 103
分解点 ——————— 103
分解点像 ——————— 103
分割多角形 ——————— 105
分割端点 ——————— 105
分割点 ——————— 105
分割点像 ——— 103, 105
分割統治法 ——————— 218
分子 ——————— 169

平行六角形 ——————— 177
平坦折り ——————— 1, 58
平坦折り可能 – 2, 32–34, 37, 57,
113, 114, 118, 120, 188, 226,
228, 233
平坦折り紙 ——————— 11
閉包 ——————— 114
平面グラフ 2, 42, 112, 121, 137
平面結晶群 ——— 13, 16, 20
平面結晶部分群 ——— 15
閉路 ——————— 36
辺重み付き木構造 ——— 186
変形12面体 ——————— 245
変形可能性 ——————— 41
変形魚の基本形 ——— 204
変形鶴 ——————— 204
変形鶴の基本形 ——— 204
ペンタジア ——— 213, 214, 217,
221–223
辺に重みの付いた木構造 — 189
辺の重み ——————— 189
辺の彩色 ——————— 1
辺分子 ——————— 216
ペンローズタイル 213, 214, 217
ペンローズの菱形タイリング
222

方眼紙 ——————— 188
法線 ——————— 139
法線ベクトル ——— 141, 143
包装 ——————— 85
星型立方8面体 ——— 215
母線 ——————— 133
ボックス・プリーツ – 186, 193,
200
ホットパッド ——————— 183
ポリオミノ ——————— 23
ボロノイ図 ——— 127, 128

ま
マイナー ——————— 58
マイナーな折り線 ——— 58, 60
前川定理 2, 32, 35, 36, 120, 129
曲がっている曲線 ——— 136
膜折り法 ——————— 73, 74
曲げ線 ——————— 105
曲げ線像 ——————— 105
曲げ点 ——————— 101
曲げ点像 ——————— 103
マニフォールド ——— 42, 137

ミウラ折り 1, 6, 40, 54, 55, 82,
125
右剰余類 ——————— 15–18
密でない ——————— 198
密な集合 ——————— 190
未割当て展開図 ——— 12, 20

向き付け ——————— 139
無限小 ——————— 184
無限バウンド ——————— 187
無向グラフ ——————— 36

迷路折り紙 ——— 109, 125
メジャー ——————— 57
メジャーな折り線 ——— 58, 60
メタモルフィック・メカニズム
86
滅菌シュラウド ——————— 56
面 ——————— 137
面素角 ——————— 152
面素ベクトル ——————— 152

モジュラー折り紙 – 97, 213, 214
モデリング ——————— 72

や

ヤコビ行列 —————— 52
山 —————————— 148
山折り —————— 2, 42, 57, 148
山谷割当て − 1, 2, 6, 11–13, 16,
　　19, 20, 34, 189
山に曲がる ————— 150

有向グラフ ————— 76
有効な分割 ————— 105
有効パス ————— 218
有理性 ————— 196
ユニット折り紙 ————— 245

良い格子 ————— 200
吉村パターン ————— 40, 53

ら

螺旋パターン ——— 233, 234

リバー ————— 193
領域円分子法 ————— 186
稜線折り目 ——— 187, 189
稜線の折り ————— 190
臨界 ————— 97
隣接行列 ——— 86, 89, 90

ルンゲ=クッタ法 ————— 87

捩率 ————— 136
レシプロカル図 ————— 113
連結 ————— 114
レンズテセレーション —— 133,
　　134, 154

六角プリーツ —— 191–193, 200
六方格子 ————— 188
ロック機構 ————— 175
ロボットアーム ————— 87
ロンボニア ————— 222

277

■訳者一覧（代表以外は 50 音順，所属は 2018 年 7 月現在）

上原隆平（うえはら・りゅうへい）——第 2，3，8，9，11，14，15，17 章，代表
　北陸先端科学技術大学院大学　教授

池上牛雄（いけがみ・うしお）——第 18 章
　折り紙創作家

大島和輝（おおしま・かずき）——第 4 章
　筑波大学大学院システム情報工学研究科コンピュータサイエンス専攻

加藤優弥（かとう・ゆうや）——第 13 章
　筑波大学情報学群情報科学類

川崎敏和（かわさき・としかず）——第 16 章
　阿南工業高等専門学校　教授

川村みゆき（かわむら・みゆき）——第 19 章
　折り紙作家

佐々木好祐（ささき・こうすけ）——第 6 章
　筑波大学情報学群情報メディア創成学類

舘知宏（たち・ともひろ）——第 5，12 章
　東京大学　准教授

谷口智子（たにぐち・ともこ）——第 2，8，9，14，15 章
　北陸先端科学技術大学院大学　研究補助員

野川成己（のがわ・なるみ）——第 7 章
　筑波大学情報学群情報科学類

羽鳥公士郎（はとり・こうしろう）——第 1 章
　折り紙アーティスト・翻訳家

三谷純（みたに・じゅん）——第 4，6，7，10，13 章
　筑波大学　教授

山本陽平（やまもと・ようへい）——第 10 章
　筑波大学大学院システム情報工学研究科コンピュータサイエンス専攻（2015 年卒）

編集担当	丸山隆一（森北出版）
編集責任	上村紗帆（森北出版）
組　版	藤原印刷
印　刷	同
製　本	同

折り紙数理の広がり　　抄訳 Origami^6　　　　版権取得　*2017*

2018 年 11 月 9 日　第 1 版第 1 刷発行　【本書の無断転載を禁ず】

訳　者	上原隆平ほか
発行者	森北博巳
発行所	森北出版株式会社

東京都千代田区富士見 1-4-11（〒102-0071）
電話 03-3265-8341 ／ FAX 03-3264-8709
http://www.morikita.co.jp/
日本書籍出版協会・自然科学書協会　会員
JCOPY ＜（社）出版者著作権管理機構 委託出版物＞

落丁・乱丁本はお取替えいたします.

Printed in Japan ／ ISBN978-4-627-01701-6

MEMO